高等院校数字化建设精品教材

计算机基础案例教程——Windows 10+Office 2016

主　编　石敏力
副主编　李丽琼　夏天维
　　　　李雪梅　赵楠楠
　　　　张　琳　王　谦

北京大学出版社
PEKING UNIVERSITY PRESS

内 容 简 介

《计算机基础案例教程——Windows 10+Office 2016》是根据教育部高等学校大学计算机课程教学指导委员会制定的“大学计算机基础课程教学基本要求”，结合编者多年的教学经验编写而成的。本书主要内容包括计算机基础概述、Windows 10 操作系统、文字处理 Word 2016、电子表格 Excel 2016、演示文稿 PowerPoint 2016 和因特网基础与简单应用。

本书内容以基础理论为主体，以实践操作为重点，以具体案例分析和案例制作为特色，在编排上侧重于实践，以培养学生的计算机应用能力为目的，在简明扼要地介绍计算机基础知识的同时，重点介绍如何利用计算机技能解决实际生活中的问题。同时考虑到学生参加全国计算机等级考试的需要，兼顾全国计算机等级考试（一级和二级）大纲的要求。

本书适合高等学校非计算机专业本、专科学生使用，也可作为普通读者学习计算机基础知识的教程。

前　言

随着计算机技术和通信技术的飞速发展，计算机的应用逐渐成为人们学习、工作和生活中不可分割的一部分。熟练掌握计算机知识，应用计算机技术，已经成为人们在社会生活中的一项基本技能。计算机操作能力已成为用人单位对大学毕业生的基本要求，计算机操作水平已成为衡量大学生业务能力与素质的基本标准。

《计算机基础案例教程——Windows 10＋Office 2016》是根据教育部高等学校大学计算机课程教学指导委员会制定的“大学计算机基础课程教学基本要求”，结合编者多年的教学经验编写而成的。本书主要内容包括计算机基础概述、Windows 10 操作系统、文字处理 Word 2016、电子表格 Excel 2016、演示文稿 PowerPoint 2016 和因特网基础与简单应用。

本书内容以基础理论为主体，以实践操作为重点，以具体案例分析和案例制作为特色，在编排上侧重于实践，以培养学生的计算机应用能力为目的，在简明扼要地介绍计算机基础知识的同时，重点介绍如何利用计算机技能解决实际生活中的问题。同时考虑到学生参加全国计算机等级考试的需要，兼顾全国计算机等级考试(一级和二级)大纲的要求。

本书适合高等学校非计算机专业本、专科学生使用，也可作为普通读者学习计算机基础知识的教程。

本书由石敏力担任主编，李丽琼、夏天维、李雪梅、赵楠楠、张琳、王谦担任副主编。第 1 章由石敏力、王谦编写，第 2 章由夏天维编写，第 3 章由石敏力编写，第 4 章由赵楠楠、李丽琼编写，第 5 章由李雪梅编写，第 6 章由张琳编写。全书由石敏力统稿。

在本书的编写过程中，得到了许多同事的帮助和支持，特别是任燕、樊里略、刘彦宾对全书的编写工作提出了许多宝贵的指导意见。熊斐参与了教学资源的信息化实现，魏楠、苏娟提供了版式和装帧设计方案。此外，本书的编写还参考了大量文献资料和许多网站的资料，在此一并表示衷心的感谢。同时，本书是贵州省 2018 年本科教学内容和课程体系改革项目(编号：2018520113)重要成果，得到了遵义师范学院学术著作出版基金资助。

由于时间仓促以及水平有限，书中疏漏和不当之处在所难免，恳请读者批评指正。

编　者

目　录

第1章　计算机基础概述 …… 1
1.1　计算机的基础知识 …… 1
1.2　计算机前沿技术简介 …… 16
1.3　计算机数据及编码 …… 21
本章小结 …… 29
测一测 …… 30

第2章　Windows 10操作系统 …… 34
2.1　操作系统概述 …… 34
2.2　Windows 10操作系统的基本操作 …… 38
2.3　文件管理 …… 65
2.4　Windows 10操作系统附件的使用 …… 76
本章小结 …… 80
测一测 …… 80

第3章　文字处理Word 2016 …… 83
3.1　文档的排版 …… 84
3.2　Word表格的制作与编辑 …… 103
3.3　图文混排 …… 116
3.4　综合案例 …… 125
本章小结 …… 130
测一测 …… 130

第4章　电子表格Excel 2016 …… 134
4.1　工作表的基础操作 …… 134
4.2　公式和函数的应用 …… 147
4.3　图表 …… 157
4.4　数据管理与分析 …… 166
4.5　综合案例 …… 176
本章小结 …… 180
测一测 …… 181

第 5 章 演示文稿 PowerPoint 2016 ······ 185
5.1 编辑与设计幻灯片 ······ 185
5.2 动画设置与放映 ······ 199
5.3 综合案例 ······ 212
本章小结 ······ 216
测一测 ······ 216

第 6 章 因特网基础与简单应用 ······ 219
6.1 计算机网络基础理论 ······ 219
6.2 浏览器的使用 ······ 225
6.3 电子邮件的收发 ······ 234
本章小结 ······ 246
测一测 ······ 246

第1章 计算机基础概述

学习目标

计算机自诞生以来，虽然只经历了短短70多年的发展，但对人类的生活、学习和工作产生了不可估量的影响。掌握计算机的基本操作已经成为各行业对从业人员的基本要求之一。本章从计算机的基础理论知识出发，为大家进一步学习与使用计算机奠定基础。

通过本章的学习，应掌握以下内容：

*了解计算机基础知识、计算机多媒体技术及应用。

*理解计算机系统的组成及工作原理。

*掌握不同数制之间的转换方法及计算机常用编码。

1.1 计算机的基础知识

案例引入

计算机对人类的生产活动和社会活动产生了极其重要的影响，并以强大的创造力飞速发展。它的应用领域从最初的军事科研应用扩展到社会的各个领域，已形成了规模巨大的计算机产业，带动了全球范围的技术进步，由此引发了深刻的社会变革，计算机已成为信息社会中必不可少的工具。那么，计算机的出现及发展过程是怎么样的呢?

案例分析

自从1946年第一台通用电子计算机诞生以来，计算机已深入到我们的生活、学习和工作中。我们可以从以下几个方面对计算机进行初步了解：

(1) 计算机的发展和基本概念；

(2) 计算机病毒相关理论知识；

(3) 计算机的组成及工作原理；

(4) 多媒体相关理论知识。

知识讲解

1.1.1 计算机的发展简史

1. 计算机的诞生

1）世界上第一台电子计算机和通用电子计算机

关于世界上第一台电子计算机的说法有两种：一种是国内的绝大部分媒体上都会出现世界上第一台电子计算机是 1946 年由美国人莫奇利(John W. Mauchly)发明的“埃尼阿克”(electronic numerical integrator and calculator，ENIAC)；一种是世界上第一台电子计算机是由美国爱荷华州立大学的约翰·文森特·阿塔纳索夫(John V. Atanasoff)教授和他的研究生克利福特·贝瑞(Clifford E. Berry)先生在 1937 年至 1941 年间开发的“阿塔纳索夫-贝瑞计算机”(Atanasoff-Berry computer，ABC)。

ABC：20 世纪 30 年代，爱荷华州立大学物理系教授阿塔纳索夫，为学生讲授物理和数学物理方法方面的课程。在求解线性偏微分方程组时，不得不面对繁杂的计算，消耗大量的时间。于是，阿塔纳索夫设计，贝瑞制作，于 1939 年制造出来一台完整的样机。人们把这台样机称为 ABC，代表的意思是 Atanasoff-Berry computer，它是世界上第一台计算机。

这台计算机是电子与电器的结合，电路系统中装有 300 个电子真空管执行数字计算与逻辑运算。机器上装有两个记忆鼓，使用电容器来进行数值存储；以电量表示数值；数据输入采用打孔读卡和二进制的方式。

ENIAC：由于战争的需要，美国陆军部的弹道研究实验室(ballistic research laboratory，BRL)负责为新武器提供关于角度和轨道的数据表，为此雇用了 200 多名计算员用计算器进行计算，工作量是十分巨大而烦琐的。美国宾夕法尼亚大学的莫奇利教授和他的学生埃克特(J. Presper Eckert)建议用真空电子管建立一台通用计算机，用于弹道研究实验室的计算工作，这个建议被军方采用。莫奇利和埃克特在 1943 年开始艰难的研制工作，1946 年 2 月 14 日，世界上第一台通用电子计算机 ENIAC 在美国宣告诞生，如图 1－1 所示。

差分机与图灵机

图 1－1　世界上第一台通用电子计算机 ENIAC

这台耗电量为 150 千瓦的计算机，运算速度为每秒 5000 次加法，或者 400 次乘法，比机械式的继电器计算机快 1000 倍。ENIAC 最初是为了进行弹道计算而设计的专用计算机，但后来通过改变插入控制板里的接线方式来解决各种不同的问题，而成为一台通用机。

ENIAC 程序采用外部插入式，每当进行一项新的计算时，都要重新连接线路，这是一个致命的弱点。人们把 ENIAC 的出现誉为“诞生了一个电子的大脑”，“电脑”的名称由此流传开来。ENIAC 在通用性、简单性和可编程方面取得的成功，使现代计算机成为现实，是计算机发展史上的一座里程碑，是人类在发展计算技术的历程中到达的一个新起点。

2) 世界上第一台存储程序式计算机

由于 ENIAC 的这些缺点，美籍匈牙利科学家冯·诺依曼(von Neumann)提出了存储程序原理，为“埃德瓦克”(electronic discrete variable automatic computer，EDVAC)的设计奠定了基础，同时也为计算机在 ENIAC 之后的迅速发展奠定了基础。可惜的是，EDVAC 直到1951 年才投入运行，只能算作世界上首次设计的存储程序式计算机。世界上首次实现的大型存储程序式计算机是由英国剑桥大学教授威尔克斯(Wilkes)领导设计和制造，并于 1949年投入运行的“埃德沙克”(electronic delay storage automatic calculator，EDSAC)。这种基于存储程序原理的计算机统称为**冯·诺依曼型计算机**。

Tips

在计算机中，程序是指为解决一个信息处理任务而预先编制的工作执行方案，是由一串计算机能够执行的基本指令组成的序列，每一条指令规定了计算机应进行的操作(如加、减、乘、判断等)及操作需要的有关数据。例如，从存储器读一个数到运算器就是一条指令；从存储器读出一个数并和运算器中原有的数相加也是一条指令。

当要求计算机执行某项任务时，就设法把这项任务的解决方法分解成一个一个的步骤，用计算机能够执行的指令编写出程序送入计算机，以二进制代码的形式存放在存储器中(习惯上把这一过程叫作程序设计)。程序存储的最主要的优点是使计算机变成一种自动执行的机器，一旦程序被存入计算机并启动，计算机就可以独立地工作，以电子的速度一条条地严格执行指令。虽然每一条指令能够完成的工作很简单，但通过成千上万条指令的执行，计算机就能够完成非常复杂、意义重大的工作。

2. 计算机的发展

从 1946 年第一台通用电子计算机诞生至今，在推动计算机发展的众多因素中，电子元件的发展起着决定性的作用；同时，计算机系统结构和计算机软件技术的发展也起了重大的作用。计算机的发展按其基本构成元件的技术进步可划分为电子管计算机、晶体管计算机、中小规模集成电路计算机、大规模和超大规模集成电路计算机以及人工智能计算机五代。各时期的大体划分及特点如表 1－1 所示。

表 1－1　计算机在各时期的大体划分及特点

时期	年份	电子元件	运算速度/(条/s)	应用
第一代	1946 — 1957 年	电子管	几千	科学研究、工程计算
第二代	1958 — 1964 年	晶体管	几十万	数据处理、企业商务、工业控制
第三代	1965 — 1970 年	中小规模集成电路	几百万	过程控制、教育
第四代	1971 — 2016 年	(超)大规模集成电路	数亿	社会的各个领域
第五代	2017 年至今	微芯片	数亿	社会的各个领域

1）第一代电子管计算机(1946—1957年)

第一代称为电子管计算机时代。第一代计算机的逻辑元件采用电子管，其主存储器采用磁鼓、磁芯，外存储器采用磁带、纸带、卡片等。存储容量只有几千字节、运算速度为几千条/s，主要使用机器语言编写程序。由于一台计算机需要几千个电子管，每个电子管都会散发大量的热量，因此电子管的损耗率相当高，计算机运行时常常发生因电子管被烧坏而死机的现象。第一代计算机主要用于科学研究和工程计算。

2）第二代晶体管计算机(1958—1964年)

第二代称为晶体管计算机时代。第二代计算机的逻辑元件采用了比电子管更先进的晶体管，其主存储器采用磁芯，外存储器采用磁带、磁盘。晶体管比电子管小得多，能量消耗较少，处理更迅速、可靠。第二代计算机使用FORTRAN，COBOL和ALGOL等高级语言开发程序。随着第二代计算机体积的减小和价格的下降，使用计算机的人逐渐增多，计算机工业得到迅速发展。第二代计算机不仅用于科学计算，还用于数据处理、企业商务和工业控制等方面。

3）第三代中小规模集成电路计算机(1965—1970年)

第三代称为中小规模集成电路计算机时代。第三代计算机的逻辑元件采用中小规模集成电路，其主存储器采用半导体元件，存储容量可达几兆字节，运算速度可达几百万条/s。集成电路是做在芯片上的一个完整的电子电路，这个芯片比手指甲还小，却包含了几千个晶体管。第三代计算机的特点是体积更小、价格更低、可靠性更高、运算速度更快。从第三代计算机起，计算机开始使用操作系统。因此，计算机的功能越来越强，从而使计算机进入普及阶段，广泛应用于数据处理、过程控制、教育等方面。

4）第四代大规模和超大规模集成电路计算机(1971—2016年)

第四代称为大规模和超大规模集成电路计算机时代。第四代计算机采用的逻辑元件依然是集成电路，但这种集成电路已经大为改善，包含了几十万至上百万个晶体管，称为大规模和超大规模集成电路。1981年，国际商业机器公司(International Business Machines Corporation，IBM)推出了第一台在磁盘操作系统(disk operating system，DOS)上运行的个人计算机(personal computer，PC)，由此开创了计算机历史的新篇章，计算机开始深入人类生活的各个方面。

5）第五代人工智能计算机(2017年至今)

第五代称为具有人工智能的计算机时代。第五代计算机能够模拟人脑神经元，具有推理、联想、判断、决策、学习等功能。值得注意的是，这类计算机并非想要用新的芯片取代原有的计算机芯片，它最大的特点是能够解决感知和形状识别的问题。传统的芯片擅长大量的符号运算和数字处理，而神经突触核心的优势在于多感官和实时传感器数据处理。

IBM发表声明称，该公司已经研制出一款能够模拟人脑神经元、突触功能以及其他脑功能的微芯片，从而完成计算功能，这是模拟人脑芯片领域所取得的又一大进展。IBM公司表示，这款微芯片擅长完成模式识别和物体分类等烦琐任务，而且功耗还远低于传统硬件。

在现在的智能社会中，计算机、网络、通信技术三位一体化。新世纪的计算机将把人类从重复、枯燥的信息处理中解脱出来，从而改变我们的工作、生活和学习方式，给人类和社会拓展更大的生存和发展空间。当历史的车轮不断前行时，我们会面对各种各样的未来计算机。

Tips

中国计算机发展史：

1958年，中国科学院计算技术研究所研制成功我国第一台小型电子管通用计算机103机（八一型），标志着我国第一台电子计算机的诞生。

1983年，国防科学技术大学研制成功运算速度达上亿条/s的“银河-Ⅰ”巨型计算机。这是我国高速计算机研制的一个重要里程碑。

2003年，百万亿次数据处理超级服务器曙光4000L通过国家验收，标志着我国自主研发高性能产品再上新台阶。

2009年，国防科学技术大学成功研制出峰值性能达到千万亿条/s的“天河一号”超级计算机，使我国成为继美国之后世界上第二个能研制出运算速度达千万亿条/s的超级计算机的国家。

2013年，国防科学技术大学研制的“天河二号”以持续计算速度3.39亿亿条/s的双精度浮点运算速度，成为当时全球最快的超级计算机。

1.1.2 计算机的应用

1. 计算机的特点

(1) 高速、精确的运算能力：目前世界上运算速度最快的计算机已达到数亿亿条/s，即使是PC机，其运算速度也已达到数亿条/s。

(2) 准确的逻辑判断能力：在信息检索方面，计算机能够根据要求进行匹配检索。

(3) 强大的存储能力：计算机能够长期保存大量数字、文字、图像、视频、声音等信息。

(4) 自动执行功能：计算机能够自动执行预先编写好的一组指令（程序）。工作过程完全自动化，无须人工干预，而且可以反复进行。

(5) 网络与通信功能：目前广泛应用的因特网连接了全世界200多个国家和地区的数亿台各种计算机。计算机用户可以在网上共享资料、交流信息。

2. 计算机的分类

根据不同的分类标准，对计算机的分类有所不同：

第一类，根据所处理的信号来划分，可分为电子数字计算机、电子模拟计算机和数模混合计算机。

第二类，根据用途来划分，可分为专用计算机和通用计算机。

第三类，根据计算机的运算速度、字长、存储容量、软件配置等多方面的综合性能指标来划分，大致可分为巨型计算机、微型计算机、工作站、嵌入式计算机和服务器。

第三类计算机

3. 现代计算机的主要应用领域

计算机的应用范围非常广泛，甚至可以说，现代工作生活中的方方面面均离不开计算机。根据计算机的特点可以将其应用于科学计算、信息处理、过程控制、计算机辅助技术、多媒体技术、网络通信、人工智能、嵌入式系统等领域。

(1) 科学计算：它是计算机最早的应用功能，是指计算机应用于完成科学研究和工程技术中所提出的数学问题（数值计算）。在现代科学技术工作中，利用计算机的高速计算、大存储容量和连续运算的能力，可以实现人工无法解决的各种科学计算问题。例如，空气动力学、气象学、弹性结构力学和应用分析等所面临的“计算障碍”，在有了高速计算机和有关的计算方法之后开始有所突破，并衍生出计算空气动力学、气象数值预报等边缘分支学科。又如，建筑设计中为确定构件尺寸，通过弹性结构力学导出一系列复杂方程，长期以来由于计算方法跟不上而一直无法求解。计算机不但能求解这类方程，并且还引起了弹性理论上的一次突破，出现了有限单元法。此外，科学计算还广泛应用于人造卫星、导弹、反导弹发射及天气预报等计算问题。

(2) 信息处理(或称为非数值运算)：它包括对数据资料的收集、存储、加工、分类、排序、检索和发布等一系列工作。其特点是需处理的原始数据量大、算术运算较简单、有大量的逻辑运算与判断、运算结果要求以表格或文件形式存储或输出。计算机的应用从数值计算到非数值计算是计算机发展史上的一个飞跃。信息处理是计算机应用最广泛的领域，它不但可以提高工作效率，节省人力和物力，还可以使工作更趋于科学化、系统化、制度化、自动化和现代化。在当今的信息社会，从国家经济信息系统、科技情报系统、银行储蓄系统到办公自动化及生产自动化等，均需要信息处理技术的支持。

(3) 过程控制：它是指利用计算机对生产过程、制造过程或运行过程进行检测与控制，即通过实时监控目标对象的状态，及时调整被控对象，使被控对象能够正确地完成生产、制造或运行。过程控制广泛应用于各种工业环境。

(4) 计算机辅助技术(或称为计算机辅助工程)：它包括计算机辅助设计、计算机辅助制造、计算机辅助教育、计算机仿真模拟等。

(5) 多媒体技术：它是指人和计算机交互地进行多种媒介信息的捕捉、传输、转换、编辑、存储、管理，并由计算机综合处理为表格、文字、图形、动画、音频、视频等视听信息有机结合的表现形式。

(6) 网络通信：计算机技术和现代通信技术的融合产生了计算机网络。计算机网络的建立，极大地改变人们的生活和工作方式。不仅解决了一个单位、一个地区、一个国家中计算机与计算机之间的通信，各种软、硬件资源的共享，也大大促进了国际间的文字、图像、视频和声音等各类数据的传输与处理。目前，基于网络的应用不可胜数，如信息检索、电子商务、电子政务、网络教育、办公自动化、金融服务、远程会议、远程医疗、网络游戏、视频点播、网络寻呼等。

(7) 人工智能(artificial intelligence，AI)：它是用计算机模拟人类的某些智能活动，其主要研究内容包括自然语言理解、专家系统、机器人以及自动定理证明等。

(8) 嵌入式系统：它是一种完全嵌入受控器件内部，为特定应用而设计的专用计算机系统。嵌入式计算机与通用计算机最大的区别是运行固化的软件，用户很难或不能改变。目前嵌入式系统广泛应用于各种家用电器之中，如电冰箱、自动洗衣机、数字电视机、数码相机等。

1.1.3 计算机病毒

1. 计算机病毒的概念

计算机病毒是指编制或者在计算机程序中插入的破坏计算机功能或数据，影响计算机使用，并且能够自我复制的一组计算机指令或程序代码。它具有传染性、隐蔽性、破坏性、多样性等特征。

2. 计算机病毒的分类

计算机病毒根据不同的分类标准可以有不同的分类：

(1) 按感染方式划分，可分为引导扇区型病毒、文件型病毒、混合型病毒、宏病毒和网络病毒。

(2) 按破坏性划分，可分为恶性病毒和良性病毒。

几种常见的病毒有宏病毒、木马病毒和蠕虫病毒。

3. 计算机感染病毒的常见症状

计算机感染病毒的常见症状有：

(1) 磁盘文件数目无故增多；

(2) 系统的内存空间明显变小；

(3) 文件的日期/时间值被修改成新近的日期或时间(用户自己并没有修改)；

(4) 可执行文件的长度明显增加；

(5) 正常情况下可以运行的程序突然因内存不足而不能载入；

(6) 程序加载时间或程序执行时间明显变长；

(7) 计算机经常出现死机现象或不能正常启动；

(8) 显示器上经常出现莫名其妙的信息或异常现象。

4. 计算机病毒的预防措施

计算机病毒的预防措施主要有以下几点：

(1) 计算机应定期安装系统补丁和有效的杀毒软件，并根据实际需求进行安全设置。同时，定期升级杀毒软件，经常查毒、杀毒。

(2) 未经检测过是否感染病毒的文件、光盘及U盘等移动存储设备在使用前应先用杀毒软件查毒。

(3) 尽量使用具有查毒功能的电子邮箱，尽量不要打开陌生的可疑邮件。

(4) 浏览网页、下载文件时要选择正规的网站。

(5) 关注目前流行计算机病毒的感染途径、发作形式及防范方法，做到预先防范，感染后应及时查毒、杀毒，避免遭受更大损失。

1.1.4 计算机系统的组成及工作原理

1. 计算机系统的基本组成

计算机系统由硬件系统和软件系统两部分组成。硬件系统(简称硬件或裸机)是指计算机的物理实体，包括由电子、机械和光电元件等组成的各种部件和设备。软件系统(简称软件)是指计算机的逻辑实体，是控制计算机接受输入、产生输出、存储数据和处理数据的各种程序的总称。硬件是实体，软件是灵魂。计算机进行信息交换、处理和存储等操作都是在软件的控制下通过硬件实现的。硬件和软件有机结合、相互配合，才构成了计算机系统。计算机系统的组成如图1-2所示。

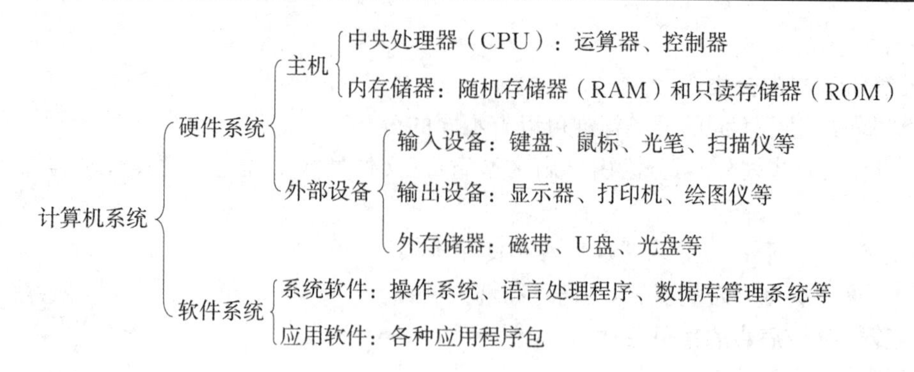

图 1-2 计算机系统的组成

2. 计算机系统的工作原理

计算机是能够存储程序，并在程序的控制下，对以数字形式出现的信息进行自动处理的一种电子装置。所谓自动处理(或自动执行、自动工作)，是指在程序的控制下自动进行信息处理。

计算机工作时先要把程序和所需数据送入计算机内存，然后存储起来，这就是“存储程序”的概念。运行时，计算机根据事先存储的程序指令，在程序的控制下由 CPU 周而复始地读取指令、分析指令、执行指令，直至完成全部操作。这就是存储程序和程序自动执行原理，也称为冯・诺依曼原理，是现代计算机的基本工作原理。计算机的工作原理如图 1-3 所示。

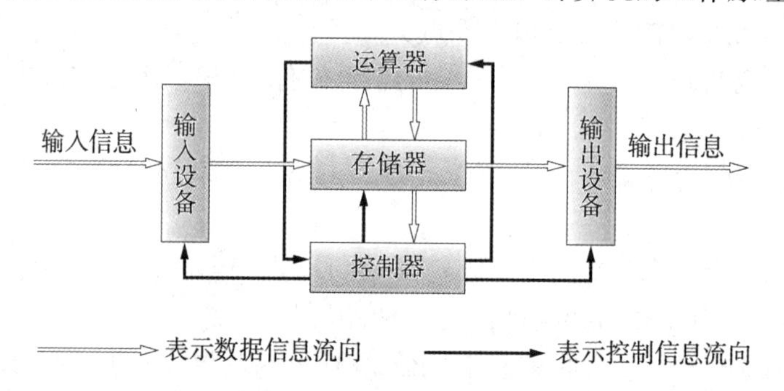

图 1-3 计算机的工作原理

3. 微型计算机的主要性能指标

微型计算机系统和一般计算机系统一样，衡量其性能好坏的技术指标主要有：

(1) 字长：它是单位时间内计算机一次可以处理的二进制码的位数。一般计算机的字长决定于它的通用寄存器、内存储器、算术逻辑单元(arithmetic and logic unit，ALU)的位数和数据总线的宽度。同时，字长标志着计算机的计算精度，表示数据范围。为方便运算，许多计算机允许变字长操作，如半字长、全字长、双字长等。一般计算机的字长在 8～64 位之间，即一个字由 1～8 字节组成。微型计算机的字长有 4 位、8 位、16 位、32 位、64 位。

(2) 存储器容量：它是衡量计算机存储二进制信息量大小的一个重要指标。微型计算机中一般以字节为单位来表示存储器容量。目前，微型计算机最大可拓展内存容量为 64 GB。

(3) 运算速度：一般用每秒所能执行的指令条数来表示运算速度。由于不同类型的指令所需时间长度不同，因而运算速度的计算方法也不同。

(4) 兼容性：它主要是指计算机系统配接各种外部设备的可能性、灵活性和适应性。一台计算机允许配接多少外部设备，对于系统接口和软件研制都有重大影响。在微型计算机系统中，打印机型号、显示器屏幕分辨率、外存储器容量等，都是外设配置中需要考虑的问题。

(5) 存取速度：存储器完成一次读/写操作所需要的时间称为存储器的存取时间或访问时间，存储器连续进行读/写操作所允许的最短时间间隔称为存取周期。存取周期越短，存取速度越快。存取速度是反映存储器的存取性能的一个重要参数，它决定运算速度的快慢。

4. 计算机硬件系统的组成

计算机硬件系统由运算器、控制器、存储器、输入设备和输出设备五部分组成。运算器和控制器合称为中央处理器(central processing unit，CPU)，存储器分为内存储器和外存储器，内存储器和 CPU 共同组成主机，外存储器、输入设备和输出设备合称为外部设备。计算机硬件系统如图 1-4 所示。

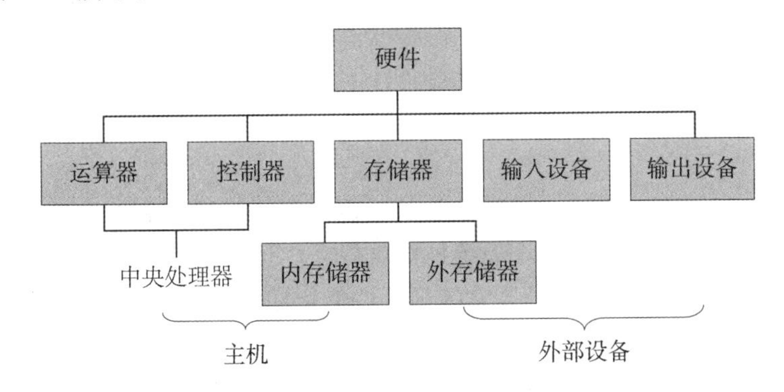

图 1-4　计算机硬件系统

1) 总线

从系统结构上看，微型计算机与其他类型计算机的系统结构是一致的。在微型计算机中将运算器和控制器集成在一个芯片上组成微处理器。微型计算机与其他类型计算机的主要区别在于微型计算机广泛采用了集成度相当高的电子元件和独特的总线(bus)结构。

总线是指计算机各种功能设备之间传输信息的公共通信干线，它是由导线组成的传输线束。按照计算机所传输的信息种类，总线可以划分为数据总线、地址总线和控制总线。

微型计算机的总线结构是一个独特的结构。有了总线结构以后，系统中各功能设备之间的相互关系变为各个设备面向总线的单一关系，一个设备只要符合总线标准，就可以连接到采用这种总线标准的系统中，使系统功能得到扩展。

2) 中央处理器

CPU 即中央处理器，又称微处理器。它是微型计算机的核心部件，其功能主要是解释计算机指令以及处理计算机软件中的数据，其性能决定了整个微型计算机系统的主要性能。CPU 要根据指令的功能产生相应的操作控制信号，发给相应的功能设备，而总线为 CPU 和其他设备之间提供数据、地址和控制信息的传输通道。除这些功能外，CPU 还集成了高速缓存等部件。目前，大部分微型计算机的 CPU 采用英特尔公司的系列芯片，如图 1-5 所示。

图 1-5　CPU

图 1-6　主板

3) 主板

主板,又称主机板、母板或系统板,安装在机箱内,是微型计算机中最大的一块电路板。它的主要功能是传输电子信号。计算机的性能、功能、兼容性都取决于主板设计。目前,主板的系统结构为控制中心结构,如图 1-6 所示。

4) 运算器

运算器,又称算术逻辑部件,主要用于算术运算和逻辑运算。它的内部结构主要包括算术逻辑单元、寄存器和控制电路。运算器主要执行算术运算(加、减、乘、除)、逻辑运算(与、或、非、异或)、移位操作(左移、右移)。它的主要性能指标是字长和运算速度。

5) 控制器

控制器是整个计算机的控制枢纽,主要是负责指挥和协调计算机各部件的工作。它的内部结构包括指令寄存器、指令译码器、时序产生器、操作控制器和程序计数器。

6) 存储器

存储器是用来存放程序和数据的部件,是一个记忆装置,也是计算机能够实现"存储程序控制"的基础。根据 CPU 是否可以直接访存,将存储器划分为内部存储器(简称内存)和外部存储器(简称外存)。高速缓存、内存和外存构成三级存储系统。

(1) 内存:它位于主板上,包括随机存储器(random access memory,RAM)和只读存储器(read-only memory,ROM),如图 1-7 所示。RAM 用来暂时保存程序和数据,分为动态(dynamic random access memory,DRAM,速度慢、价格便宜、容量大)和静态(static random access memory,SRAM,速度快、价格贵、容量小)两种,其特点是可读取也可写入,关机或断电后,存储内容立即消失。ROM 存放固定不变、无须修改且经常使用的程序,其特点是只能读取无法写入信息,关机或断电后,信息不会消失。

图 1-7　内存

(2) 外存:它是用来长期存储程序和数据的设备。外存存取信息时要通过内存,而不与

CPU 直接打交道。与内存相比，其特点是存储容量大，存取速度较慢，信息可长期保存，断电后不丢失信息，价格便宜。目前，常用的外存有闪存、硬盘和光盘等。

① 闪存是 flash memory 的意译，具备快速读写、掉电后仍能保留信息的特性，拥有容量超大、存取快捷、轻巧便捷、即插即用、安全稳定等许多传统移动存储设备无法替代的优点。

② 硬盘的盘片组都固定在驱动电机的主轴上，同轴旋转，并与多个读写磁头封装在真空的铝合金的盒子内。因此，磁盘片和硬盘驱动器合二为一，统称为硬盘。其特点是内部无阻力，也不受灰尘的影响，稳定性好，速度快，存储容量大。硬盘需要格式化后才能使用。

③ 光盘是由有机玻璃制成的薄圆片，一面涂上反光性很好的铝膜，另一面通过激光来读写。光盘必须在光盘驱动器（简称光驱）中使用，光驱的主要技术参数是其数据传输速率（指每秒读取的最大数据量），也称倍速。例如只读光驱，目前其倍速可达到 50 倍速，即数据传输速率为 50×150 kB/s。

(3) 高速缓存：由于内存的存储容量大、寻址系统繁多、读写电路复杂等原因，造成了内存的工作速度大大低于 CPU 的工作速度，直接影响了计算机的性能。为解决内存与 CPU 工作速度上的矛盾，计算机专家在 CPU 和内存之间增设了一级容量不大但速度很高的高速缓冲存储器（简称高速缓存）。高速缓存通常由静态存储器构成，其中存放着常用的程序和数据。当 CPU 访问这些程序和数据时，会先从高速缓存中查找，若所需程序和数据不在高速缓存中，则到内存中读取数据，同时将数据写入高速缓存中。因此，采用高速缓存可以提高系统的运行速度。

7) 输入设备

输入/输出设备是计算机与外部世界进行信息交换的中介，是人与计算机联系的桥梁。用来向计算机输入各种原始数据和程序的设备叫作输入设备。输入设备把各种形式的信息，如数字、文字、图像等转换为数字形式的“编码”，即计算机能够识别的用 0 和 1 表示的二进制代码（实际上是电信号），并把它们“输入”到计算机内存储起来。常见的输入设备有键盘、鼠标、触摸板、扫描仪、光笔、数字化仪、数码相机、话筒等。

(1) 键盘：它是最常用也是最主要的输入设备。通过键盘可以将英文字母、数字、标点符号等输入到计算机中，从而向计算机发出命令、输入数据等。随着时间的推移，市场上逐渐出现独立的具有各种快捷功能的键盘，并带有专用的驱动和设定软件，在兼容机上也能实现个性化的操作。

(2) 鼠标：它主要用于图形用户界面操作。为使计算机的操作更加简便，可以用鼠标来代替键盘上某些烦琐的指令。鼠标按其工作原理来划分，可分为机械鼠标和光电鼠标；按其键数来划分，可分为两键鼠标、三键鼠标、五键鼠标和多键鼠标。

触摸板与扫描仪

8) 输出设备

从计算机输出各类数据的设备叫作输出设备。输出设备把计算机加工处理的结果（数字形式的编码）变换为人或其他设备所能接收和识别的信息形式，如数字、文字、图像、声音等。常见的输出设备有显示器、声音输出设备、打印机、投影仪、绘图仪等。

(1) 显示器：它是计算机的标准输出设备，用户通过显示器能及时了解计算机的工作状态，看到信息处理的过程和结果，及时纠正错误，指挥计算机正常工作。显示器由监视器和显示控制适配器(显卡)组成。显示器按颜色来划分,可分为单色显示器和彩色显示器;按生产技术来划分,可分为阴极射线管(cathode ray tube,CRT)显示器、液晶显示器(liquid crystal display,LCD)、发光二极管(light emitting diode,LED)显示器、等离子显示器(plasma display panel,PDP);按规格和性能来划分,可分为视频图形阵列(video graphics array,VGA)、增强图形适配器(enhanced graphics adapter,EGA)、扩展图形阵列(extended graphics array,XGA)等。

打印机与投影仪

显示器的主要技术指标有屏幕尺寸、点距、分辨率、颜色深度及刷新频率,以下重点讲解后三项。

① 分辨率可以分为显示分辨率和图像分辨率两类。显示分辨率,即屏幕分辨率,是指显示器所能显示的像素点数(像素是可以显示的最小单位);图像分辨率是单位英寸中所包含的像素点数。例如,显示器的分辨率是1 024×768,则共有1 024×768=786 432个像素点。分辨率越高,则像素越多,显示的图像就越清晰。显示器的分辨率受点距和屏幕尺寸的限制,也和显卡有关。

② 颜色深度是指表示像素点色彩的二进制位数,一般有2位、4位、8位、16位、24位和32位,24位可以表示的色彩数为1 600多万种,称为真彩色。32位是指24位色彩数再加上8位的阿尔法(Alpha)通道。

③ 刷新频率是指每秒内屏幕画面刷新的次数。刷新频率越高,画面闪烁越小,通常为60~100 Hz。

(2) 声音输出设备:它包括声卡和扬声器两部分。声卡插在主板的插槽上,通过外接的扬声器输出声音。目前,声卡的总线接口有工业标准结构(industry standard architecture,ISA)、外设部件互连(peripheral component interconnect,PCI)和通用串行总线(universal serial bus,USB)外置接口三种,PCI接口已经成为主流。声卡除发声外,还提供录入、编辑、回放数字音频和进行乐器数字接口(musical instrument digital interface,MIDI)音乐合成的能力。扬声器主要有音箱和耳机两类。

5. 计算机软件系统的组成

计算机软件包括程序与程序运行时所需的数据以及与这些程序和数据有关的文档资料。计算机软件系统是计算机上可运行程序的总和。计算机软件可分为系统软件和应用软件,系统软件的数量相对较少,其他绝大部分软件都是应用软件。

1) 系统软件

系统软件是在硬件基础上对硬件功能的扩充与完善,其主要功能是控制和管理计算机的硬件资源、软件资源和数据资源,提高计算机的使用效率,发挥和扩大计算机的功能,为用户使用计算机系统提供方便。系统软件有两个主要特点:一是通用性,无论是哪个应用领域的用户都要用到它;二是基础性,它是应用软件运行的基础,应用软件的开发和运行要有系统软件的支持。系统软件一般包括操作系统、语言处理程序、数据库管理系统和支撑软件等。

(1) 操作系统:它是管理和指挥计算机运行的一种大型软件系统,是包在硬件外面的最内层软件,是其他软件运行的基础。它的主要功能包括作业管理、处理机管理、存储器管理、设备管理、文件管理。目前,常用的操作系统有DOS,Windows,UNIX,Linux等。

(2) 语言处理程序:它是指用计算机语言编写的计算机程序。计算机语言按其发展可分为机器语言、汇编语言和高级语言三种。机器语言和汇编语言均是面向机器(依赖于具体的机器)的语言,统称为低级语言。

① 机器语言是用二进制代码指令来表示各种操作的计算机语言。用机器语言编写的程序称为机器语言程序。机器语言的优点是它不需要翻译,可以为计算机直接理解并执行,执行速度快,效率高;缺点是这种语言不直观,难于记忆,编写程序烦琐,且机器语言随机器而异,通用性差。

② 汇编语言是一种用符号指令来表示各种操作的计算机语言。汇编语言指令比机器语言指令简短,意义明确,容易读写和记忆,方便人们使用。汇编语言编写的程序,不能为计算机直接识别执行,必须翻译为机器语言程序(目标程序)才能为计算机理解并执行。把汇编语言程序翻译为机器语言程序的过程,称为汇编。汇编是由专门的汇编程序完成的。

③ 高级语言是一种接近于自然语言和数学语言的程序设计语言。它是一种独立于具体计算机的语言,如BASIC语言、FORTRAN语言、C语言等。用高级语言编写的程序可以移植到各种类型的计算机上运行(有时要做少量修改)。高级语言的优点是其指令接近人的习惯,它比汇编语言程序更直观,更容易编写、修改、阅读,使用更方便;缺点是用高级语言编写的程序也不能直接在计算机上运行,必须将其翻译成机器语言程序,才能为计算机理解并执行。其翻译过程有编译和解释两种方式。解释是对高级语言程序逐句进行分析,边解释、边执行并立即得到运行结果,但不产生目标程序。编译是先将高级语言程序通过编译程序整个翻译成目标程序,然后通过连接程序把目标程序与库文件连接形成可执行文件,运行时只要输入可执行文件名即可。

执行翻译任务的汇编程序、解释程序和编译程序都属于系统软件。

(3) 数据库:它是指保存在计算机的存储设备上按照某种模型组织起来的可以被各种用户或应用共享的数据的集合。数据库管理系统是指提供各种数据管理服务的计算机软件系统,这种服务包括数据对象定义、数据存储与备份、数据访问与更新、数据统计与分析、数据安全保护、数据库运行管理以及数据库建立和维护等。

(4) 支撑软件:它是用于支持软件开发、调试和维护的软件,可帮助程序员快速、准确、有效地进行软件研发、管理和评测,如编辑程序、连接程序和调试程序等。编辑程序为程序员提供了一个书写环境,用来建立、编辑、修改程序文件。连接程序用来将若干个目标程序模块和相应高级语言的库文件连接在一起,产生可执行文件。调试程序可以跟踪程序的执行,帮助程序员发现程序中的错误,以便于修改。

2) 应用软件

应用软件是为满足用户在不同领域、不同问题的应用需求而开发的软件。应用软件可以拓宽计算机系统的应用领域、扩大硬件的功能,又可以根据应用的不同领域和不同功能划分为若干子类,如压缩软件、财务软件、办公软件、计算机辅助教学软件等。

1.1.5 多媒体技术概述

1. 多媒体技术的定义

多媒体技术是一种能够同时对两种或两种以上媒体进行采集、操作、编辑、存储等综合处理的技术。它是能把文本、图形、图像、动画和声音等形式的信息结合在一起,并通过计算机进行综合处理和控制，完成一系列交互式操作的信息技术，是一门跨学科的综合技术。

2. 多媒体技术的特点

计算机的多媒体技术具有以下主要特点：

(1) 交互性：该特点是多媒体技术有别于传统信息交流媒体的主要特点之一。传统信息交流媒体只能单向地、被动地传播信息，而多媒体技术则可以实现用户对信息的主动选择和控制。

(2) 集成性：多媒体技术能够对信息进行多通道统一获取、存储、组织与合成。

(3) 数字化：多媒体技术是以计算机为中心，综合处理和控制多媒体信息，并按用户的要求以多种媒体形式表现出来，同时作用于用户的多种感官。

(4) 非线性：该特点将改变人们传统循序性的读写模式。以往人们的读写方式大都采用章、节、页的框架，循序渐进地获取知识，而多媒体技术将借助超文本链接的方法，把内容以一种更灵活、更具变化的方式呈现给读者。

(5) 实时性：当用户给出操作命令时，相应的多媒体信息都能够得到实时控制，声音和视频是强实时的。

(6) 信息使用的方便性：用户可以按照自己的需要、兴趣、任务要求、偏爱和认知特点来使用图、文、声等信息。

3. 多媒体数据类型及格式

表示媒体的各种编码数据在计算机中都是以文件的形式存储的，是二进制数据的集合。文件的命名遵循特定的规则，一般由主名和扩展名两部分组成，主名与扩展名之间用“.”隔开，扩展名用于表示文件的格式类型。多媒体技术所处理的信息不是单一的信息类型，通常是多种信息的组合，可应用于多媒体技术的信息包括文本、图像、动画、声音和视频等。

(1) 文本：它是以文字和各种专用符号表达的信息形式，是现实生活中使用得最多的一种信息存储和传递方式。用文本表达信息给人充分的想象空间，它主要用于对知识的描述性表示，如阐述概念、定义、原理和问题以及显示标题、菜单等内容。

(2) 图像：它是多媒体软件中最重要的信息表现形式之一，是决定一个多媒体软件视觉效果的关键因素。这里的图像主要是指静态图像，静态图像分为矢量图形和点位图图像两种。常见的图像文件格式有 BMP(.bmp，标准 Windows 图像格式)、GIF(.gif，使用 LZW 压缩算法，支持多画面循环显示)、JPG/JPEG(.jpg 或.jpeg，是一种图像压缩标准)、TIFF(.tiff，位图图像格式)、PNG(.png，保留 GIF 文件的一些特性，如流式读/写性能、透明性、无损压缩等，同时增加了一些新特性)、WMF(.wmf，剪贴画)等。

(3) 动画：它是利用人的视觉暂留特性，快速播放一系列连续运动变化的图形、图像，也包括画面的缩放、旋转、变换、淡入淡出等特殊效果。通过动画可以把抽象的内容形象化，使许多难以理解的教学内容变得生动有趣。常见的动画文件格式有 GIF(.gif，将大量的被存储的静止图像转化为连续的动画)、SWF(.swf，是一种“准”流式媒体文件格式)、FLIC(.flic，是 FLC，FLI 两种格式的统称)。

(4) 声音：它是人们用来传递信息、交流感情最方便、最熟悉的方式之一，是一种连续的模拟信号——声波。在计算机内，所有的信息均以数字(0 或 1)表示，声音信号也用一组数字表示，称之为数字音频。数字音频与模拟音频的区别在于：模拟音频在时间上是连续的，而数字音频是一个数据序列，在时间上是离散的。因此，声音信息的数字化过程是每隔一个时间间隔在模拟声音波形上取一个幅度值(称为采样，采样的时间间隔称为采样周期)，并把采样得到的表示声音强弱的模拟电压用数字表示(称为量化)。

采样和量化过程所采用的主要硬件是模拟到数字的转换器(A/D转换器)；在数字音频回放时，再由数字到模拟的转换器(D/A转换器)将数字音频信号转换成原始的电信号。

常见的音频文件格式有WAV(.wav，符合RIFF文件规范的音频文件格式)、MP3(.mp3，是按MPEG标准的音频压缩技术制作的数字音频文件格式)、MIDI(.mid，是MIDI协会设计的音乐文件标准格式)等。

(5) 视频：它具有时序性与丰富的信息内涵，常用于记录事物的发展过程。视频非常类似于我们熟知的电影和电视，有声有色，在多媒体中充当重要的角色。常见的视频文件格式有AVI(.avi，语音与影像同步组合在一起的文件格式)、MOV(.mov，支持多种音频格式播放)、MPG/MPEG(.mpg或.mpeg，国际标准化组织(International Organization for Standardization，ISO)认可的媒体封装形式)等。

4. 多媒体数据压缩技术

多媒体技术应用的关键问题是对图像的编码与解压。国际标准化组织和国际电报电话咨询委员会(International Telegraph and Telephone Consultative Committee，CCITT)两家联合成立了联合图像专家小组(joint photographic experts group，JPEG)，致力于建立适用于彩色和单色、多灰度连续色调、静态图像的数字图像压缩标准。1991年，专家小组提出了ISO CD10918号建议草案"多灰度静止图像的数字压缩编码"(通常称为JPEG标准)。1992年，动态图像专家组(motion picture experts group，MPEG)提出了MPEG-1标准，用于数字存储多媒体运动图像，伴音速率为1.5 Mbps的压缩码，作为ISO/IEC 11172标准，用于实现全屏幕压缩编码及解码，称为MPEG编码，还有MPEG-2，MPEG-4，MPEG-7等标准。

数据压缩一般可分为两种基本类型：无损压缩和有损压缩。

(1) 无损压缩是利用数据的统计冗余进行压缩，可完全恢复原始数据而不引入任何失真，但压缩率受到数据统计冗余度理论限制，一般为2∶1到5∶1。多媒体应用中经常使用的无损压缩方法主要是基于统计的编码方案，如行程编码、霍夫曼(Huffman)编码、算术编码和LZW编码(字串表编码)等。常用的压缩工具有WinRAR，WinZip，ARC等。

(2) 有损压缩是指压缩后的数据不能够完全还原成压缩前的数据，与原始数据不同但是非常接近的压缩方法，也称为破坏性压缩。它以损失文件中某些信息为代价来换取较高的压缩率，其损失的信息多是对视觉和听觉感知不重要的信息，但压缩率通常较高，约为几十到几百。有损压缩常用于音频、图像和视频的压缩。常用的有损压缩方法有预测编码、变换编码(主要是离散余弦变换方法)、基于模型编码、分形编码等。常用的压缩标准有JPEG，JPG 2000，MPEG等。

5. 多媒体系统的组成

多媒体系统是一个复杂的软、硬件结合的综合系统，是指多媒体终端设备、多媒体网络设备、多媒体服务系统、多媒体软件及有关的媒体数据组成的有机整体。多媒体系统把音频、视频等媒体与计算机系统集成在一起组成一个有机的整体，并由计算机对各种媒体进行数字化处理。一般的多媒体系统由多媒体硬件系统和多媒体软件系统两部分组成。多媒体硬件系统包括基本计算机硬件以及多媒体外部设备和接口卡,多媒体软件系统包括多媒体驱动软件、多媒体操作系统、多媒体处理工具软件和多媒体应用软件。

1.2 计算机前沿技术简介

案例引入

计算机的发展已经进入了一个快速而又崭新的时代,趋向超高速、超小型、并行处理和智能化,以计算机为核心的信息技术在社会的各个领域中得到广泛应用。计算机技术迅猛发展,传统计算机的性能受到挑战,从基本原理上寻找计算机发展的突破口,新型计算机的研发应运而生。这种新型计算机将推动新一轮计算机技术革命,对人类社会的发展产生深远的影响。

案例分析

未来量子、光子和分子等新型高性能计算机将具有感知、思考、判断、学习以及一定的自然语言能力,使计算机进入人工智能时代。当今的计算机技术已经比较成熟发达,可以从以下几个方面进行基础了解:

(1) 人工智能系统;

(2) 海量访问互联网系统;

(3) 量子计算机。

知识讲解

1.2.1 以GPU超算为基础的人工智能系统

1. 显卡

1999年,英伟达(NVIDIA)推出全球首款图形处理器(graphics processing unit, GPU)——GeForce 256。GeForce 256是第一款提出GPU概念的产品,其采用的核心技术包含硬件T&L、立方环境材质贴图和顶点混合、纹理压缩和凹凸映射贴图、双重纹理四像素256位渲染引擎等。2006年,NVIDIA推出统一计算设备架构(compute unified device architecture,CUDA),这是一种用于通用GPU计算的革命性架构。CUDA使科学家和研究人员能够利用GPU的并行处理能力来应对最复杂的计算挑战。正是因为CUDA框架的推出,才使得GPU超算真正进入人工智能领域。2008年,NVIDIA推出Tegra移动处理器,其功耗比普通PC低30倍。同年,东京工业大学打造出Tsubame,这是首款跻身世界500强超级计算机之列的,基于Tesla GPU的超级计算机。2010年,NVIDIA Tesla GPU宣布为当时全球最快的超级计算机,即中国的天河-1A提供动力支持。2016年,NVIDIA推出第11代GPU架构NVIDIA Pascal,为更为先进的NVIDIA Tesla加速器和GeForce GTX显卡提供支持。2018年,NVIDIA Turing GPU架构被推出,为全球首款支持实时光线追踪的GPU提供动力。以家用显卡为例,2019年的代表显卡RTX 2080Ti,如图1-8所示,其拥有

4352 CUDA 核心，11 GB 和 352-bit 的 GDDR6 显存（速率 14 Gbps），单浮点性能为 13.4 TFLOPs(13.4 万亿条/s 浮点运算)。

图 1-8　NVIDIA RTX 2080Ti 显卡

2. 深度学习

深度学习的卷积神经网络(convolutional neural network，CNN)经典模型其实在二十世纪八九十年代就出现了，其中 LeNet-5 模型在简单的手写体识别问题上，已经取得了很大的成功。但是，当时的计算能力无法支持更大规模的网络，而 LeNet-5 在复杂物体识别上的表现并不好，所以影响了人们对这一系列算法的进一步研究。由于以上种种原因，神经网络一度非常低调。2006 年，杰弗里·辛顿(Geoffrey Hinton)和他的学生发表了利用受限玻尔兹曼机(restricted Boltzmann machine，RBM)编码的深层神经网络的科学论文 *Reducing the Dimensionality of Data with Neural Networks*，给出了训练深层网络的新思路。大概想法是先分层进行预训练，然后把预训练的结果当成模型参数的初始值，最后从头进行正常的训练。这个想法现在看起来很简单，但对于全连接型的深层网络来说是非常有效的。

2012 年之前，深度学习还只能处理像 MNIST 手写体分类这样的简单任务。2010 年与 2011 年举行了两届 ImageNet 比赛。这是一个比手写体分类复杂得多的图像分类任务，总共有 100 万张图片，分辨率 300×300 左右，1000 个类别。这两届的冠军采用的都是传统人工设计特征然后学习分类器的思路。第一届冠军的准确率是 71.8%，而第二届冠军的准确率是 74.3%。2012 年，辛顿和他的学生参赛，把准确率一下提高到 84.7%。他们的成功借助了 ImageNet 这个足够大的数据集、GPU 的强大计算能力、比较深层的 CNN、随机梯度下降(stochastic gradient descent，SGD)和 Dropout 等优化技巧以及训练数据扩充策略。从此，深度学习震惊了机器学习领域，大量的研究人员开始进入这个领域。2013 年的准确率达到 89%，2014 年的准确率达到 93.4%，2015 年，ImageNet 数据集的准确率已经超过 95%，某种程度上与人类的分辨能力相当了。

深度学习广为人知的另外一个因素，是在 2016 年 3 月，基于深度学习训练的阿尔法围棋程序(AlphaGo)以 4∶1 击败顶尖职业棋手李世石，成为第一个不借助让子而击败围棋职业九段棋手的电脑围棋程序。五局赛后韩国棋院授予 AlphaGo 有史以来“第一位名誉职业九段”的称号。2016 年 7 月 18 日，AlphaGo 在 Go Ratings 网站的排名升至世界第一，但几天之后被柯洁反超。2016 年底至 2017 年年初，再度强化的 AlphaGo 以“Master”为名，在未公开其真实身份的情况下，借非正式的网络快棋对战进行测试，挑战中、日、韩三国的一流高手，60 战全胜。2017 年 5 月 23 至 27 日乌镇围棋峰会，最新的强化版 AlphaGo 和当时世界第一棋手柯洁对局，并配合八段棋手协同作战与对决五位顶尖九段棋手等五场比赛，获取 3∶0 全胜的战绩，团队战与组队战也全胜。图 1-9 为当时比赛场景。在与柯洁的比赛结束后，中国围棋协会授予 AlphaGo“职业围棋九段”的称号。

图 1-9　AlphaGo 对战柯洁

2019 年 3 月 27 日，国际计算机学会（Association for Computing Machinery，ACM）宣布把 2018 年的图灵奖（Turing Award）颁给深度学习的三位先驱约书亚·本吉奥（Yoshua Bengio）、杰弗里·辛顿和杨立昆（Yann LeCun），如图 1-10 所示，以表彰他们为当前人工智能的发展所做出的贡献。

(a) 约书亚·本吉奥

(b) 杰弗里·辛顿

(c) 杨立昆

图 1-10　2018 年图灵奖得主

1.2.2 基于高并发技术的海量访问互联网系统

最近 10 年来，互联网领域涌现出几家市值四千亿美元以上的巨头，如谷歌（Google）、阿里巴巴、亚马逊（Amazon）、腾讯、脸书（Facebook）等。这些公司有一个共同特点，其核心业务系统，都是基于高并发技术的海量访问互联网系统。这种高并发技术，和传统网络有天壤之别，它们都是建立在开源系统基础上的。正是因为开源运动几十年的技术沉淀，产生了 Linux，Apache，Nginx，MySQL 等大批优秀的工具，才有了后面的互联网高并发技术。

在高并发技术的历史上，“去 IOE”是浓重的一笔。“去 IOE”是阿里巴巴提出的概念，其本意是，在阿里巴巴的 IT 架构中，去掉 IBM 的小型机、Oracle 数据库、EMC 存储设备，代之以自己在开源软件基础上开发的系统。2008 年，阿里巴巴提出“去 IOE”时不少人觉得是痴人说梦，但经过多年运营，阿里云已经彻底完成了“去 IOE”工作，即阿里云的硬件投入彻底抛弃了这三家传统企业，经历了几次“双十一”的挑战之后该技术也趋于成熟。“去 IOE”后，现在I(IBM小型机)被替换为X86设备,O(Oracle数据库)被替换为MySQL数据库(修改了两次MySQL的源码),E(EMC存储设备)被替换为云存储。

尤其值得一提的是,阿里巴巴在高并发数据库领域做出的杰出贡献。OceanBase是一个支持海量数据的高性能分布式数据库系统,实现了数千亿条记录、数百TB数据上的跨行跨表事务,由淘宝核心系统研发、运维、DBA、广告、应用研发等部门共同完成。2020年5月21日,被誉为"数据库领域世界杯"的数据库基准测试TPC-C官网更新了最新结果,支付宝自研数据库OceanBase打破2019年自己创造的世界纪录,性能分数首次突破亿级大关达到7.07亿tpmC,相比2019年的成绩提升近11倍。在2019年之前,这一测试的最好成绩来自甲骨文(Oracle)的3024万tpmC,2019年10月,OceanBase首次参加TPC-C测试,性能分数达到6088万tpmC。而此次,更实现了从千万级到亿级的历史性重大突破。tpmC是指每分钟创建新订单的数量,现实中最大高并发可类比的场景是"双十一"。数据显示,2019年天猫"双十一"当天订单峰值高达每秒54.4万笔。目前OceanBase已经应用于淘宝收藏夹,用于存储淘宝用户收藏条目和具体的商品、店铺信息,每天支持4千万~5千万条的更新操作。等待上线的应用还包括CTU,SNS等,每天更新超过20亿条,更新数据量超过2.5 TB,并会逐步在淘宝内部推广。

谈到分布式系统,就不得不提Google的"三驾马车":Google文件系统(Google file system,GFS),MapReduce,BigTable。虽然Google没有公布这三个产品的源码,但是它发布了这三个产品的详细设计论文。而且,Yahoo资助的Hadoop也有按照这三篇论文的开源Java实现:Hadoop对应MapReduce,Hadoop分布式文件系统(Hadoop distributed file system,HDFS)对应GFS,HBase对应BigTable。不过,在性能上Hadoop比Google要差很多。GFS是适用于大规模且可扩展的分布式文件系统,可以部署在廉价的商用服务器上,在保证系统可靠性和可用性的同时,大大降低了系统的成本。GFS的设计目标是高性能、高可靠、高可用性。GFS系统可以支持系统监控、故障检测、故障容忍和自动恢复,提供了非常高的可靠性。GFS系统中的文件一般都是大文件,且文件操作大部分场景下都是追加(append)而不是覆盖(overwrite)。一旦文件写入完成后,大部分操作都是读文件且是顺序读。MapReduce是针对分布式并行计算的一套编程模型。另外,GFS也需要BigTable来存储结构化数据,就像文件系统需要数据库来存储结构化数据一样。

在高并发领域,当前在后端比较热门的框架有Vert.x。Vert.x由蒂姆·福克斯(Tim Fox)于2011年创立,当时他受雇于VMware,他最初将项目命名为Node.x,这是针对Node.js的命名,其中x表示新项目本质上是多语言的,并且不仅仅支持JavaScript。该项目后来更名为Vert.x,以避免潜在的法律问题,因为Node是Joyent Inc.拥有的商标。2013年8月,核心Vert.x项目完成了向Eclipse Foundation的迁移。

在高并发领域,当前热门的语言有Go语言和Rust语言。Go(又称Golang)是Google的罗伯特·格瑞史莫(Robert Griesemer),罗勃·派克(Rob Pike)及肯·汤普森(Ken Thompson)开发的一种静态强类型、编译型语言。Go语言语法与C语言相近,但功能上有,内存安全,垃圾回收(garbage collection,GC),结构形态及CSP-style并发计算。Rust是一门系统编程语言,专注于安全,尤其是并发安全,支持函数式和命令式以及泛型等编程范式的多范式语言。Rust语言在语法上和C++类似,但是设计者想要在保证性能的同时提供更好的内存安全。Rust 语言最初是由谋智(Mozilla)研究院的格雷顿·霍尔(Graydon Hoare)设计创造,然后在戴夫·赫尔曼(Dave Herman),布兰登·艾奇(Brendan Eich)以及很多其他人的贡献下逐步完善的。Rust 语言的设计者们通过在研发 Servo 网站浏览器布局引擎过程中积累的经验优化了 Rust 语言和 Rust 编译器。

在海量访问系统的部署上,Kubernetes 是当前流行的技术。Kubernetes(简称 K8s)是 Google 2014 年创建管理的,是 Google 十多年大规模容器管理技术 Borg 的开源版本。它是容器集群管理系统,是一个开源的平台,可以实现容器集群的自动化部署、自动扩缩容、维护等功能。

1.2.3 量子计算机

量子计算机(quantum computer)是一类遵循量子力学规律进行高速数学和逻辑运算、存储及处理量子信息的物理装置。当某个装置处理和计算的是量子信息,运行的是量子算法时,它就是量子计算机。量子计算的概念最早由 IBM 的科学家兰多尔(R. Landauer)及本奈特(C. Bennett)于 20 世纪 70 年代提出,他们主要探讨的是计算过程中诸如自由能、信息与可逆性之间的关系。20 世纪 80 年代初期,阿贡国家实验室(Argonne National Laboratory, ANL)的贝尼奥夫(P. Benioff)首先提出二能阶的量子系统可以用来仿真数字计算;稍后费曼(Feynman)也对这个问题产生兴趣而着手研究,并于 1981 年在麻省理工学院举行的第一届计算物理会议(First Conference on Physics of Computation)中做了一场演讲,勾勒出以量子现象实现计算的愿景。

如今一个晶体管,已经可以做到几纳米的大小。由于小到仅有数个原子的大小,电子有时会无视其中阻碍而直接通过一个已关闭的三极管开关,这种神奇的超自然现象被称为量子隧道效应(也称为量子隧穿效应)。在量子领域上,传统物理学不再适用,一些物理现象无法解释,所以传统计算机无法工作。接下来科学家要做的就是,利用量子特性,去研究量子计算机。传统计算机中,比特(bit)是最小的信息单位,取值为 0 或 1。在量子计算机中,量子比特(qubit)是基本信息单位,可被设为 0 和 1 中任意一个。该系统可同时存在 0 和 1 两种状态,就如光子可水平或垂直极化(电磁波在传播时的方向和电磁场相互垂直,我们把电波的电场方向叫作电波的极化)。在量子世界里,量子比特可同时处于多种状态,它可以是几种不同量子态当中的任意几种归一化线性组合,这种状态即我们常说的量子叠加态。普通逻辑门由一组输入即可得到一个确定的输出状态,而量子门则用于操纵处于叠加态的量子比特,改变它被观测时可能出现的状态,并最终输出一个叠加态与之前不同的量子。因此,量子计算机会设置量子比特,利用量子门让它们处于纠缠态,并操纵它们各个状态出现的可能性,再通过观测它们,使叠加态坍缩,可能的输出序列中的一种就会出现。这意味着,你能同时进行多组不同的运算。

恰当地利用量子纠缠和叠加态,在某些时候它的效率将大大超过传统计算机。例如,目前普遍采用的 RSA 加密算法(1977 年由罗纳德·李维斯特(Ronald L. Rivest)、阿迪·萨莫尔(Adi Shamir)和伦纳德·阿德曼(Leonard Adleman)一起提出的),传统计算机去破解私钥,可能要花费数年甚至更久的时间。Google 的克雷格·吉德尼(Craig Gidney)和瑞典皇家理工学院的马丁·埃凯拉(Martin Ekera)在 2019 年发表的一项最新研究成果,演示了量子计算机如何用2000个量子位来计算，他们证明了2048位RSA密码，如何在八个小时被暴力破解。而这种密码用超级计算机，破解需要80年。

2019年，Google在被称为“量子优越性”方向上的重大突破研究，登上了《自然》150周年特刊封面。Google利用一台54量子比特的量子计算机，如图1-11所示，实现了传统架构计算机无法完成的任务。在超级计算机需要计算1万年的实验中，量子计算机只用了3分20秒。

图1-11　Google CEO桑达尔·皮查伊和Google的量子计算机

1.3　计算机数据及编码

案例引入

明明在玩脑筋急转弯时，被问：“1加1在什么情况下不等于2?”他回答：“在算错的情况下。”事实上，在算对的情况下，1加1也可以不等于2。

案例分析

为对计算机中的信息表示有个全面的了解，要从以下几个方面进行：

(1) 信息的表示和存储的理论知识；

(2) 二进制、八进制、十进制和十六进制之间的转换过程；

(3) 信息编码的相关理论。

知识讲解

1.3.1 计算机的内部世界

计算机内部是一个二进制的数字世界，只有0和1两个数字。在计算机中，信息是以数据的形式表示和使用的，计算机能表示和处理的数据包括数字、文字、声音、图形、图像等，而这些数据在计算机内部都是以二进制的形式表现的。因为计算机中的基本逻辑元件有两个可用电进行控制且能相互转换的稳定状态，即可用二进制数来表示。也就是说，二进制是计算机内部存储、处理数据的基本形式。

1. 进位计数制

进位计数制是按一定进位规则进行计数的方法，它根据表示数值所用的数字符号的个数来命名。其中，进位计数制中所用的数字符号的个数称为进位计数制的基，数值中每一位置都对应特定的值，称为位权。对于R进制数，有R个数字符号(数码)0,1,2,…,$R-1$，基数是R，位权是R^k(k是指该数值中数字符号的顺序号，从高位到低位依次为$n-1$,$n-2$,…,2,1,0,-1,-2,…,$-m$，其中整数部分有n位数，小数部分有m位数)，进位规则是逢R进1。在R进位计数制中，任意一个数值均可以表示为

$$a_{n-1}a_{n-2}\cdots a_2a_1a_0.a_{-1}a_{-2}\cdots a_{-m},$$

其值为

$$\begin{aligned}S&=a_{n-1}R^{n-1}+a_{n-2}R^{n-2}+\cdots+a_2R^2+a_1R^1+a_0R^0\\&\quad+a_{-1}R^{-1}+a_{-2}R^{-2}+\cdots+a_{-m}R^{-m}\\&=\sum_{k=-m}^{n-1}a_kR^k。\end{aligned}$$

常见的进位计数制形式主要有十进制、二进制、八进制和十六进制。

(1) 十进制。十进制的基数为10，有10个数字符号0,1,2,3,4,5,6,7,8,9。各位权是以10为底的幂，进(借)位规则为：逢十进一，借一当十。

(2) 二进制。二进制的基数为2，有2个数字符号0,1。各位权是以2为底的幂，进(借)位规则为：逢二进一，借一当二。可以用数字或字母来表示，如$(10010001)_2$或10010001B。

(3) 八进制。八进制的基数为8，有8个数字符号0,1,2,3,4,5,6,7。各位权是以8为底的幂，进(借)位规则为：逢八进一，借一当八。可以用数字或字母来表示，如$(7654)_8$或7654Q。

(4) 十六进制。十六进制的基数为16，有16个数字符号0,1,2,3,4,5,6,7,8,9,A,B,C,D,E,F。各位权是以16为底的幂，进(借)位规则为：逢十六进一，借一当十六。可以用数字或字母来表示，如$(EFA9)_{16}$或EFA9H。

计算机中常用的四种进位计数制表示如表1-2所示。

表1-2 计算机中常用的四种进位计数制表示

进位计数制	计算规则	基数	数字符号	位权	表示形式
十进制	逢十进一	R=10	0,1,2,…,9	10^i	D
二进制	逢二进一	R=2	0,1	2^i	B
八进制	逢八进一	R=8	0,1,2,…,7	8^i	O或Q
十六进制	逢十六进一	R=16	0,1,2,…,9,A,B,…,F	16^i	H

2. 数据的存储单位

1) 计算机中常用的数据单位

(1) 位(bit,简写为b)是计算机存储信息的最小单位，每一位用0或1表示。

(2) 字节(Byte,简写为B)是计算机最基本的数据单位。8位二进制数为1字节。

(3) 字长是计算机硬件设计的一个指标，指CPU在一次操作中能处理的二进制数据的位数，影响计算机的精度和速度。

2) 存储容量的单位和换算公式

计算机中信息存储的常用单位有 b,B,kB(千字节),MB(兆字节),GB(吉字节),TB(太字节)。1 B表示1 Byte。单位换算公式如下：

1 B=8 b;

1 kB=2^{10} B=1 024 B;

1 MB=2^{20} B=2^{10} kB=1 024 kB;

1 GB=2^{30} B=2^{10} MB=1 024 MB;

1 TB=2^{40} B=2^{10} GB=1 024 GB。

3. 进位计数制之间的转换

十进制、二进制、八进制和十六进制之间的转换有以下几种情况：

1) R 进制数转换成十进制数

将 R 进制数 $a_{n-1}a_{n-2}\cdots a_2a_1a_0.a_{-1}a_{-2}\cdots a_{-m}$ 转换成十进制数的转换公式为

$$S=a_{n-1}R^{n-1}+a_{n-2}R^{n-2}+\cdots+a_2R^2+a_1R^1+a_0R^0+a_{-1}R^{-1}+a_{-2}R^{-2}+\cdots+a_{-m}R^{-m}。$$

例1　将二进制数$(1011.1)_2$、八进制数$(315.7)_8$和十六进制数$(234)_{16}$转换成十进制数。

解　$(1011.1)_2=1\times2^3+0\times2^2+1\times2^1+1\times2^0+1\times2^{-1}=8+0+2+1+0.5=(11.5)_{10}$，

$(315.7)_8=3\times8^2+1\times8^1+5\times8^0+7\times8^{-1}=192+8+5+0.875=(205.875)_{10}$，

$(234)_{16}=2\times16^2+3\times16^1+4\times16^0=512+48+4=(564)_{10}$。

2) 十进制数转换成 R 进制数

将十进制数转换成 R 进制数分两部分进行：整数部分和小数部分。若将十进制数转换成 R 进制数，则整数部分采用“除以 R 取余数”、小数部分采用“乘以 R 取整数”的方法来完成。

将十进制数转换成二进制数、八进制数和十六进制数的方法一样，下面以十进制数转换成二进制数为例。对于整数部分，采用“除以2取余，直到商为0”的方法，所得余数按逆序排列，即为对应的二进制整数部分。对于小数部分，采用“乘以2取整，达到精度为止”的方法，所得整数按顺序排列，即为对应的二进制小数部分。

例2　将十进制数$(11.25)_{10}$分别转换成二进制、八进制和十六进制数。

解　$(11.25)_{10}$转换成二进制数：

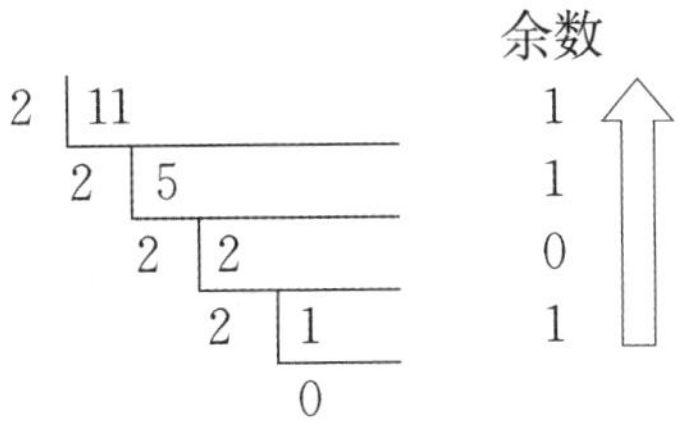

除法	余数
2 | 11	1 ↑
2 | 5	1
2 | 2	0
2 | 1	1
0	

整数部分的转换结果为$(11)_{10}=(1011)_2$；

	整数
0.25×2=0.5	0 ↓
0.5×2=1.0	1

小数部分的转换结果为$(0.25)_{10}=(0.01)_2$。

故$(11.25)_{10}=(1011.01)_2$。

$(11.25)_{10}$转换成八进制数：

余数

8 | 11　　3

　8 | 1　　1

　　0

整数部分的转换结果为$(11)_{10}=(13)_8$；

整数

$0.25\times8=2.0$　　2

小数部分的转换结果为$(0.25)_{10}=(0.2)_8$。

故$(11.25)_{10}=(13.2)_8$。

$(11.25)_{10}$转换成十六进制数：

余数

16 | 11　　11 (B)

　0

整数部分的转换结果为$(11)_{10}=(B)_{16}$；

整数

$0.25\times16=4.0$　　4

小数部分的转换结果为$(0.25)_{10}=(0.4)_{16}$。

故$(11.25)_{10}=(B.4)_{16}$。

3) 二进制数与八进制数、十六进制数的转换

由于$2^3=8$,$2^4=16$,即1位八进制数可用3位二进制数表示,1位十六进制数可用4位二进制数表示,因此二进制与八进制、十六进制之间的转换可以利用这种关系,如表1-3所示。

表1-3　二进制与八进制、十六进制的对应关系

十进制	二进制	八进制	十六进制	十进制	二进制	八进制	十六进制
0	0000	0	0	8	1000	10	8
1	0001	1	1	9	1001	11	9
2	0010	2	2	10	1010	12	A
3	0011	3	3	11	1011	13	B
4	0100	4	4	12	1100	14	C
5	0101	5	5	13	1101	15	D
6	0110	6	6	14	1110	16	E
7	0111	7	7	15	1111	17	F

例3　将二进制数$(100110110111.01)_2$转换成八进制数。

解　将二进制数转换成八进制数：从小数点开始分别向左和向右将整数及小数部分每3位分成一组,若整数部分最高位组不足3位,则在其左边加0补足3位;若小数部分最低位组

不足3位，则在其右边加0补足3位。然后，用每组二进制数所对应的八进制数取代该组的3位二进制数，即可得该二进制数所对应的八进制数。

$$(\underline{100}\ \underline{110}\ \underline{110}\ \underline{111}.\ \underline{010})_2$$

$$\Downarrow\quad\Downarrow\quad\Downarrow\quad\Downarrow\quad\Downarrow$$

$$(4\quad 6\quad 6\quad 7\ .\ 2)_8$$

故$(100110110111.01)_2=(4667.2)_8$。

例4　将八进制数$(4667.2)_8$转换成二进制数。

解　将八进制数转换成二进制数，与二进制数转换成八进制数的方法正好相反，即把八进制数的每一位均用对应的3位二进制数去取代，则可得该八进制数所对应的二进制数。

$$(4\quad 6\quad 6\quad 7\ .\ 2)_8$$

$$\Downarrow\quad\Downarrow\quad\Downarrow\quad\Downarrow\quad\Downarrow$$

$$(\overline{100}\ \overline{110}\ \overline{110}\ \overline{111}.\ \overline{010})_2$$

故$(4667.2)_8=(100110110111.01)_2$。

例5　将二进制数$(100110110111.01)_2$转换成十六进制数。

解　将二进制数转换成十六进制数：从小数点开始分别向左和向右将整数及小数部分每4位分成一组，若整数部分最高位组不足4位，则在其左边加0补足4位；若小数部分最低位组不足4位，则在其右边加0补足4位。然后，用每组二进制数所对应的十六进制数取代每组的4位二进制数，即可得该二进制数所对应的十六进制数。

$$(\underline{1001}\ \underline{1011}\ \underline{0111}.\ \underline{0100})_2$$

$$\Downarrow\quad\Downarrow\quad\Downarrow\quad\Downarrow$$

$$(9\quad B\quad 7\ .\ 4)_{16}$$

故$(100110110111.01)_2=(9B7.4)_{16}$。

例6　将十六进制数$(9B7.4)_{16}$转换成二进制数。

解　将十六进制数转换成二进制数，与二进制数转换成十六进制数的方法正好相反，即把十六进制数的每一位均用对应的4位二进制数取代，则可得该十六进制数所对应的二进制数。

$$(9\quad B\quad 7\ .\ 4)_{16}$$

$$\Downarrow\quad\Downarrow\quad\Downarrow\quad\Downarrow$$

$$(\overline{1001}\ \overline{1011}\ \overline{0111}.\ \overline{0100})_2$$

故$(9B7.4)_{16}=(100110110111.01)_2$。

1.3.2　信息编码

1. 数值型信息的编码

计算机可处理的数值型信息分无符号数和有符号数两种。在计算机中，通常把一个数的最高位作为符号位，该位为“0”表示正数，为“1”表示负数。为方便运算，计算机中对有符号数采用三种表示方法：原码、反码和补码。

1）*原码*

原码是用机器数的最高（最左）一位表示符号，其余各位给出数值的绝对值，即正数的最高位为0，负数的最高位为1，其余各位表示数值的大小。

例如，十进制数+66和−66在计算机中的表示形式如下：

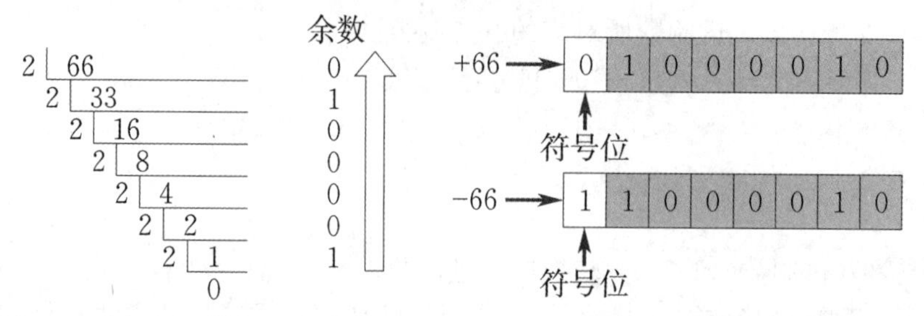

2）反码

正数的反码为其原码形式；负数的反码符号位不变，数值位为原码逐位求反而得到。

例如，$[+66]_{反码}=(01000010)_2$，$[-66]_{反码}=(10111101)_2$。

3）补码

正数的补码仍为其原码；负数的补码是反码的基础上最低位加1。

例如，$[+66]_{补码}=(01000010)_2$，$[-66]_{补码}=(10111110)_2$。

例7　写出十进制数+77和−77的原码、反码和补码。

解　因为$(77)_{10}=(1001101)_2$，所以+77和−77的原码、反码和补码分别如下：

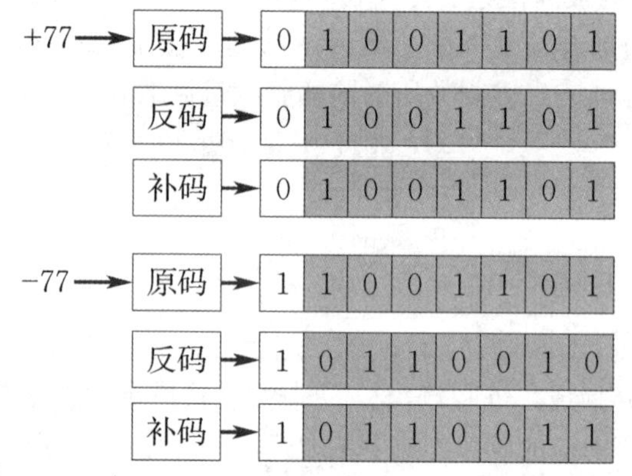

2. 西文字符的编码

西文字符的编码采用国际通用的美国信息交换标准码（American Standard Code for Information Interchange，ASCII）。这种编码采用7位二进制编码，每个ASCII码以1字节表示，最高位为0，从0到127分别代表不同的字符，其中有94个可打印字符，包括常用的字母、数字、标点符号等，另外还有33个控制字符和空格。标准ASCII码字符如表1-4所示。

表1-4　标准ASCII码字符表

$b_3b_2b_1b_0$		$b_6b_5b_4$							
		0	1	2	3	4	5	6	7
		000	001	010	011	100	101	110	111
0	0000	NUL	DLE	SP	0	@	P	`	p
1	0001	SOH	DC1	!	1	A	Q	a	q
2	0010	STX	DC2	"	2	B	R	b	r

续表

$b_3b_2b_1b_0$		$b_6b_5b_4$							
		0	1	2	3	4	5	6	7
		000	001	010	011	100	101	110	111
3	0011	ETX	DC3	#	3	C	S	c	s
4	0100	EOT	DC4	$	4	D	T	d	t
5	0101	ENQ	NAK	%	5	E	U	e	u
6	0110	ACK	SYN	&	6	F	V	f	v
7	0111	BEL	ETB	'	7	G	W	g	w
8	1000	BS	CAN	(	8	H	X	h	x
9	1001	HT/TAB	EM	)	9	I	Y	i	y
A	1010	LF	SUB	*	:	J	Z	j	z
B	1011	VT	ESC	+	;	K	[	k	{
C	1100	FF	FS	,	<	L	\	l	|
D	1101	CR	GS	-	=	M	]	m	}
E	1110	SO	RS	.	>	N	^	n	~
F	1111	SI	US	/	?	O	_	o	DEL

从表1-4中可以发现，字母和数字的编码是连续的。因此，字母和数字的ASCII码的记忆是非常简单的。我们只要记住了一个字母和一个数字的ASCII码值(如“A”的ASCII码值为65，“1”的ASCII码值为49)以及大小写字母之间ASCII码值的差为32，就可以推算出其余字母或数字的ASCII码值。ASCII码中常用的字符从小到大的排列顺序是空格、数字、大写字母、小写字母。

例8　写出字母E，h和数字2的ASCII码值。

解　方法一　字母E的ASCII码值为69，字母h的ASCII码值为104，数字2的ASCII码值为50。

方法二　因为字母A的ASCII码值为65，所以字母E的ASCII码值为65＋4＝69，字母h的ASCII码值为65＋7＋32＝104；因为数字1的ASCII码值为49，所以数字2的ASCII码值为49＋1＝50。

例9　请排出字母Y，a、空格和数字9的大小顺序。

解　因为字符在ASCII码中的排列顺序为小写字母＞大写字母＞数字＞空格，所以它们从大到小的顺序是a＞Y＞9＞空格。

3. 中文字符的编码

英文只有26个字母，采用不超过128个字符的字符集就能满足英文处理的需求；而中文汉字较多，编码比英文困难得多。所以，在用计算机处理汉字时，需要进行一系列的汉字代码转换。

1) 汉字交换码

1980年,国家标准局发布了《信息交换用汉字编码字符集 基本集》(GB/T 2312—1980),简称国标码。它包含汉字6 763个和各种符号682个。

国标码规定一个汉字用两个字节来表示,每个字节只用低7位,最高位为0。但为了与标准的ASCII码兼容,避免每个字节的7位中的个别编码与计算机的控制符冲突,实际每个字节只使用了94种编码。也就是说,将编码分为94个区,对应第一字节,每个区94个位,对应第二字节。两个字节的值,分别为区号值和位号值各加20H(32)。

国标码规定,01~09区(原规定为1~9区)为特殊符号区,16~87区为汉字区,而10~15区、88~94区是有待于"进一步标准化"的"空白位置"区域。

国标码把收录的汉字分成两级。第一级汉字是常用汉字,计3 755个,置于16~55区,按拼音排序;第二级汉字是次常用汉字,计3 008个,置于56~87区,按部首/笔画排序。字音以普通话审音委员会发表的《普通话导读词三次审音总表初稿》(1963年出版)为准,字形以中华人民共和国文化部、中国文字改革委员会公布的《印刷通用汉字字形表》(1964年出版)为准。

为避免同西文字符的存储发生冲突,国标码中的字符在进行存储时,会将原来每个字节的第8位设置为1。若第8位为0,则表示西文字符;否则,表示国标码中的字符。实际存储时,采用了将区位码的每个字节分别加上A0H(160)的方法转换为存储码。例如,汉字"啊"的十进制区位码为1601,存储码为B0A1H,其转换过程如表1-5所示。

表1-5　汉字"啊"的转换

十六进制区位码	区码转换	位码转换	存储码
1001H	10H+A0H=B0H	01H+A0H=A1H	B0A1H

2) 汉字字形码

为了将汉字在显示器或打印机上输出,把汉字按图形符号设计成点阵图,就得到了相应的点阵代码,称为汉字字形码,也称为汉字输出码。显示一个汉字一般采用16×16点阵或24×24点阵或48×48点阵。已知汉字点阵的大小,可以计算出存储一个汉字所需占用的字节空间。例如,用16×16点阵表示一个汉字,就是将该汉字用16行、每行16个点表示,1个点需用1位二进制代码,16个点需用16位二进制代码,即两个字节,共16行,所以共需16行×2字节/行=32字节。因此,采用16×16点阵表示一个汉字,其字形码需用32字节。故有

$$\text{字节数}=\text{点阵行数}\times\frac{\text{点阵列数}}{8}。$$

例10　证明:存储400个24×24点阵汉字字形所需的存储容量是28.125 kB。

证　因为字节数$=$点阵行数$\times\frac{\text{点阵列数}}{8}$,所以

$$400\times24\times\frac{24}{8}=28800\ \text{B}=\frac{28800}{1024}\ \text{kB}=28.125\ \text{kB}。$$

3) GBK编码

由于国标码表示的汉字比较有限,因此全国信息技术标准化技术委员会就对原标准进行

了扩充，得到扩充后的汉字编码方案，即汉字内码扩展规范(GBK)，常用的繁体字被填充到了原国标码中留下的空白码段。GBK采用双字节表示，总计23 940个码位，共收入21 886个汉字和符号，其中汉字21 003个，符号883个。在GBK之后，我国又发布了《信息技术 信息交换用汉字编码字符集 基本集的扩充》(GB 18030—2000)，共收录了27 533个汉字，总编码空间超过了150万个码位。

4) Big5

大五码(Big5)，又称为五大码，是一种繁体中文汉字字符集，通行于使用繁体中文字符集的地区，共收录汉字13 060个(有二字为重复编码)。Big5编码码表直接针对存储而设计，每个字符统一使用两个字节存储表示。第一字节范围为81H～FEH，避开了同ASCII码的冲突，第二字节范围为40H～7EH和A1H～FEH。因为Big5的字符编码范围同国标码字符的存储码范围存在冲突，所以在同一正文中不能对两种字符集的字符同时支持。

Big5编码推出后，得到了繁体中文软件厂商的广泛支持，在使用繁体中文字符集的地区迅速普及使用。在互联网中检索繁体中文网站，所打开的网页，大多都是通过Big5编码产生的文档。

5) Unicode

电子邮件和网页都经常会出现乱码，是因为信息的提供者和信息的读取者对同一个二进制编码值进行显示，采用了不同的编码体系，导致乱码。这个问题促使了Unicode编码的诞生。

Unicode是一个很大的集合，现在的规模可以容纳100多万个符号。每个符号的编码都不一样。例如，U+0639表示阿拉伯字母Ain，U+0041表示英文大写字母A，U+6C49表示中日韩象形文字“汉”。

Unicode固然统一了编码方式，但是它的效率不高。例如，UCS-4(Unicode编码的标准之一)规定用4字节存储一个符号，那么每个英文字母前都必然有3字节是0，这对存储和传输来说都很耗资源。

本章小结

小节名称	知识重点
1.1　计算机的基础知识	计算机的发展简史、特点、分类及其应用领域；计算机病毒的相关知识；计算机系统的组成及工作原理；微型计算机的主要性能指标；多媒体技术的基本理论知识；多媒体数据压缩技术和多媒体系统的组成
1.2　计算机前沿技术简介	以GPU超算为基础的人工智能系统；基于高并发技术的海量访问互联网系统；量子计算机
1.3　计算机数据及编码	信息的表示与存储；进位计数制及其转换；计算机中数值型信息、西文字符、中文字符的编码

测一测

一、选择题

1. 世界上首先实现的电子数字计算机是(　　)。

A. ENIAC　　B. UNIVAC　　C. EDVAC　　D. EDSAC

2. 计算机所具有的存储程序和程序原理是(　　)提出的。

A. 图灵　　B. 布尔　　C. 冯·诺依曼　　D. 爱因斯坦

3. 在计算机应用领域里,(　　)是其最广泛的应用方面。

A. 过程控制　　B. 科学计算　　C. 信息处理　　D. 计算机辅助技术

4. 1946 年第一台通用电子计算机问世以来,计算机的发展经历了五个时代,它们是(　　)。

A. 低档计算机、中档计算机、高档计算机、台式计算机、手提计算机

B. 微型计算机、小型计算机、中型计算机、大型计算机、巨型计算机

C. 组装机、兼容机、品牌机、原装机、一体机

D. 电子管计算机、晶体管计算机、中小规模集成电路计算机、大规模和超大规模集成电路计算机、人工智能计算机

5. 计算机能够自动、准确、快速地按照用户的意图进行运行的最基本思想是(　　)。

A. 采用大规模和超大规模集成电路　　B. CPU 作为中央核心部件

C. 采用操作系统　　D. 存储程序和程序控制

6. 计算机工作最重要的特征是(　　)。

A. 高速度　　B. 高精度

C. 存储程序和程序控制　　D. 记忆力强

7. CAD 是计算机的主要应用领域,它的含义是(　　)。

A. 计算机辅助教育　　B. 计算机辅助测试

C. 计算机辅助设计　　D. 计算机辅助管理

8. 将高级语言程序翻译成计算机可执行代码的程序称为(　　)。

A. 汇编程序　　B. 编译程序　　C. 管理程序　　D. 服务程序

9. 某单位自行开发的工资管理系统,按计算机应用的类型划分,它属于(　　)。

A. 科学计算　　B. 辅助设计

C. 数据处理　　D. 实时控制

10. 下列有关计算机病毒的说法中,(　　)不正确。

A. 计算机病毒有引导型病毒、文件型病毒、复合型病毒等

B. 计算机病毒中也有良性病毒

C. 计算机病毒实际上是一种计算机程序

D. 计算机病毒是由于程序的错误编制而产生的

11. 计算机能直接执行的指令包括两部分,它们是(　　)。

A. 源操作数与目标操作数　　B. 操作码与操作数

C. ASCII 码与汉字代码　　D. 数字与字符

12. 计算机中的所有信息都是以(　　)的形式存储在机器内部的。

A. 字符　　B. 二进制编码　　C. BCD 码　　D. ASCII 码

13. 在微型计算机中，bit 的中文含义是(　　)。

A. 二进制位　B. 双字　C. 字节　D. 字

14. 在计算机中，字节是常用单位，它的英文名字是(　　)。

A. bit　B. Byte　C. bout　D. baut

15. 计算机存储和处理数据的基本单位是(　　)。

A. bit　B. Byte　C. GB　D. kB

16. 1 字节表示(　　)位。

A. 1　B. 4　C. 8　D. 10

17. 在描述信息传输中 bps 表示的是(　　)。

A. 每秒传输的字节数　B. 每秒传输的指令数

C. 每秒传输的字数　D. 每秒传输的位数

18. 微处理器处理的数据基本单位为字。一个字的长度通常是(　　)。

A. 16 个二进制位　B. 32 个二进制位

C. 64 个二进制位　D. 与微处理器芯片的型号有关

19. 一个汉字和一个英文字符在微型计算机中存储时所占字节数的比值为(　　)。

A. 4∶1　B. 2∶1　C. 1∶1　D. 1∶4

20. “冯·诺依曼计算机”的体系结构主要由(　　)五大部分组成。

A. 外部存储器、内部存储器、CPU、显示、打印

B. 输入、输出、运算器、控制器、存储器

C. 输入、输出、控制、存储、外设

D. 都不是

21. 人们通常说的计算机的内存，指的是(　　)。

A. ROM　B. CMOS　C. CPU　D. RAM

22. 在微型计算机中，内存储器通常采用(　　)。

A. 光存储器　B. 磁表面存储器　C. 半导体存储器　D. 磁芯存储器

23. 计算机的三类总线中，不包括(　　)。

A. 控制总线　B. 地址总线　C. 传输总线　D. 数据总线

24. 下列关于计算机总线的说法中，不正确的是(　　)。

A. 计算机的五大部件通过总线连接形成一个整体

B. 总线是计算机各个部件之间进行信息传递的一组公共通道

C. 根据总线中流动的信息不同分为地址总线、数据总线、控制总线

D. 数据总线是单向的，地址总线是双向的

25. 在计算机中，使用的键盘是连接在(　　)。

A. 打印机接口上的　B. 显示器接口上的

C. 并行接口上的　D. 串行接口上的

26. 计算机的通用性使其可以求解不同的算术和逻辑运算，这主要取决于计算机的(　　)。

A. 高速运算　B. 指令系统　C. 可编程序　D. 存储功能

27. Access 是一种(　　)数据库管理系统。

A. 发散型　B. 集中型　C. 关系型　D. 逻辑型

28. 用高级语言编写的程序，要转换成等价的可执行程序，必须经过(　　)。

A. 汇编　B. 编辑　C. 解释　D. 编译和连接

29. 下面的文件格式中，不是图形图像的存储格式的是(　　)。

A. PDF　B. JPG　C. GIF　D. BMP

30. (　　)是上档键，可以用于辅助输入。

A. "Shift"　B. "Ctrl"　C. "Alt"　D. "Tab"

31. (　　)是可执行文件的扩展名。

A. bak　B. exe　C. bmp　D. txt

32. 多媒体信息不包括(　　)。

A. 文字、图形　B. 音频、视频　C. 影像、动画　D. 光盘、声卡

33. 管理和控制计算机系统全部资源的软件是(　　)。

A. 数据库　B. 应用软件　C. 软件包　D. 操作系统

34. 计算机对文本、图像、动画、声音、视频等综合处理，主要体现了计算机(　　)技术的应用。

A. 预测　B. 统筹　C. 调控　D. 多媒体

35. 在计算机工作过程中，(　　)部件从存储器中取出指令，进行分析，然后发出控制信号。

A. 运算器　B. 控制器　C. 接口电路　D. 系统总线

36. 计算机将程序和数据存放在机器的(　　)里。

A. 控制器　B. 存储器　C. 输入/输出设备　D. 运算器

37. 计算机同外部世界交流的工具是(　　)。

A. 控制器　B. 运算器　C. 存储器　D. 输入/输出设备

38. 计算机系统由(　　)组成。

A. 主机和外部设备　B. 软件系统和硬件系统

C. 主机和软件系统　D. 操作系统和硬件系统

39. 计算机应用最早的领域是(　　)。

A. 科学计算　B. 数据处理　C. 过程控制　D. 人工智能

40. 家用计算机既能听音乐又能看影视节目，这是利用计算机的(　　)。

A. 多媒体技术　B. 自动控制技术　C. 文字处理技术　D. 作曲技术

41. 利用计算机可以对声音、图形、图像等进行处理，这属于计算机(　　)方面的应用。

A. 科学计算　B. 数据处理　C. 生产过程控制　D. 嵌入式系统

42. 所谓多媒体是指(　　)。

A. 表示和传播信息的载体　B. 各种信息的编码

C. 计算机的输入和输出信息　D. 计算机屏幕显示的信息

43. 图像数据压缩的目的是(　　)。

A. 为符合 ISO 标准　B. 为符合各国的电视制式

C. 为减少数据存储量，利于传输　D. 为图像编辑的方便

44. 下列说法正确的是(　　)。

A. 计算机病毒属于生物病毒

B. 外存储器包括 RAM，ROM

C. 只要接入了计算机网络，网络信息的共享没有任何限制

D. 一个完整的计算机系统包括计算机的硬件系统和软件系统

45. 信息高速公路以(　　)为干线。

A. 电线　B. 普通电话线　C. 光导纤维　D. 电缆

46. 信息技术包括计算机技术、网络技术和(　　)。

A. 编码技术　B. 电子技术　C. 通信技术　D. 显示技术

47. 二进制数$(1111)_2$转换成十进制数为(　　)。

A. 15　B. 16　C. 20　D. 14

48. 二进制数$(1000)_2$转换成十六进制数为(　　)。

A. $(7)_{16}$　B. $(8)_{16}$　C. $(9)_{16}$　D. $(A)_{16}$

49. 二进制数$(101101)_2$转换成十进制数为(　　)。

A. 45　B. 90　C. 49　D. 91

50. 十进制数 58 转换成二进制数为(　　)。

A. $(110100)_2$　B. $(111010)_2$　C. $(101010)_2$　D. $(101000)_2$

51. 标准 ASCII 码共有(　　)种编码。

A. 127　B. 128　C. 255　D. 256

52. 十进制数 225 转换成二进制数为(　　)。

A. $(11100001)_2$　B. $(11111110)_2$　C. $(10000000)_2$　D. $(11111111)_2$

二、填空题

1. 在微型计算机中,西文字符所采用的编码是________。

2. 衡量计算机运算速度常用的单位是________。

3. 在一个非零无符号二进制整数之后添加一个 0,则此数的值为原数的________。

4. 在计算机中,组成一个字节的二进制位位数是________。

5. 在计算机软件系统中,最基本、最核心的软件是________。

6. 计算机硬件能直接识别、执行的语言是________。

7. 计算机的系统总线是计算机各部件间传递信息的公共通道,它分为________总线、________总线和________总线。

8. 微型计算机硬件系统中最核心的部件是________。

9. 计算机指令由两部分组成,它们是________和________。

10. 假设某台式计算机的内存容量为 256 MB,硬盘容量为 40 GB,硬盘的容量是内存容量的________倍。

11. 在 ASCII 码表中,根据码值排列顺序是________<________<________<________。

12. 十进制数 18 转换成二进制数为________。

13. 计算机软件系统包括________和________。

14. 构成 CPU 的主要部件是________和________。

15. 已知英文字母 m 的 ASCII 码值是 109,那么英文字母 j 的 ASCII 码值是________。

答案

第2章 Windows 10操作系统

学习目标

Windows是微软公司开发的一个主流操作系统。Windows这个名字形象地说明了Windows操作系统是由多个窗口组成的。Windows是一种多任务、多进程的操作系统，它提供了一个基于鼠标和图标、菜单选择的图形用户接口(graphical user interface,GUI)，允许用户同时打开和使用多个应用程序，使得计算机的使用变得更容易、更直观。Windows 10与之前的版本相比具有革命性的变化，它是一款跨平台及设备应用的操作系统，具有操作简单、启动速度快、安全等特点，为人们提供了更高效易行的触摸技术、多核支持和多种新的应用程序。

通过本章的学习，应掌握以下内容：

* 了解操作系统。

* 掌握 Windows 10 的启动与退出。

* 熟悉 Windows 10 的基本操作。

* 了解软件资源的管理。

2.1 操作系统概述

案例引入

2020年初，新型冠状病毒肺炎疫情大肆传播，为做好疫情防控，打赢这场无硝烟的战争，如何做好全国各地的疫情病例的收集、汇总、分析工作？如何保证全国的学生“停课不停学”？这一切都得益于计算机技术的迅猛发展，使人们更有效地应对这场突如其来的灾难，也促使人们迅速掌握计算机技术，实现办公自动化。

案例分析

在有了硬件(计算机)设备的前提下，要实现办公自动化，我们需要学习以下内容：

(1) 操作系统的功能；

(2) 操作系统用户接口；

(3) 操作系统的分类等。

知识讲解

现代计算机是一个高速运转的复杂系统。从资源管理的角度来看，操作系统是为了合理、方便地利用计算机系统，对计算机系统的全部软、硬件资源进行控制和管理，控制和协调多个任务的活动，合理地组织工作流程，实现信息的存取和保护，提高系统使用效率，提供面向用户的接口，方便用户使用的程序集合。操作系统是计算机系统软件中最基本、最核心的一种软件。

2.1.1 操作系统的主要功能

操作系统的主要功能有作业管理、存储器管理、文件管理、设备管理和处理器管理。这些管理工作是由一套规模庞大且复杂的程序来完成的。

1. 作业管理

作业管理是指用户在一次计算过程或一次事务处理过程中，要求计算机系统所做工作的集合。在批处理系统中，把一批作业按用户提交的先后顺序依次安排在输入设备上，然后依次读入系统并进行处理，从而形成一个作业流。一个作业从进入系统到执行结束，一般需要经历收容、执行和完成三个阶段，即作业处于后备、执行和完成三个不同的状态。

2. 存储器管理

在多道程序系统中，允许多个用户程序同时进驻内存运行。因此，存储器管理的主要职能就是随时记录内存空间的使用情况，根据用户程序的存储需求和当前内存的使用情况进行内存空间的划分、分配及回收。同时，还提供存储保护以保证各运行程序之间互不侵犯，防止用户程序侵入操作系统存储区。此外，为提高计算机系统的处理能力，还要实现内存扩充。

3. 文件管理

文件管理是对软件资源的管理。软件资源都以文件的形式组织、存放在外存上，负责此任务的是文件系统。文件系统的任务是对用户文件和系统文件进行管理，以方便用户使用，并保证文件的安全性。其主要任务是负责文件物理存储空间的组织分配及回收，实现文件名到物理存储空间的映射，负责文件的建立、删除、读取和写入等操作，提供文件的保护和保密，防止对文件的某种非法访问或未经授权的用户使用某个文件。

4. 设备管理

设备管理主要是对计算机系统中的输入、输出等各种设备的有效管理，使这些设备充分地发挥效率，并要给用户提供简单而易于使用的接口，以便用户在不了解设备性能的情况下，也能很方便地使用它。

5. 处理器管理

计算机系统中最重要的资源是CPU，所有的程序都要在CPU上执行。因此，处理器管理的主要任务是：① CPU的分配与回收，即在一定的系统环境下，根据一定的资源利用原则，采用合理的调度策略，进行CPU的分配与回收工作，使CPU充分发挥效率并能合理地满足各种程序任务的需求；② 处理中断事件，即首先由硬件的中断装置发送产生的事件，然后由中断装置中止现行程序的执行，调出处理该事件的程序进行处理。

2.1.2 操作系统用户接口

操作系统是用户和计算机之间的接口，用户通过操作系统可以快速、有效和安全可靠地使用计算机各类资源。操作系统提供了程序级接口（程序接口）、命令级接口（联机命令接口与脱机命令接口)和图形用户接口。

1. 程序级接口

程序级接口由一组系统调用命名组成,程序员可以在程序中通过系统调用来完成对外部设备的请求,进行文件操作、分配或回收内存等各种控制要求。所谓系统调用,是指调用操作系统中的子程序,属于一种特殊的过程调用。

2. 命令级接口

根据作业方式不同,命令级接口又分为联机命令接口和脱机命令接口。

(1) 联机命令接口指用户通过控制台或终端,采用“人机对话”的方式,直接控制运行。它有两种作业方式:键盘命令方式和命令文件方式。

① 键盘命令方式是通过逐条输入命令语句,经解释后执行,通常包括系统管理、环境设置、编辑修改、编译、连接和运行命令、文件管理等。这些命令可以通过键盘输入,但在图形用户接口中往往是通过点击鼠标来完成的。

② 命令文件方式由一组键盘命令组成。用户通过控制台键入操作命令,形成命令文件,再向系统提出执行请求(系统可连续执行若干条命令且可多次重复执行)。该组操作命令由命令解释系统进行解释执行,完成指定的操作,如批处理文件。

(2) 脱机命令接口由一组作业控制语言(job control language,JCL)组成。

3. 图形用户接口

图形用户接口是指采用图形方式显示的计算机操作用户界面,具有占用资源少、便于移植等特点。

2.1.3 操作系统的分类及简介

操作系统可以从不同的角度进行分类:

(1) 按用户界面的不同,可以分为字符界面操作系统和图形界面操作系统。

(2) 按任务处理方式的不同,可以分为单任务操作系统、多任务操作系统、单用户操作系统和多用户操作系统。

(3) 按系统服务功能的不同,可以分为批处理操作系统、分时操作系统、实时操作系统、网络操作系统、分布式操作系统和嵌入式操作系统。

在操作系统的发展历史中,一些比较有影响力的操作系统有 DOS,UNIX,Linux 和 Windows 等。

磁盘操作系统是一个字符界面、单用户、单任务的操作系统,靠输入命令进行人机对话,通过命令的形式把指令传给计算机,让计算机实现操作。

UNIX 是一个强大的多用户、多任务的网络操作系统,主要应用于工作站、微型计算机、多处理机、小型机和大型机等。

Windows 的发展简史

Linux 是一个基于 UNIX 的克隆系统,它是互联网上的一些爱好者联合开发的。

Windows 是一个单用户、多任务的图形界面操作系统。它功能强大,具有良好的兼容性和易操作性,是目前微型计算机领域最为成熟和流行的操作系统之一。

案例总结

（1）操作系统的主要功能：作业管理、存储器管理、文件管理、设备管理和处理器管理。

（2）操作系统提供了程序级接口、命令级接口和图形用户接口。

（3）操作系统的三种分类方式：按用户界面的不同，可以分为字符界面操作系统和图形界面操作系统；按任务处理方式的不同，可以分为单任务操作系统、多任务操作系统、单用户操作系统和多用户操作系统；按系统服务功能的不同，可以分为批处理操作系统、分时操作系统、实时操作系统、网络操作系统、分布式操作系统和嵌入式操作系统。

拓展深化

2.1.4 安装 Windows 10 操作系统

1. 简述 Windows 10 操作系统

Windows 10 是一个一云多屏，多个平台共用一个 Windows 应用商店，应用统一更新和购买，跨平台最广的操作系统。它采用全新的开始菜单，并且重新设计了多任务管理界面，任务栏中出现了一个全新的按键任务视图（task view）。桌面模式下可运行多个应用和对话框，并且能在不同桌面间自由切换。Windows 10 中来自 Windows 应用商店的应用可以窗口化，这将使一些只有移动应用的开发商省去了再开发一个“桌面版”的烦恼。同时，它添加了虚拟桌面功能，在用户希望区分不同使用场景时，可以新建多个虚拟桌面。这些新功能的加入，旨在让人们的日常计算机操作更加简单和快捷，为人们提供高效易行的工作环境。

Windows 10 包含 Windows 10 家庭版（Windows 10 Home），Windows 10 专业版（Windows 10 Pro），Windows 10 企业版（Windows 10 Enterprise），Windows 10 教育版（Windows 10 Education）和 Windows 10 移动版（Windows 10 Mobile）等版本，用户可以根据情况选择合适的版本。

2. Windows 10 操作系统的运行环境

Windows 10 与之前的 Windows 版本相比，对计算机硬件环境的要求并没有提高，以下是安装 Windows 10 的基本系统要求：

（1）处理器：1 GHz 或更快的处理器或系统单芯片（SoC）；

（2）RAM：1 GB(32 位)或 2 GB(64 位)；

（3）硬盘空间：16 GB(32 位操作系统)或 32 GB(64 位操作系统)；

（4）显卡：DirectX 9 或更高版本(包含 WDDM 1.0 驱动程序)；

（5）显示器：800×600；

（6）互联网连接：需要连接互联网进行更新和下载以及利用某些功能。在 S 模式下的 Windows 10 专业版、Windows 10 专业教育版、Windows 10 教育版以及 Windows 10 企业版，在初始设备设置（全新安装体验或 OOBE）时均需要互联网连接以及 Microsoft 账户（MSA）或是 Azure Activity Directory（AAD）账户。在 S 模式下将设备切换出 Windows 10 也需要互联网连接。

3. 安装 Windows 10 操作系统的准备

因为 Windows 10 是在 Windows 7 和 Windows 8 的基础之上开发的，所以 Windows 10

能够在支持 Windows 7 和 Windows 8 的计算机硬件环境下平稳地运行。

详细了解了 Windows 10 的各种特性和所需硬件配置之后，便可以开始安装，最常用的方法是使用 U 盘进行安装。

在安装 Windows 10 之前，需要进行一些相关的设置，如基本输入输出系统(basic input/output system，BIOS)启动项的调整、硬盘分区的调整以及格式化等。正确、恰当地调整这些设置将为系统的顺利安装、使用方便打下良好的基础。

不同的计算机进行设置的方式不同，具体方法请参考说明书，大部分计算机都要进入 BIOS 中进行设置。进入 BIOS 的方法一般来说是在开机自检通过后按“Delete”键或者是“F2”键(不同品牌的计算机，按键不同)。进入 BIOS 后，找到“Boot”项目，然后在列表中将第一启动项设置为“USB Storage Device”(表示 U 盘)即可。之后，按下“F10”键，选择“Yes”按钮，保存 BIOS 设置并退出。至此，BIOS 设置 U 盘启动成功。

重启后，U 盘自动启动进入系统的正式安装界面，首先会要求用户选择安装的语言类型、时间和货币格式以及键盘和输入方法等，设置完成后便会开始启动安装。

因为 Windows 10 的安装过程只在少数地方，如输入序列号、设置时间、网络、管理员密码等项目需要人工干预，其余不需要人工干预，所以安装过程在此不再赘述。

※2.2　Windows 10 操作系统的基本操作※

案例引入

根据计算机的硬件配置，安装相应的操作系统Windows 10 后，就可以使用计算机，与计算机进行人机对话，开启自动化办公。

案例分析

要使用计算机进行自动化办公，减轻工作量，提高工作效率，必须熟练掌握以下内容：

(1) Windows 10 的启动与退出；

(2) 键盘和鼠标的操作；

(3) 桌面的认识；

(4) 窗口的认识；

(5) 系统的设置。

知识讲解

2.2.1 Windows 10 操作系统的启动与退出

1. Windows 10 操作系统的启动

接通计算机的外部电源，打开显示器电源开关，按下主机的电源按钮即启动计算机。经过一段时间后，计算机进入锁屏界面，单击屏幕，进入登录界面，单击登录按钮(如果已设置用户登录口令，那么在密码框中输入安装系统时设置的密码后按“Enter”键)即可登录，如图 2-1 所示。

图 2-1 登录界面

2. Windows 10 操作系统的退出

在退出 Windows 10 之前,用户应关闭所有打开的程序和文档窗口。若不关闭,则系统会在退出时强行关闭。若此时文件未存盘,则可能会造成数据的丢失。

单击屏幕左下角的“开始”按钮,在弹出的菜单中单击“电源”按钮,在弹出的选项中选择“关机”,如图 2-2 所示,即可安全退出系统。

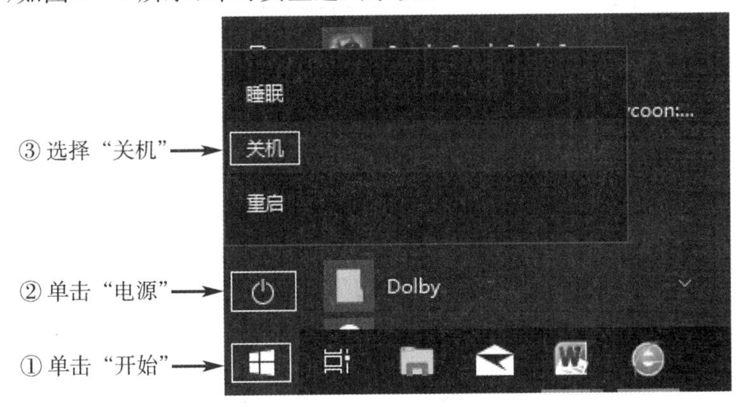

图 2-2 退出系统

3. 用户的注销

为便于不同的用户快速登录计算机,Windows 10 提供了“注销”和“切换用户”功能。注销指关闭程序并注销当前登录用户;切换用户指在不关闭当前登录用户的情况下,切换到另一个用户,既快捷方便,又减少对硬件的损耗。

2.2.2 键盘和鼠标的基本操作

键盘和鼠标是计算机中重要的输入设备,在 Windows 中用户主要通过它们对计算机进行操作。

1. 键盘操作

键盘的主要功能是向计算机输入字母、数字以及各种控制命令。文字输入主要是通过键盘的字符键完成,对系统的操作和控制则主要是用各功能键以及键的组合完成。能完成一定功能的键的组合叫作快捷键，是快速操作、控制系统、提高使用效率的手段。常用的快捷键如表 2-1 所示。

表 2-1　常用的快捷键

快捷键	功能
Ctrl＋A	全选
Ctrl＋C	复制
Ctrl＋X	剪切
Ctrl＋V	粘贴
Ctrl＋Z	撤消
Ctrl＋F4	在允许同时打开多个窗口的程序中关闭当前窗口
Ctrl＋S	保存
Ctrl＋Home	光标快速移到文件头
Ctrl＋End	光标快速移到文件尾
Ctrl＋Esc	显示“开始”菜单
Ctrl＋F5	在 IE(网页浏览器)中强行刷新
Alt＋Tab	在所有打开的项目之间切换
Alt＋Esc	以项目打开的顺序循环切换
Alt＋Enter	在 Windows 下查看所选项目的属性
Alt＋F4	关闭当前项目或者退出当前程序
Shift＋Delete	永久删除所选项目
Ctrl＋Shift＋Esc	启动 Windows 的任务管理器

2. 鼠标操作

在 Windows 10 中，用户可以根据自己的使用习惯对鼠标进行设置，如更改鼠标按键属性便于左手操作用户，一般情况都是默认设置(右手操作)。鼠标有五种基本操作：

(1) 单击(默认是左键)：当鼠标指针移到某对象上时，按下鼠标左键。此操作常用于选中对象。

(2) 双击(默认是左键)：当鼠标指针移到某对象上时，连续、快速地按两下鼠标左键。此操作常用于打开对象。

(3) 右击：当鼠标指针移到某对象上时，按下鼠标右键。此操作常用于打开与该对象有关的快捷菜单。

(4) 拖动(默认是左键)：当鼠标指针移到某对象上时，按下左键的同时并移动鼠标到一个新位置。此操作常用于复制/移动对象，或调整窗口的大小。

(5) 滚动滚轮：使活动窗口区的内容上、下移动。

2.2.3 Windows 10 操作系统桌面的认识和使用

1. 认识 Windows 10 的桌面

与 Windows 7 相似，Windows 10 的桌面包括桌面图标、桌面背景、任务栏等，如图 2-3 所示。

图 2-3　Windows 10 的桌面

(1) 桌面图标：进入 Windows 10 的桌面，默认情况下，桌面上只有一个"回收站"图标，如图 2-4(a)所示。用户可根据需要添加或删除桌面图标，桌面图标整齐地排列在桌面上。图标由图片和名称组成，图片左下角带有一个箭头的图标叫作快捷方式，如图 2-4(b)所示，双击此类图标可快速启动相应的程序。

(a)

(b)

图 2-4　Windows 10 的桌面图标

(2) 桌面背景：桌面背景是桌面所使用的背景图片，桌面背景能让桌面看起来更美观，且更有个性。用户可以根据屏幕的大小和分辨率来做相应的调整。

(3) 任务栏：任务栏是位于桌面下方的一个长条形区域，主要由"开始"菜单(屏幕)、应用程序区、语言选项带(可解锁)和托盘区组成，且最右侧有"显示桌面"的功能，如图 2-5 所示。Windows 10 的任务栏较之前的版本还新增了 Cortana 搜索、任务视图和操作中心按钮。

图 2-5　Windows 10 的任务栏

Tips

"开始"菜单：在默认情况下，"开始"按钮位于桌面左下角，任务栏最左侧，单击该按钮或在键盘上按下"Ctrl+Esc"快捷键将弹出"开始"菜单，如图 2-6 所示。该菜单是微软 Windows 系列操作系统 GUI 的基本部分，可以称为操作系统的中央控制区域，其中存放了固定程序列表、常用程序列表等操作系统的绝大多数命令。

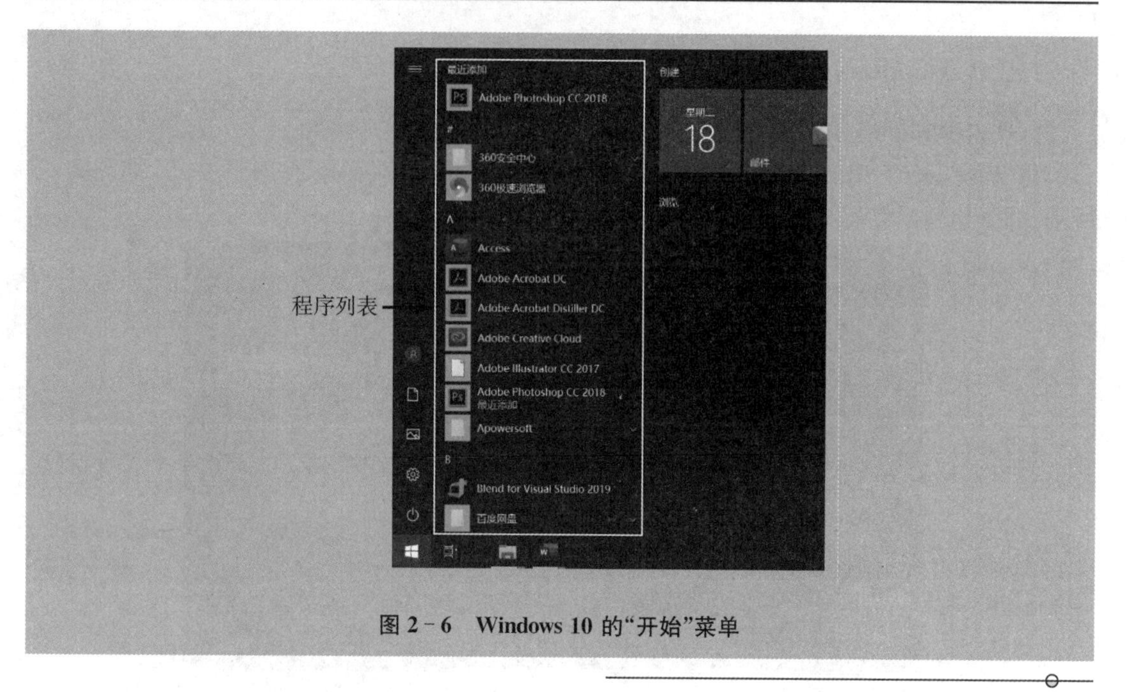

图 2-6　Windows 10 的“开始”菜单

2. 桌面图标的操作

桌面图标除“回收站”之外都是用户根据实际需要自行添加的，且可设置图标的大小和排列方式。

案例实践 2-1　添加桌面图标。

添加桌面图标

步骤 1：在桌面空白处右击，弹出快捷菜单，选择“个性化”，如图 2-7 所示。

步骤 2：打开“个性化”窗口，并选择“主题”，单击“桌面图标设置”链接，如图 2-8 所示。

步骤 3：弹出“桌面图标设置”对话框，在“桌面图标”列表框中勾选要放置到桌面的图标，如图 2-9(a)所示。

步骤 4：勾选“计算机”和“控制面板”复选框后单击“确定”按钮返回桌面，可看到桌面上添加的“计算机”和“控制面板”图标，如图 2-9(b)所示。

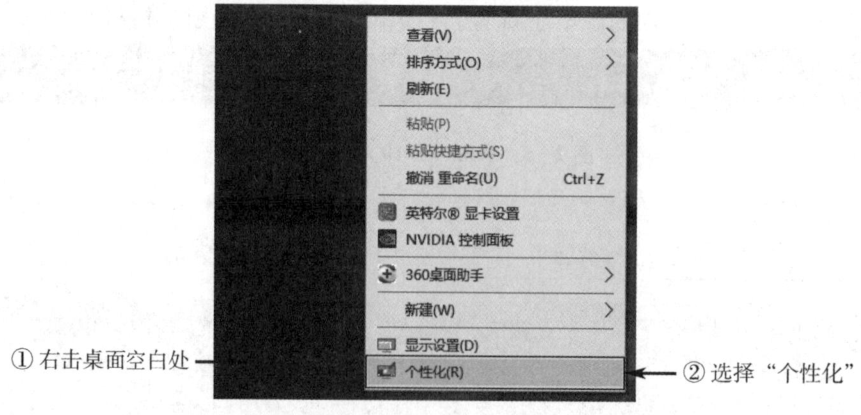

图 2-7　选择“个性化”

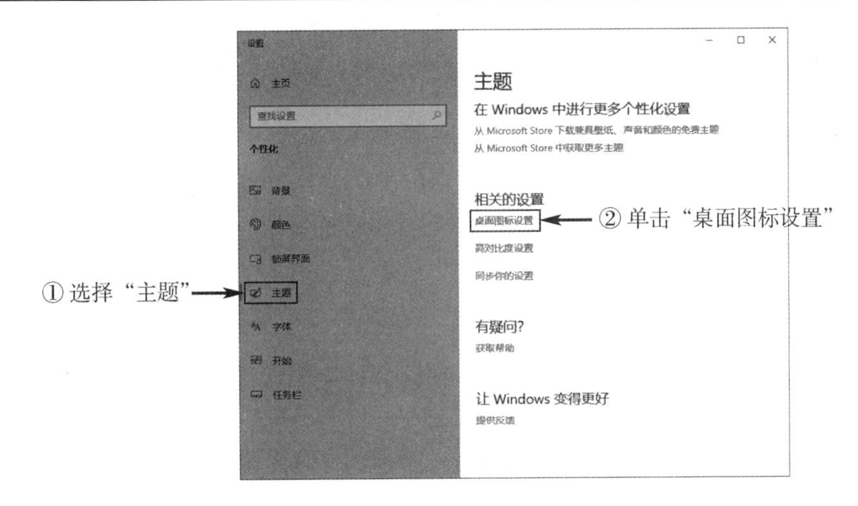

图 2-8　“个性化”|“主题”

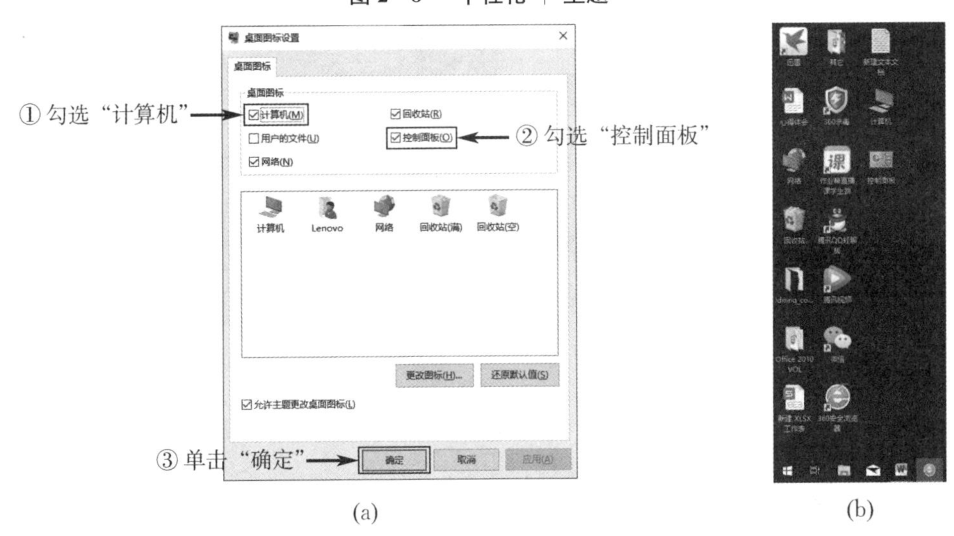

(a)　　(b)

图 2-9　勾选桌面图标

提示:除可在桌面上添加系统图标外,还可将应用程序图标的快捷方式添加到桌面上。

3. 使用“开始”菜单启动程序

在 Windows 10 的“开始”菜单中,所有程序以树型文件夹结构的形式显示,通过该菜单可以快速启动程序。

2.2.4 Windows 10 操作系统窗口的基本操作

窗口是应用程序的运行界面,相当于桌面上的一个工作区域。用户可以在窗口中对文件、文件夹或某个程序进行操作。最常用的窗口就是“计算机”窗口、“资源管理器”窗口和一些应用程序的窗口,这些窗口的组成元素基本相同。

以“计算机”窗口为例,其组成元素如图 2-10 所示。控制菜单按钮也是该窗口的重要组成部分,只是它处于隐藏状态,位于标题栏的最左端图标处。单击该图标,可打开它的下拉菜单,其中包含如图 2-11 所示的“关闭”“最大化”“最小化”等命令。

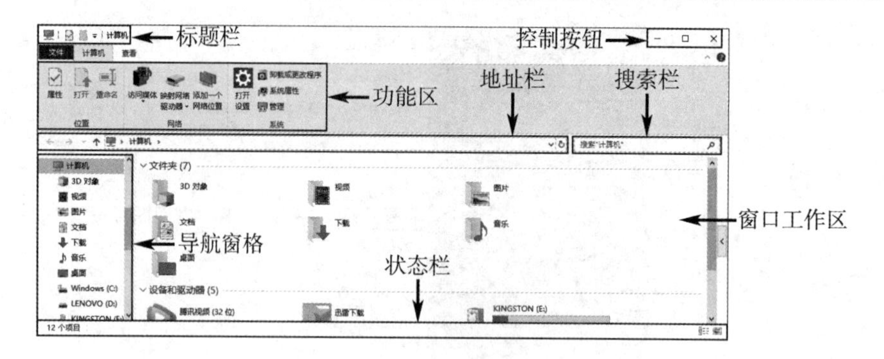

图 2－10　“计算机”窗口

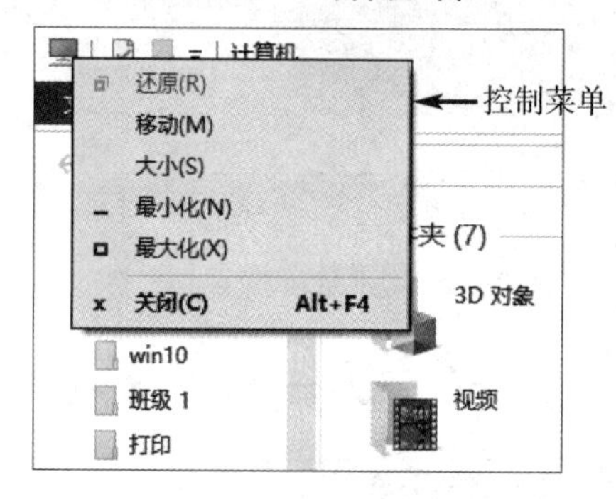

图 2－11　控制菜单

窗口的基本操作主要包括窗口的关闭、窗口的预览和切换、窗口的排列、最大化、最小化、窗口的移动和缩放等。

1. 窗口的关闭

一个窗口的出现意味着一个相应的应用程序启动运行，而窗口的关闭则意味着该应用程序运行结束。关闭窗口的方法有以下几种：

(1) 单击控制按钮中最右端的关闭按钮。

(2) 双击标题栏最左端的图标。

(3) 单击标题栏最左端的图标，弹出系统控制菜单，选择“关闭”。

(4) 使用“Alt＋F4”快捷键。

(5) 利用应用程序提供的菜单，结束该程序运行。

2. 窗口的预览和切换

Windows 10 是一个多任务的操作系统，即用户可同时打开多个任务窗口，并可在多个窗口之间进行切换和同步预览，方便用户切换至目标窗口。

(1) 使用鼠标切换：使用鼠标在当前打开的多个窗口中选择需要切换的窗口，单击任意位置，该窗口即可出现在所有窗口最前面。

将鼠标指针停留在任务栏左侧的某个程序图标上，该程序图标上方会显示该程序的预览小窗口，如图 2－12(a)所示。在预览小窗口中移动鼠标指针，桌面上也会同时显示该程序中的某个窗口。

(2) 按“Alt＋Tab”快捷键切换：按“Alt＋Tab”快捷键切换窗口时，桌面中间会显示当前打开的各程序的预览小窗口，如图 2-12(b)所示。按住“Alt”键不放，每按一次“Tab”键，就会切换一次，直至切换到需要打开的窗口。

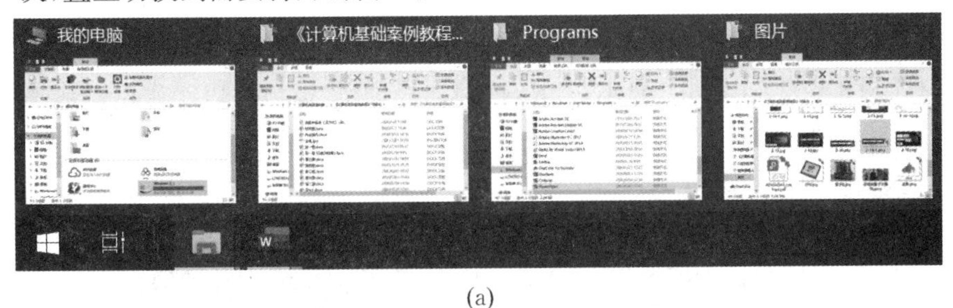

(a)

(b)

图 2-12　程序预览小窗口

(3) 按“+Tab”快捷键切换：按“+Tab”快捷键或单击任务栏上的“任务视图”，即可显示当前桌面环境中的所有窗口缩略图，在需要切换的窗口上单击，则可快速切换，如图 2-13 所示。

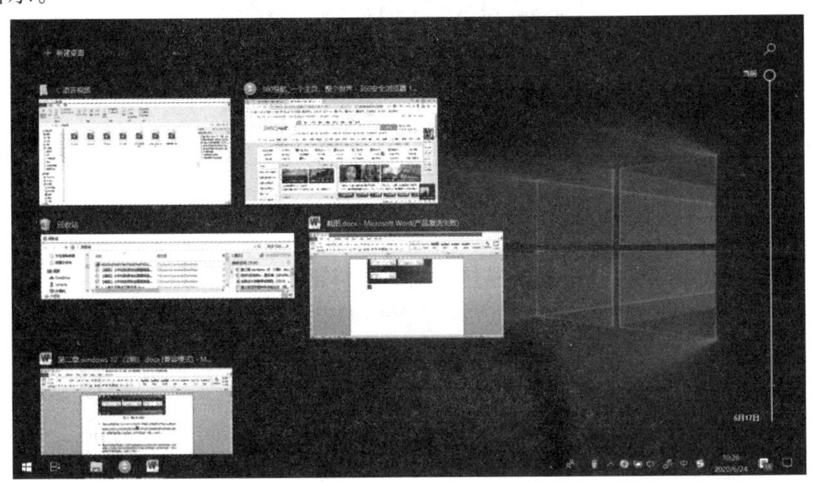

图 2-13　程序窗口缩略图

3. 窗口的最大化、最小化和还原

最小化是将窗口以图标按钮的形式最小化到任务栏中，不显示在桌面上。最大化是将当前窗口放大显示在整个屏幕中。还原窗口是将窗口恢复到上一次的显示效果。用户可以通过操作 Windows 窗口右上角的“最小化”“最大化”和“向下还原”按钮来实现这些操作。

案例实践 2-2　通过最大化、还原和最小化操作来控制“计算机”窗口。

控制“计算机”窗口

步骤 1：在桌面上双击“计算机”图标，打开“计算机”窗口，然后单击此窗口右上角的“最大化”按钮，即设置窗口最大化。此时窗口占满了整个屏幕。

步骤 2：单击“向下还原”按钮，将还原至最大化之前的窗口大小。

步骤 3：单击“最小化”按钮，“计算机”窗口将以图标按钮的形式隐藏到任务栏中。

4. 窗口的排列

Windows 10 提供了层叠窗口、堆叠显示窗口和并排显示窗口三种窗口的排列方式。通过多窗口排列，可以使桌面上的窗口变得秩序井然，方便用户进行各种操作。

案例实践 2-3　打开多个应用程序窗口，按照层叠方式进行排列。

层叠窗口

步骤 1：打开多个窗口，在桌面下端的任务栏空白处右击，在弹出的快捷菜单中选中“层叠窗口”命令，如图 2-14 所示。

步骤 2：此时打开的所有程序窗口（最小化窗口除外）全部以层叠的方式显示在桌面上，如图 2-15 所示。

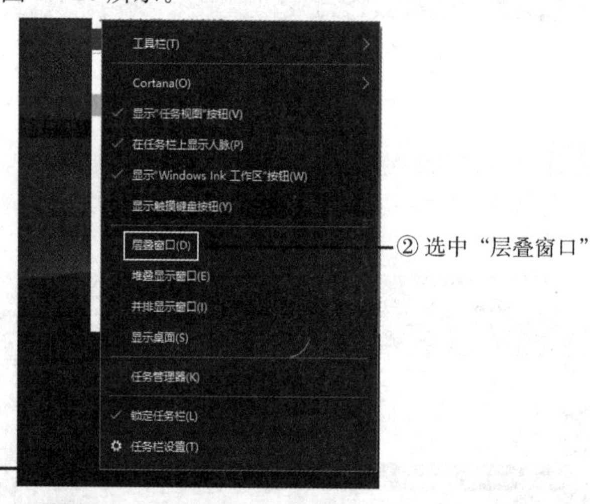

图 2-14　“任务栏”快捷菜单

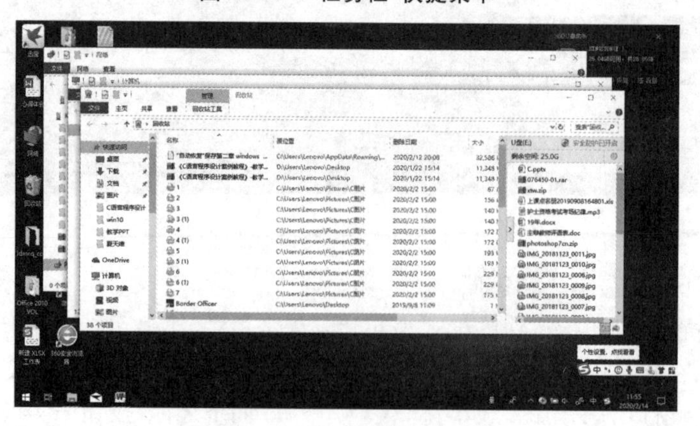

图 2-15　“层叠窗口”效果

2.2.5 Windows 10 操作系统的设置

与之前版本一样，Windows 10 也提供了多种主题和外观样式，用户可以设置窗口颜色、屏幕保护程序和更改主题等。

1. 窗口的颜色与外观设置

在默认情况下，Windows 窗口的颜色为当前主题的颜色。如果用户想更改窗口的颜色，那么可以通过"个性化"窗口进行设置。

步骤 1：在桌面空白处右击，弹出快捷菜单，选择"个性化"，如图 2－7 所示。

步骤 2：在打开的"个性化"窗口中，选择"颜色"，在其中可以更改窗口边框和任务栏的颜色，如图 2－16 所示。

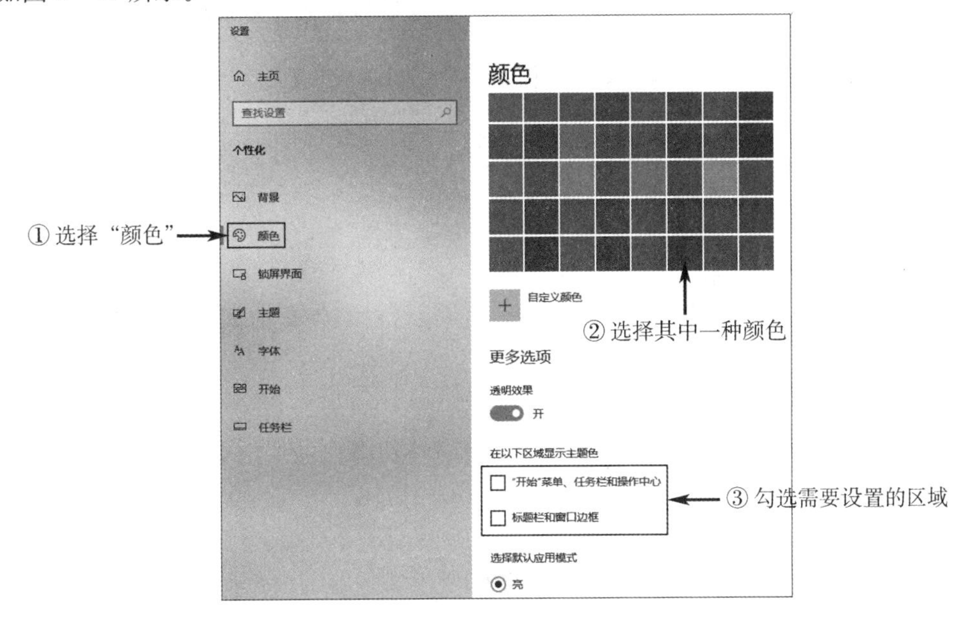

图 2－16　"个性化"|"颜色"

2. 桌面背景设置

桌面背景也叫作"壁纸"。默认情况下，桌面背景采用的是系统安装时的设置，用户可以根据自己的喜好更换桌面背景。

案例实践 2－4　将指定文件夹中的图片设置为桌面背景。

桌面背景设置

步骤 1：在桌面空白处右击，弹出快捷菜单，选择"个性化"，如图 2－7 所示。

步骤 2：在打开的"个性化"窗口中，选择"背景"，再单击"选择图片"下的"浏览"按钮，如图 2－17 所示。

步骤 3：在打开的"计算机"窗口中，选中指定文件夹中的图片，单击"选择图片"按钮后，就看到"个性化"窗口中背景预览处发生变化，之后关闭"个性化"窗口即可。

步骤 4：返回桌面，即可查看设置后的效果。

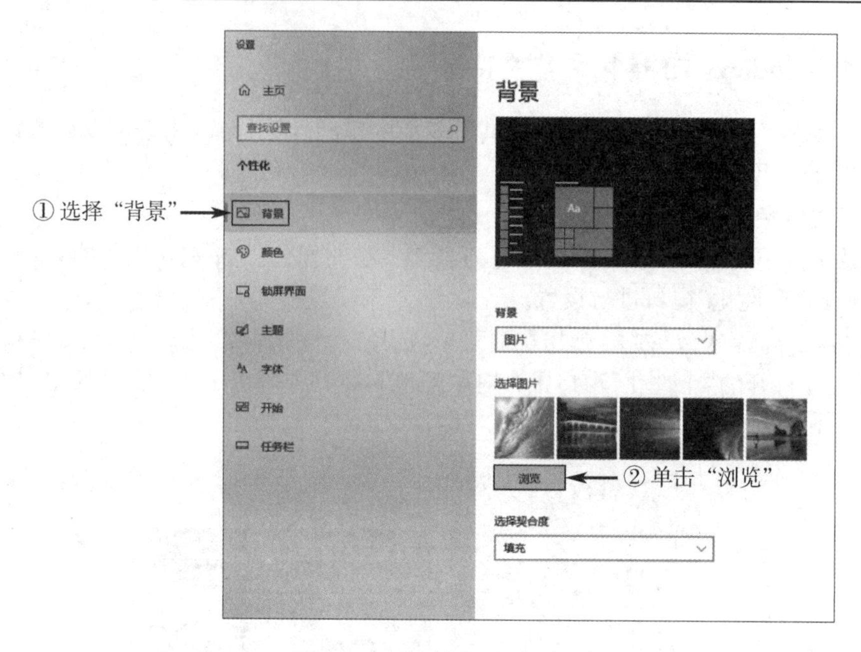

图 2-17　“个性化”|“背景”

3. 系统日期和时间设置

在任务栏右端,显示了系统的日期和时间。当系统的日期或时间显示不准确时,可以进行更改。

案例实践 2-5　设置系统的日期和时间。

步骤 1:右击任务栏右端的日期和时间显示区域,在弹出的快捷菜单中选择“调整日期/时间”,如图 2-18 所示。

系统日期和时间设置

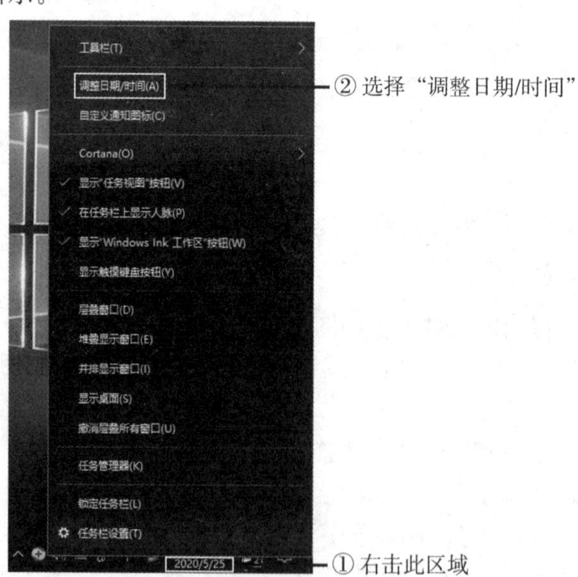

图 2-18　“日期和时间”快捷菜单

步骤 2：打开“日期和时间”界面，在“更改日期和时间”选项下单击“更改”按钮，如图 2－19 所示。

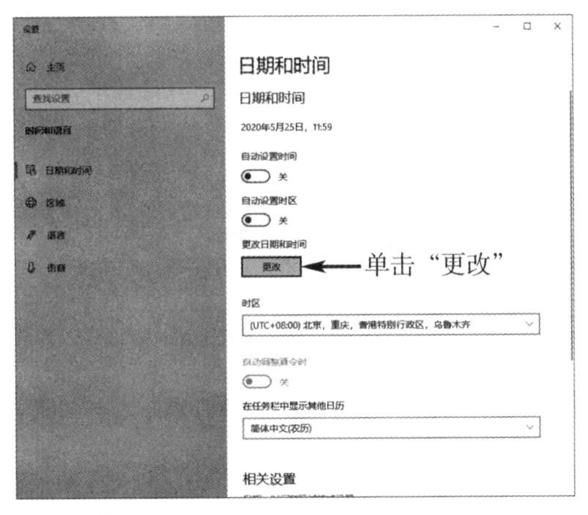

图 2－19　“日期和时间”界面

步骤 3：弹出“更改日期和时间”对话框，在“日期”选项区域中设置日期，在“时间”选项区域中设置时间，单击“更改”按钮，如图 2－20 所示。

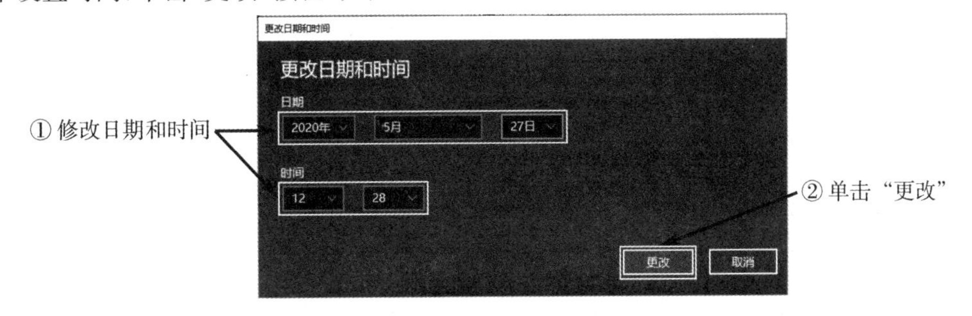

图 2－20　“更改日期和时间”对话框

步骤 4：返回桌面，即可在任务栏的通知区域看到修改后的日期和时间。

4. 用户账户设置

从 Windows 98 开始，计算机就可支持多用户、多任务操作。在 Windows 10 中，有两种账户类型供用户选择，分别为本地账户和 Microsoft 账户。

1）创建本地账户

本地账户分为管理员账户和标准账户。管理员账户拥有计算机的完全控制权，可以对计算机做任何更改；标准账户是系统默认的常用本地账户，无法对一些影响其他用户使用和系统安全性的设置进行更改。

步骤 1：打开“控制面板”窗口，在“用户账户”组中单击“更改账户类型”链接，如图 2－21 所示。

步骤 2：打开“管理账户”窗口，单击“在电脑设置中添加新用户”链接，如图 2－22 所示。

步骤 3：打开“家庭和其他用户”界面，在“其他用户”选项下单击“将其他人添加到这台电脑”，如图 2－23 所示。

图 2-21　“控制面板”窗口

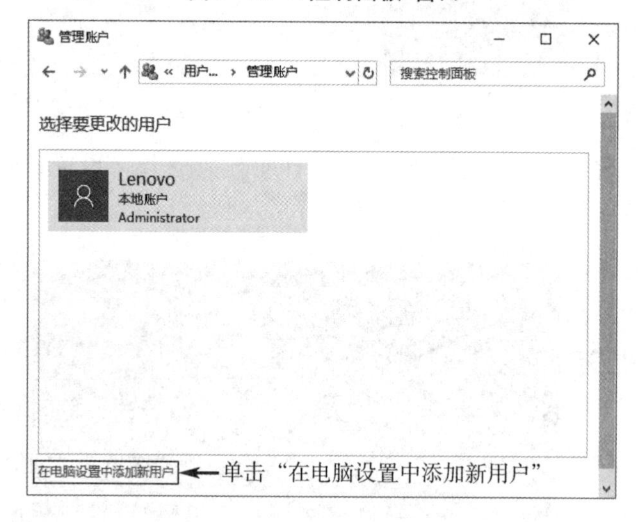

图 2-22　“管理账户”窗口

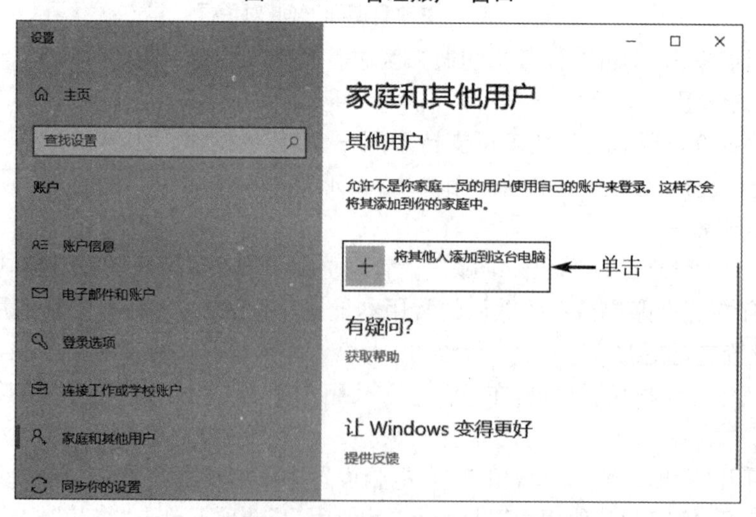

图 2-23　“家庭和其他用户”界面

步骤 4:弹出“Microsoft 账户”对话框,在“此人将如何登录?”界面上的文本框内输入电子邮件或电话号码。如果没有这些信息,那么可单击“我没有这个人的登录信息”链接,如图 2-24 所示。

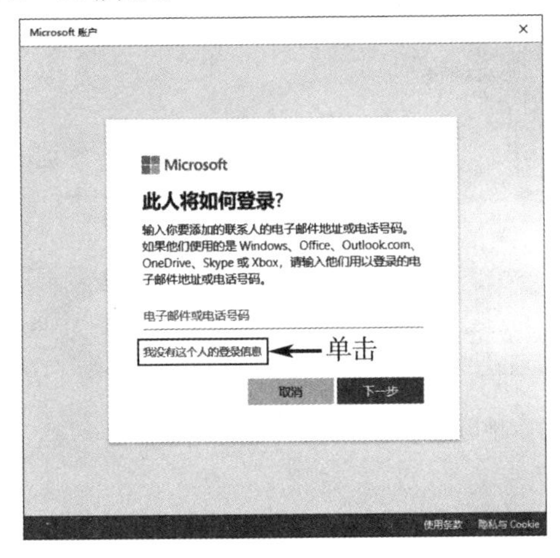

图 2-24　“Microsoft 账户”对话框

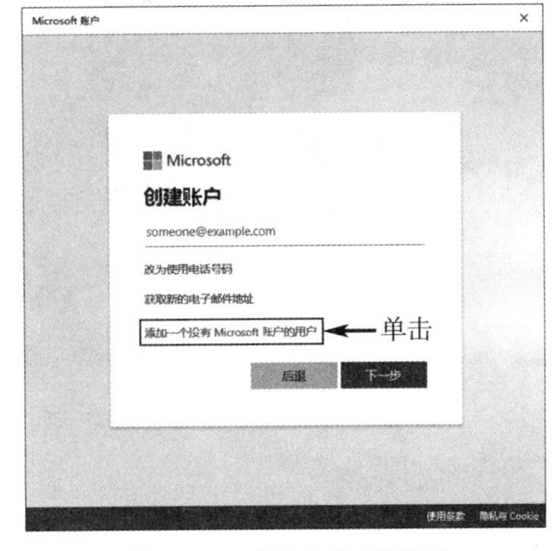

图 2-25　“创建账户”界面

步骤 5:切换到“创建账户”界面,单击“添加一个没有 Microsoft 账户的用户”链接,如图 2-25 所示。

步骤 6:切换到“为这台电脑创建一个账户”界面,在文本框内输入账户名(RWH),然后单击“下一步”按钮,如图 2-26 所示。

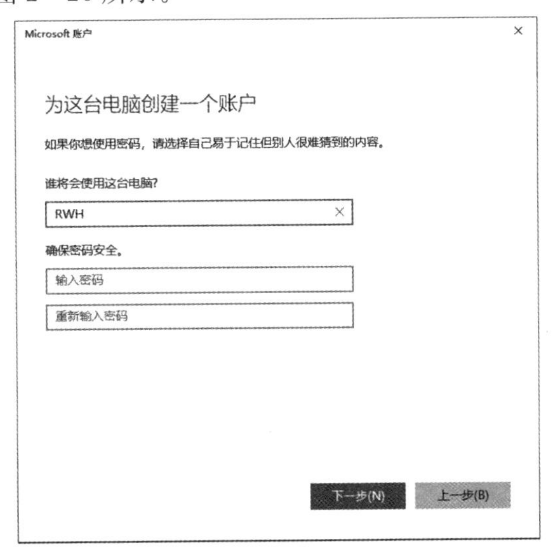

图 2-26　输入账户信息

步骤 7:此时,在“家庭和其他用户”界面可以看到新添加的本地账户(RWH),如图 2-27 所示。

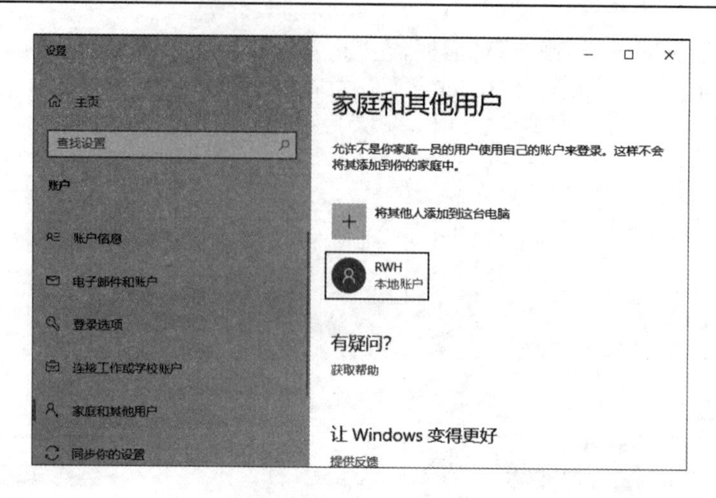

图 2-27 新添加的本地账户

2) 管理用户账户

在 Windows 10 中,用户不仅可以创建账户,还可以对用户账户进行管理,如更改账户类型、更改账户名称、更改账户头像等。更改账户类型是指标准账户改为管理员账户,或管理员账户改为标准账户。

3) 创建或更改账户密码

创建账户后,可以为账户创建密码,为保证账户安全,还应该经常更改密码。

步骤 1:在“管理账户”窗口中选择需要创建密码的账户“RWH”,如图 2-28 所示。

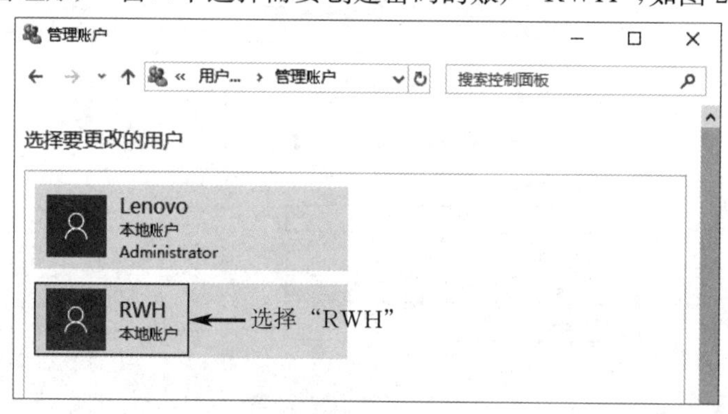

图 2-28 选择“RWH”

步骤 2:打开“更改账户”窗口,单击“创建密码”链接,如图 2-29 所示。

步骤 3:打开“创建密码”窗口,在“为 RWH 的账户创建一个密码”界面的文本框内输入相同密码两次,然后在下方的文本框内输入密码提示信息,最后单击“创建密码”按钮,如图 2-30 所示。

步骤 4:此时,可以看到 RWH 账户已被“密码保护”,密码创建成功,如图 2-31 所示。

步骤 5:创建密码后,在界面的左侧会出现“更改密码”链接,需要更改密码时,可单击“更改密码”链接来更改密码。

图 2-29　单击“创建密码”链接

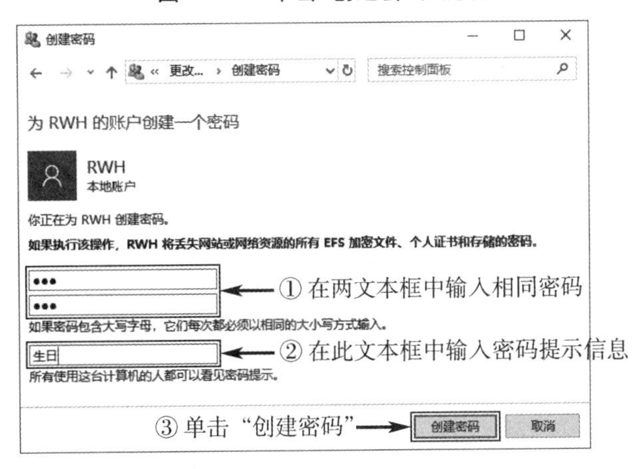

图 2-30　“创建密码”窗口

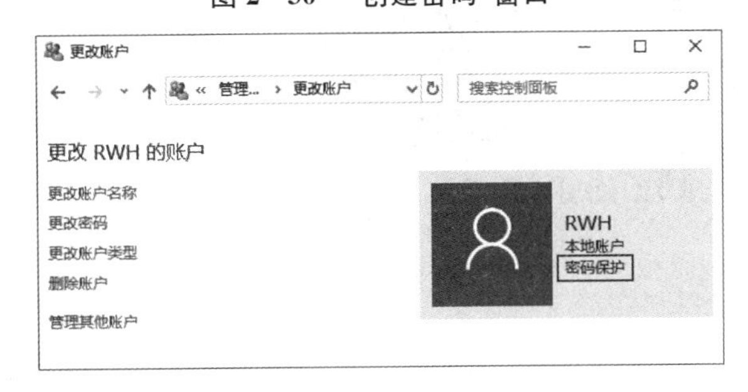

图 2-31　密码创建成功

2.2.6 应用程序的管理

计算机系统本身会自带一些应用程序，但是这些应用程序有时并不能满足用户的需求。因此，用户可以自行安装一些应用程序，以便更好地体验计算机的功能。

1. 应用程序的安装

在使用应用程序之前，需要将其安装到计算机中。这里以安装“Photoshop 7.0”为例，简单介绍安装应用程序的方法。

步骤 1:在计算机中找到要安装应用程序的安装程序(本例的安装程序在桌面上"photoshop7cn"文件夹里)并双击,如图 2-32 所示。

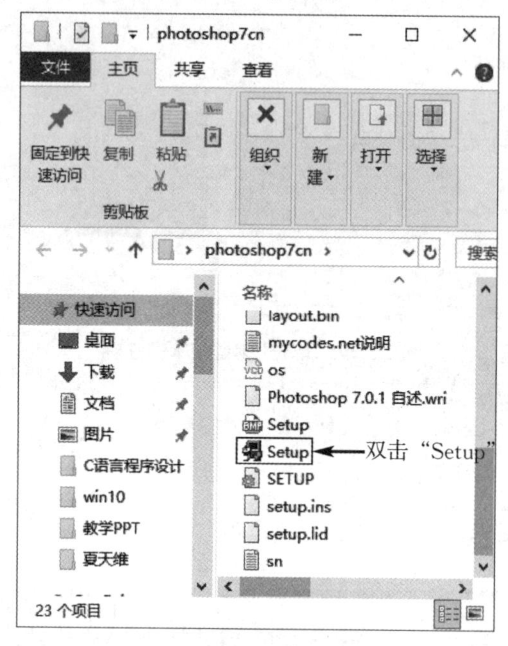

图 2-32　双击安装程序

步骤 2:打开安装程序向导界面,如图 2-33 所示。

图 2-33　安装程序向导界面

步骤 3:当安装程序准备 100%后,会弹出"Adobe Photoshop 7.0.1 安装程序"对话框,单击"下一步"按钮,如图 2-34 所示。

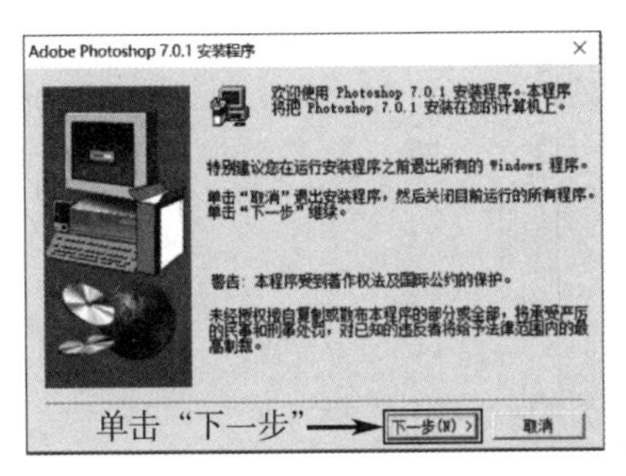

图2-34 “Adobe Photoshop 7.0.1 安装程序”对话框

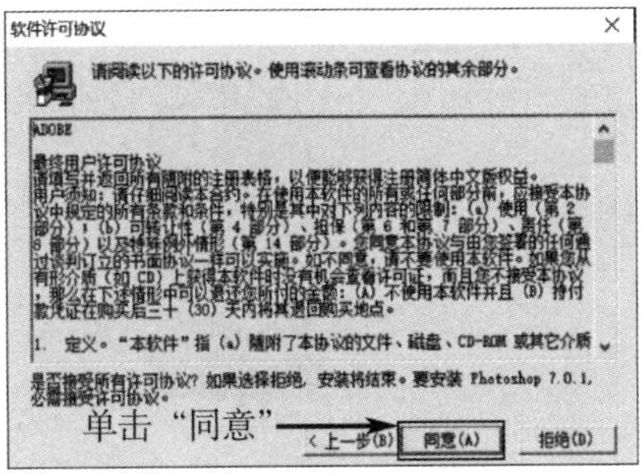

图2-35 “软件许可协议”对话框

步骤4:切换为“软件许可协议”对话框,单击“同意”按钮,如图2-35所示。

步骤5:切换为“使用者信息”对话框,在文本框内输入相应的信息,单击“下一步”,如图2-36所示。

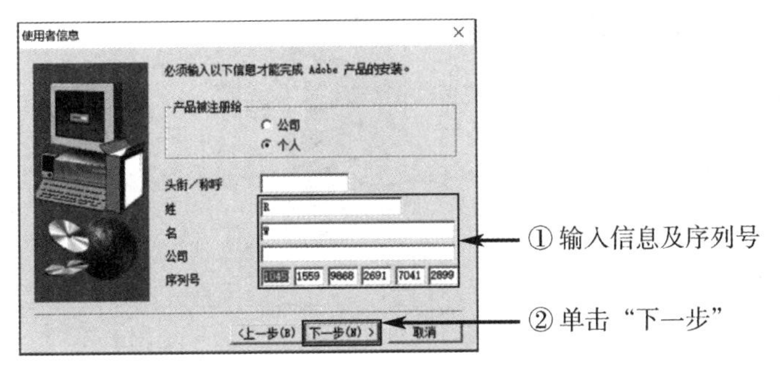

图2-36 “使用者信息”对话框

步骤6:切换为安装程序注册信息确定的提示,单击“是”按钮,如图2-37所示。

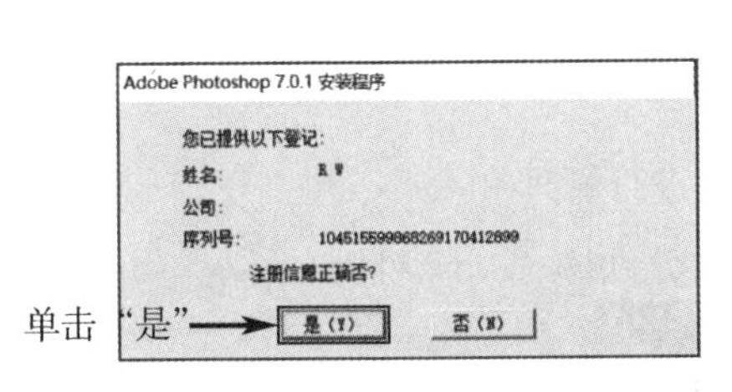

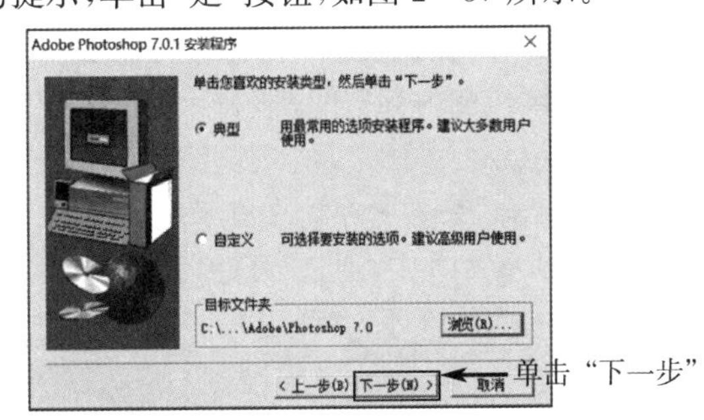

图2-37 注册信息确定

图2-38 安装类型和目标文件路径选择

步骤7:切换为安装类型选择和目标文件路径选择的提示,如图2-38所示。一般选择默认设置。

步骤8:在切换的对话框中继续选择默认设置,直接单击“下一步”按钮,如图2-39所示。

步骤9:弹出如图2-40(a)所示的文件拷贝进度显示窗口,最后出现如图2-40(b)所示的安装已完成的提示。单击“完成”按钮结束安装。

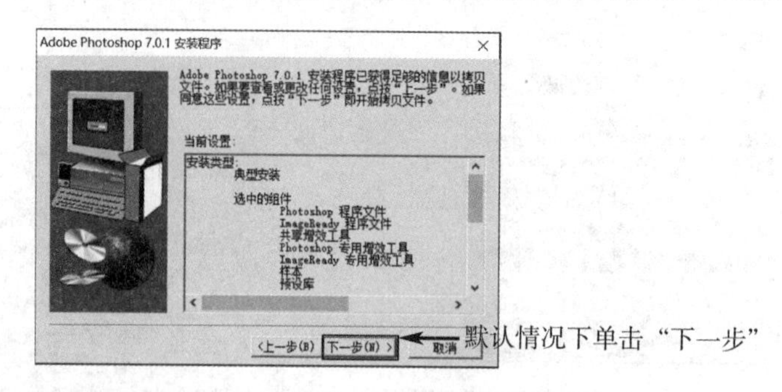

图 2-39　当前设置确认

(a)

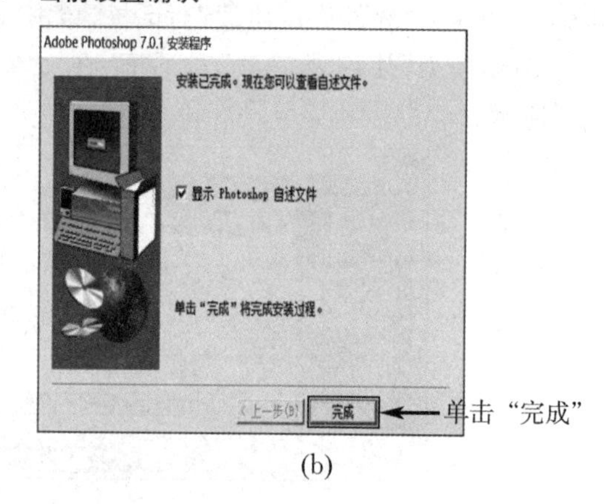

(b)

图 2-40　文件拷贝进度及安装完成

2. 应用程序的卸载

在使用计算机的过程中，如果不再需要使用某个应用程序时，可以将其从计算机中卸载，以免占用计算机的内存空间，影响计算机运行速度。同样，卸载应用程序也有多种方法，下面进行具体介绍。

1) 在“开始”菜单中卸载应用程序

在 Windows 10 中，通过“开始”菜单可以对应用程序进行管理和操作。在“开始”菜单中右击要卸载的应用程序，会弹出快捷菜单，单击“卸载”命令，如图 2-41 所示。

图 2-41　在“开始”菜单中卸载应用程序

2）通过"控制面板"卸载应用程序

有些应用程序在安装后，系统并不会将卸载程序添加到"开始"菜单中，这时可通过"控制面板"卸载程序。在"控制面板"窗口中的"程序"组下单击"卸载程序"链接，如图 2－42(a)所示。打开"程序和功能"窗口，选中要卸载的应用程序，单击"卸载"按钮即可，如图 2－42(b)所示。

图 2－42　通过"控制面板"卸载应用程序

3. 设置文件的默认打开方式

对于一个文件，用户有多个应用程序可以选择。用户可以使用更改文件属性的方式来选择默认的打开方式。例如，右击要打开的文件"心得体会. docx"，在弹出的快捷菜单中选择"属性"命令，接着在弹出的对话框中单击"更改…"按钮，弹出打开方式的提示，选择所需应用程序即可，如图 2－43 所示。

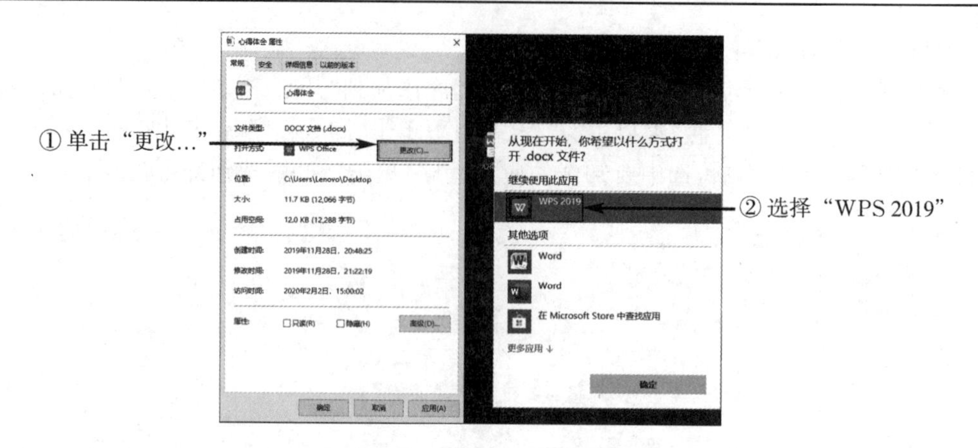

图 2-43　设置文件的默认打开方式

2.2.7 磁盘清理与优化

在计算机的使用过程中，会产生一些临时文件，这些临时文件会占用一定的磁盘空间并影响计算机的运行速度。为提高计算机的运行效率，使其更好地为用户服务，就需要不定期地对计算机进行磁盘清理与优化。

1. 磁盘清理

磁盘清理的任务就是把分布在磁盘不同文件夹中的临时文件从系统中彻底删除。由于手动清除非常不便，因此 Windows 附带了磁盘清理程序。用磁盘清理程序来解决磁盘空间问题非常简单。即使在磁盘有较大的剩余空间时，也应该经常使用磁盘清理来删除那些无用文件，保持系统简洁，提高系统性能。

步骤 1：打开“计算机”窗口，选中要清理的磁盘(这里以 C 盘为例)，选择“管理”|“驱动器工具”选项卡，单击“清理”图标，如图 2-44 所示。

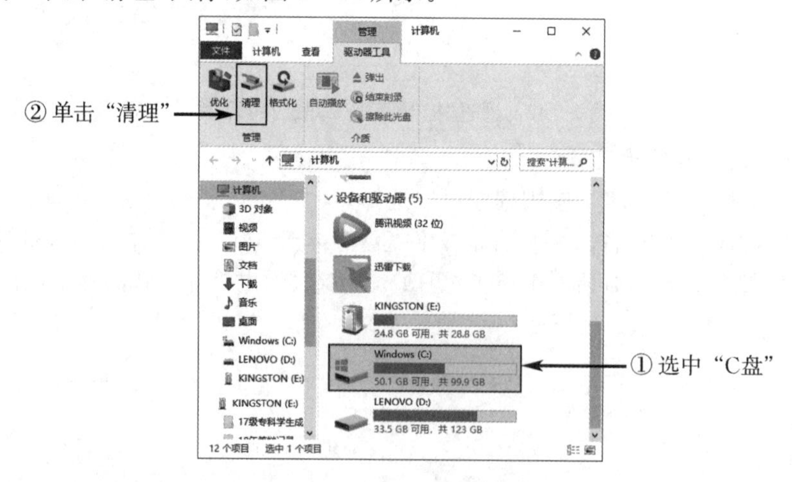

图 2-44　选中要清理的磁盘

步骤 2：弹出“Windows(C:)的磁盘清理”对话框，显示可以释放的磁盘空间，勾选要删除的文件，然后单击“清理系统文件”按钮，如图 2-45 所示。

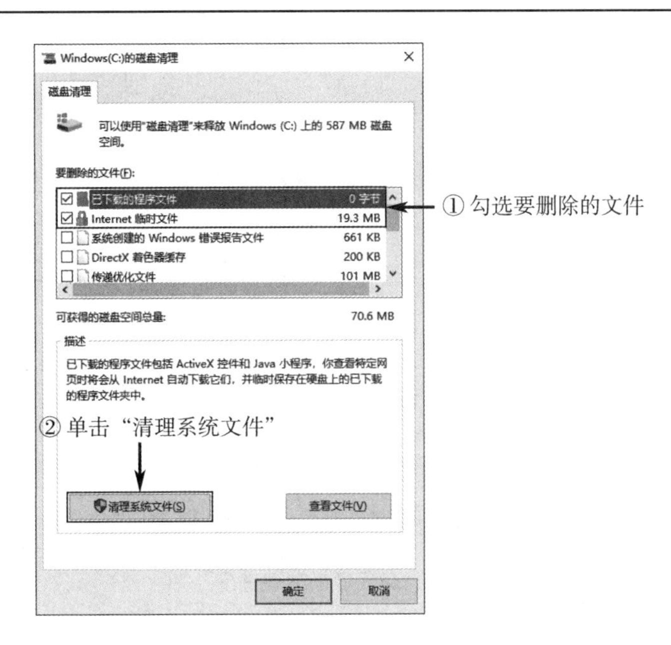

图 2－45　清理系统文件

步骤 3:弹出"磁盘清理"计算释放空间的进度提示,如图 2－46(a)所示。一段时间后弹出"磁盘清理"确定界面,单击"确定"按钮,如图 2－46(b)所示。

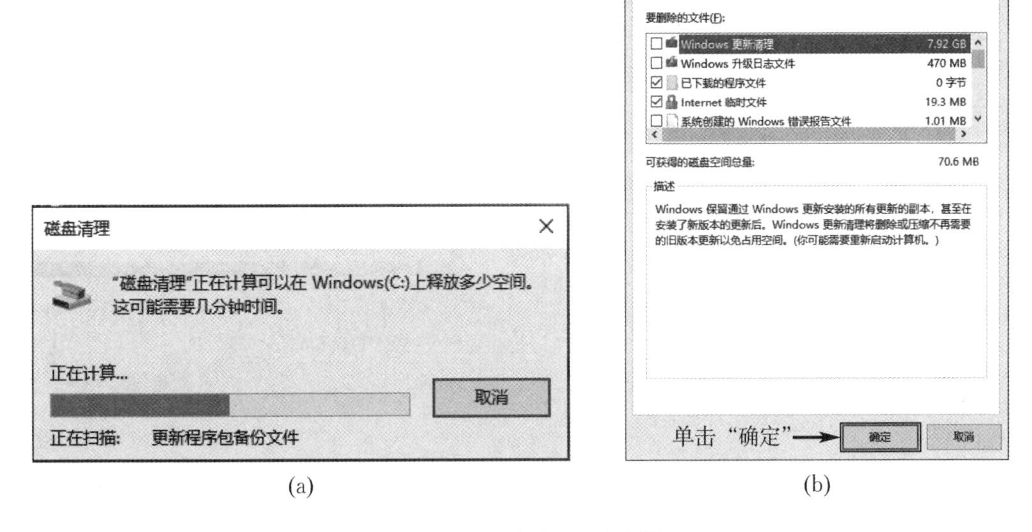

图 2－46　"磁盘清理"确定界面

步骤 4:弹出"磁盘清理"对话框,提示是否永久删除这些文件,单击"删除文件"按钮,如图 2－47 所示。

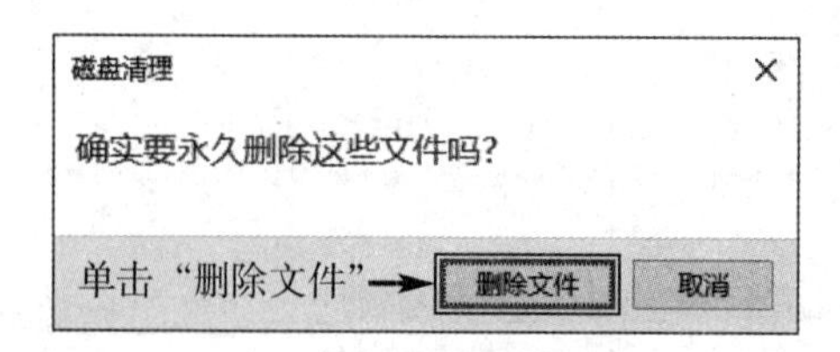

图 2-47 “磁盘清理”对话框

步骤 5:显示磁盘清理进度,如图 2-48 所示,清理完成后,对话框自动消失。

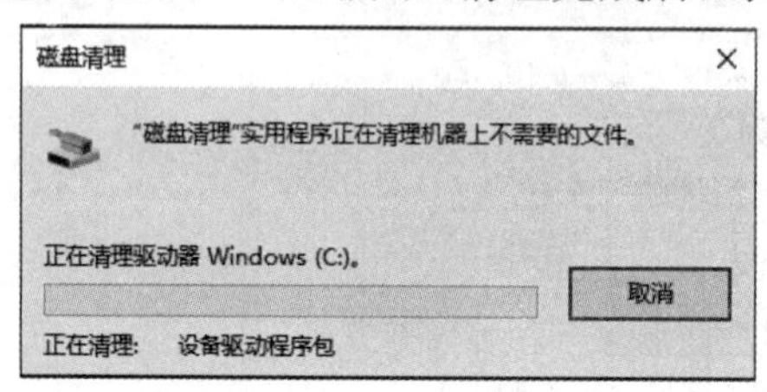

图 2-48 磁盘清理进度

2. 磁盘优化及碎片整理

在磁盘分区中,文件被分散保存到磁盘的不同地方,而不是连续地保存在磁盘连续的簇中。又因为在文件操作过程中,Windows 可能会调用虚拟内存来同步管理程序,从而导致各个程序对硬盘频繁读写,产生磁盘碎片。磁盘碎片一般不会在系统中引起问题,但碎片过多会使系统在读文件时来回寻找,引起系统性能下降,严重的还会缩短硬盘寿命。另外,过多的磁盘碎片还可能导致存储的文件丢失。用户需要不定期对磁盘分区进行优化和碎片整理,确保磁盘正常高效运行(碎片整理与优化相似)。

步骤 1:打开“计算机”窗口,选择要优化的磁盘(这里以 D 盘为例),切换到“管理”|“驱动器工具”选项卡,单击“优化”图标,如图 2-49(a)所示,弹出“优化驱动器”对话框,再次选择“D 盘”,然后单击“优化”按钮,如图 2-49(b)所示。

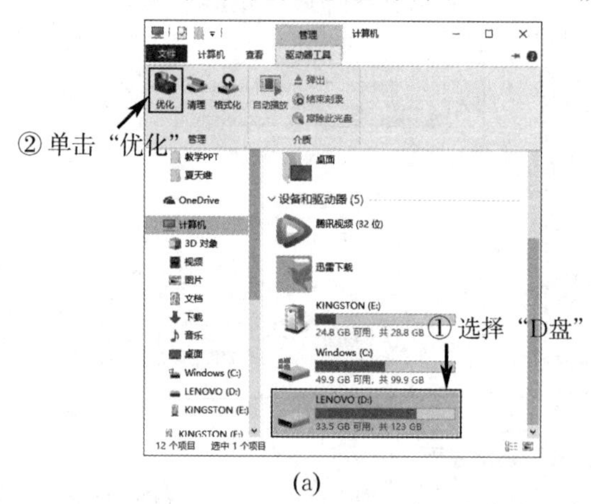

(a)

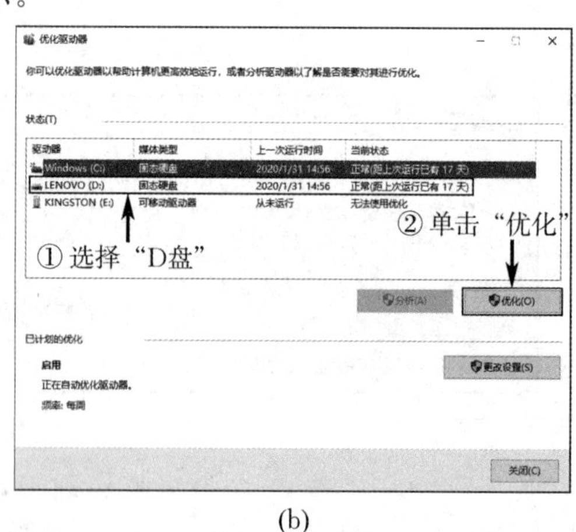

(b)

图 2-49 选择要优化的磁盘

步骤 2:此时可以看到正在优化驱动器,如图 2-50 所示,优化结束关闭窗口即可。

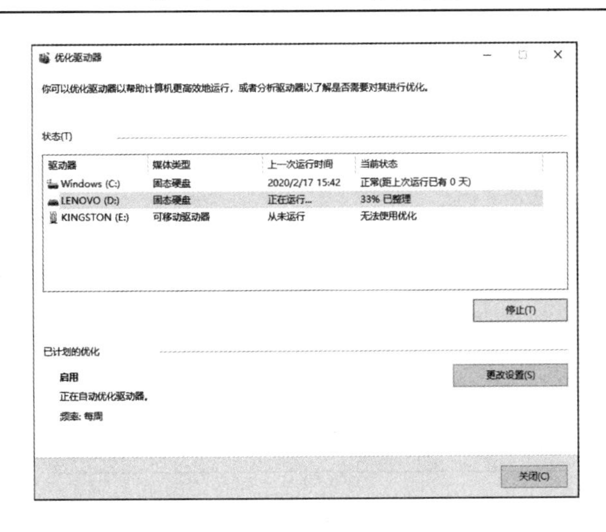

图 2-50　正在优化驱动器

案例总结

(1) Windows 10 的启动与退出；键盘及鼠标的基本操作。

(2) Windows 10 桌面图标、桌面背景、任务栏等认识。

(3) Windows 10 窗口的认识、关闭、切换、控制和排列等。

(4) Windows 10 的设置，包括颜色与外观设置、桌面背景设置、系统日期和时间设置、用户账户设置等。

(5) 安装与卸载应用程序，磁盘清理及优化等。

拓展深化

2.2.8 进程管理

进程是正在运行的程序实体所占据的所有系统资源，如 CPU、IO、内存、网络资源等实时情况。在 Windows 进程管理中，用户可以对进程进行操作，如结束进程、添加进程等。要管理进程，一般是通过任务管理器打开系统进程进行查看和操作的。

1. 结束进程

如果计算机中有一个进程使用了高百分比的 CPU 资源或者较大数量的内存，降低了计算机的性能，那么可以使用任务管理器来结束该进程。使用任务管理器结束进程前，首先应关闭打开的进程，看是否已结束进程。值得注意的是，若结束某进程，则与该进程关联的程序也将关闭，并且会丢失未保存的数据及信息；若结束与系统服务关联的进程，则系统的某些部分可能无法正常工作。

按“Ctrl+Shift+Esc”快捷键，或在任务栏的空白处右击，打开快捷菜单，在快捷菜单中选择“任务管理器”命令，可启动任务管理器。

打开“任务管理器”窗口，切换到“进程”选项卡，即可看到此时计算机运行的所有程序。选择要结束的进程，单击“结束任务”按钮，或者右击要结束的进程，在弹出的快捷菜单中选择“结束任务”命令。

2. 添加进程

步骤 1:打开“任务管理器”窗口,单击菜单栏中的“文件”,在下拉菜单中选择“运行新任务”命令,如图 2-51 所示。

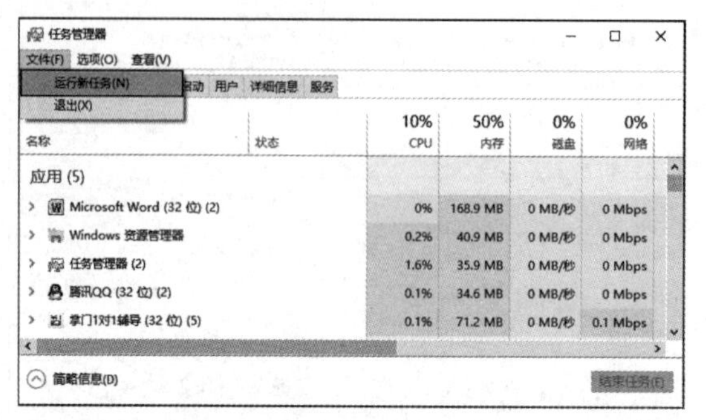

图 2-51　添加进程

步骤 2:弹出“新建任务”对话框,在“打开”文本框中输入要添加的进程,或者单击“浏览”按钮选择进程,如图 2-52 所示。

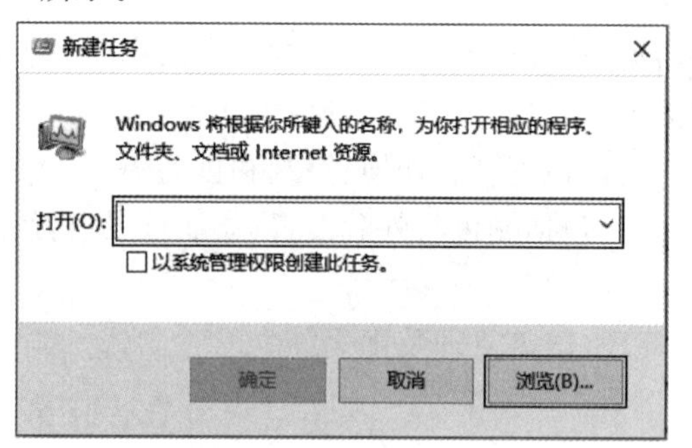

图 2-52　“新建任务”对话框

步骤 3:弹出“浏览”对话框,找到要添加的程序,单击“打开”按钮,如图 2-53 所示。

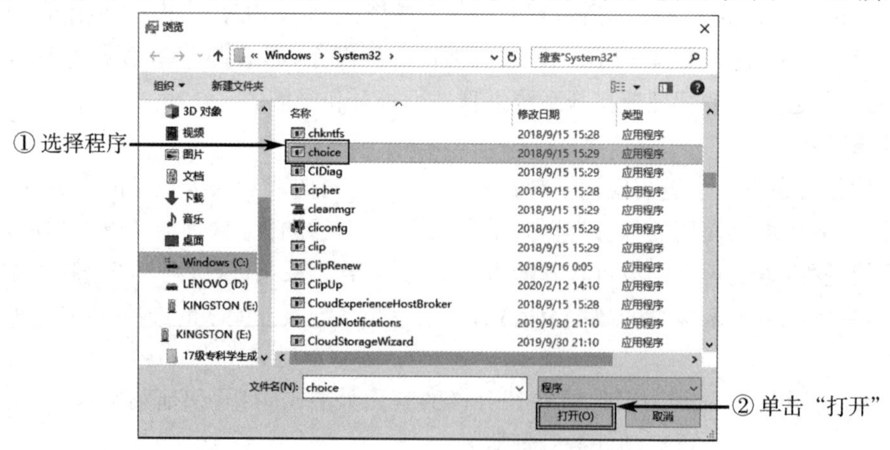

图 2-53　“浏览”对话框

步骤 4:返回“新建任务”对话框,单击“确定”按钮即可。

2.2.9 网络设置

计算机连接到网络的前提是它安装有相应的网络硬件，如网络接口卡(网卡)、Modem 等设备。安装 Windows 10 时，安装程序会自动为网络适配器添加相应的驱动程序和相关的网络通信协议，如 Internet 协议(TCP/IP)等。

计算机系统若要正常进入网络，还需要对这些网络设备进行一些设置。

步骤 1：在“控制面板”窗口中单击“网络和 Internet”组，如图 2 - 54 所示。

图 2 - 54　“控制面板”窗口

步骤 2：在切换的“网络和 Internet”窗口中单击“网络和共享中心”选项，如图 2 - 55 所示。

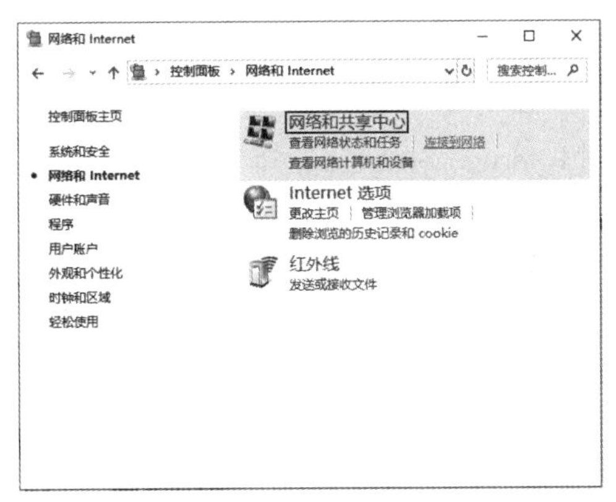

图 2 - 55　“网络和 Internet”窗口

步骤 3：切换为“网络和共享中心”窗口，可以看到当前计算机是否连接网络或当前的活动网络，如图 2 - 56 所示。

步骤 4：单击“更改网络设置”选项下的“设置新的连接或网络”链接，弹出“设置连接或网络”对话框，选择“连接到 Internet”，然后单击“下一步”按钮，如图 2 - 57 所示。

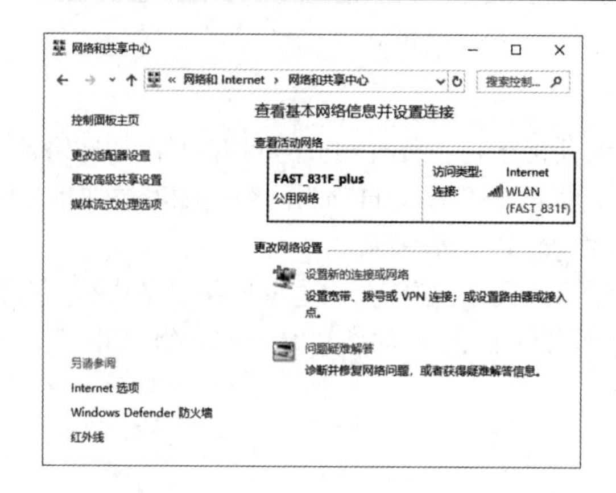

图 2-56 “网络和共享中心”窗口

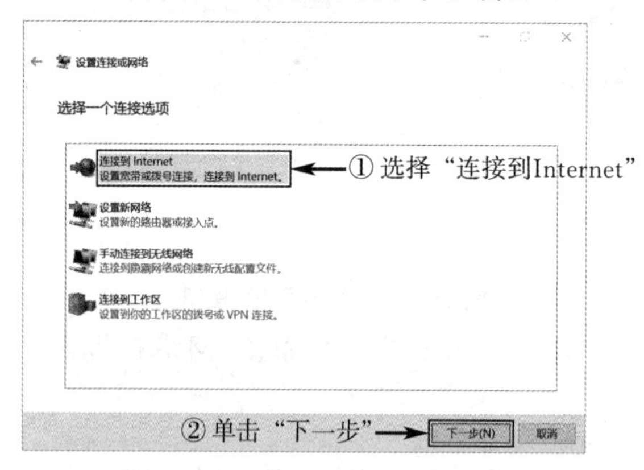

图 2-57 “设置连接或网络”对话框

步骤 5:切换到“连接到 Internet”对话框,选择“宽带(PPPoE)”,如图 2-58 所示。

步骤 6:在切换到的页面相应文本框中输入用户名、密码及连接名称,然后单击“连接”按钮,如图 2-59 所示。至此,新的网络连接成功。

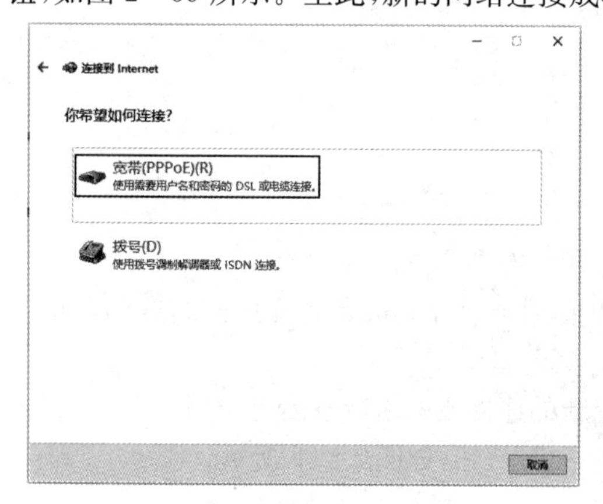

图 2-58 “连接到 Internet”对话框

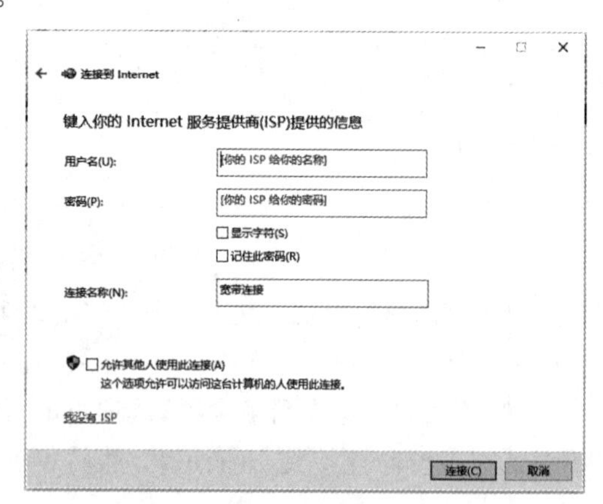

图 2-59 添加新连接的信息

◈2.3　文件管理◈

案例引入

在计算机的使用过程中，我们会存入越来越多的工作和生活资料，这些资料以文件的形式存储。那么，该如何合理地管理这些文件，以便于我们直观查看呢？

案例分析

要对计算机中的庞大数据进行合理的管理，快速的存取和修改，必须掌握以下内容：

(1) 文件和文件夹的认识；

(2) 文件和文件夹的创建；

(3) 文件和文件夹的属性设置；

(4) 文件和文件夹的保护。

知识讲解

Windows的基本功能之一就是帮助用户管理各类文件和文件夹。对文件和文件夹的管理主要包括新建、打开、查看、选中、重命名、复制、移动、删除等。

2.3.1　文件和文件夹的认识

文件和文件夹在计算机中是至关重要的，了解了文件与文件夹的基本知识，用户才能有目的地对文件和文件夹进行操作。

1. 认识文件

计算机中的文件是以计算机硬盘为载体，存储在计算机上的信息集合，它是计算机系统中最小的组织单位。在计算机中，文件包含的信息范围很广，平时用户操作的文档、执行的程序以及所有软件资源都属于文件。文件中可以存放文本、图像、声音、视频和动画等信息，不同种类的信息保存在不同类型的文件中。Windows中的任何文件都由文件名来标识，文件名的格式为"文件主名.文件扩展名"。

文件具有以下特征：

(1) 唯一性：在计算机中同一磁盘的同一文件夹下，不允许存在名称相同的文件。

(2) 固定性：文件一般都存放在一个固定的磁盘或文件夹中，即文件有固定的路径。

(3) 可移动性：用户可将一个文件从一个文件夹移动到另一个文件夹、另一个磁盘或另一台计算机中。

(4) 可修改性：用户可以对自己编辑的文件进行修改。

2. 认识文件夹

文件夹是计算机磁盘空间中为了分门别类地有序存放文件而建立的独立路径的目录，它提供了指向对应磁盘空间的路径。使用文件夹的最大优点是便于文件的共享和保护。

文件夹一般采用多层次结构(树状结构)。在这种结构中，每一个磁盘可以包含若干文件和文件夹。文件夹不但可以包含文件，而且可包含下一级文件夹(子文件夹)，这样类推下去形成的多级文件夹结构既可帮助用户将不同类型和功能的文件分类存储，又方便文件查找。不同文件夹中的文件可以拥有同样的文件名。

文件夹具有以下特征：

(1) 嵌套性：一个文件夹可以嵌套在另一个文件夹中，即一个文件夹可以包含多个子文件夹。

(2) 可移动性：用户可以将一个文件夹移动到另一个文件夹、另一个磁盘或另一台计算机中，还可以删除文件夹中的内容。

(3) 空间任意性：在磁盘空间足够的情况下，用户可以存放任意多的内容至文件夹中。

2.3.2 文件的名称与类型

在计算机中，文件名都是由文件主名和文件扩展名组成，两者之间用一个分隔符“.”隔开，其中主名是用户给文件的命名，可以随意改变，而扩展名用于指示文件的类型，不可随意更改。

如图 2-60 所示的文件图标，“金鱼”是主名，“jpg”是扩展名。

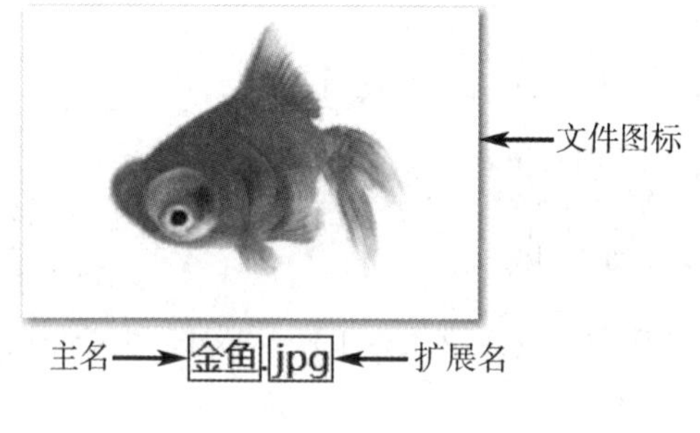

图 2-60　文件图标

1. 文件的名称

Windows 文件的特点是可以使用长文件名，使文件更容易识别。文件命名规则如下：

(1) 在文件或文件夹名称中，文件名最多可使用 255 个字符。若使用汉字，则最多可使用 127 个汉字。

(2) 用户可使用有多个分隔符“.”的扩展名，如“我的文件. 我的图片. 001. jpg”是一个合法的文件名，其文件类型由最后的一个扩展名决定。

(3) 文件名除开头外任何地方都可以使用空格，但不能使用字符(英文)“?”“/”“\”“ * ”“:”“"”“<”“>”“|”。

(4) Windows 保留文件名的大小写格式，但不能利用大小写来区分文件名。例如，“WORD. DOCX”和“word. docx”被认为是同一个文件名称。

(5) 同一文件夹中不能有相同的文件名或文件夹名。

当搜索和显示文件时，用户可使用通配符(“?”和“ * ”)。其中，问号“?”代表一个任意字符，星号“ * ”代表一系列字符。

2. 文件的类型

文件的扩展名用于指示文件的类型。Windows 10 支持多种文件类型，根据文件的用途可分为如下文件：

(1) 程序文件：程序文件由相应的程序代码组成，扩展名一般为 com 或 exe。在Windows 10 中，每一个应用程序都有其特定的图标，只要双击程序图标，即可启动该程序。

(2) 文本文件：文本文件由字符、字母和数字组成，扩展名一般为 txt。应用程序中的大多数 Readme 文件都是文本文件。

(3) 图像文件：图像文件是指存放图片信息的文件，其扩展名有多种，如 jpg，bmp，gif 等。

(4) 多媒体文件：多媒体文件是指数字形式的声音和影像文件。在 Windows 10 中，可以很好地支持多种多媒体文件，其扩展名有多种，如 mp3，wma，mpeg 等。

(5) 办公软件：Microsoft Office 是微软公司开发的一套办公软件，如本书要介绍的 Microsoft Office 2016，常用组件有 Word，Excel，PowerPoint 等，它们分别对应的文件扩展名为 docx，xlsx，pptx 等。

常用的文件类型及扩展名

有时所有文件都不显示扩展名，这不便于查看文件类型。可打开任一文件夹或磁盘窗口，以“计算机”窗口为例，在“查看”选项卡的“显示/隐藏”功能组中勾选“文件扩展名”复选框，如图 2－61 所示，即可显示文件扩展名。

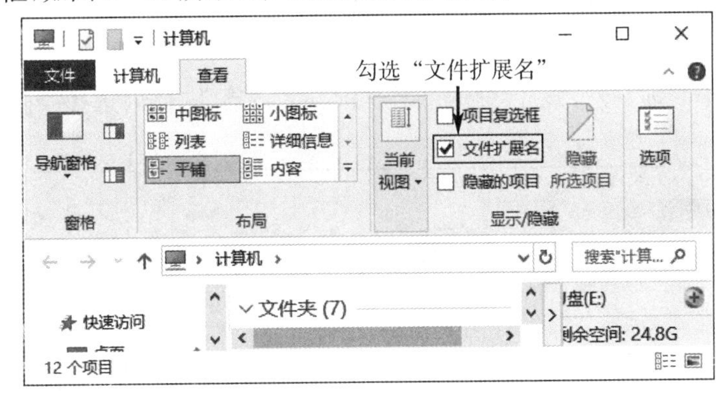

图 2－61　文件显示扩展名的操作

2.3.3 文件和文件夹的打开及查看

1. 打开文件和文件夹

打开计算机中的文件和文件夹有多种方法，用户可以根据自己的习惯进行操作。下面简单介绍打开文件的方法(打开文件夹的方法与之类似)。

方法一：双击要打开的文件，即可使用默认的应用程序打开。

方法二：右击要打开的文件，在弹出的快捷菜单中选择“打开”命令，即可打开文件。

方法三：先打开相应的应用程序(根据扩展名可以判断应用程序)，再在应用程序的“文件”菜单中打开。以 Word 文件为例，首先打开 Word 应用程序，接着在程序窗口中选择“文件”菜单中的“打开”命令，然后在“文件资源管理器”中找到要打开的文件并选中，单击“打开”按钮即可。

方法四：Windows 10 窗口的功能区中提供了许多常用的功能。在窗口中选中要打开的文件，单击“主页”选项卡下“打开”功能组中的“打开”按钮，如图 2－62 所示，即可打开文件。

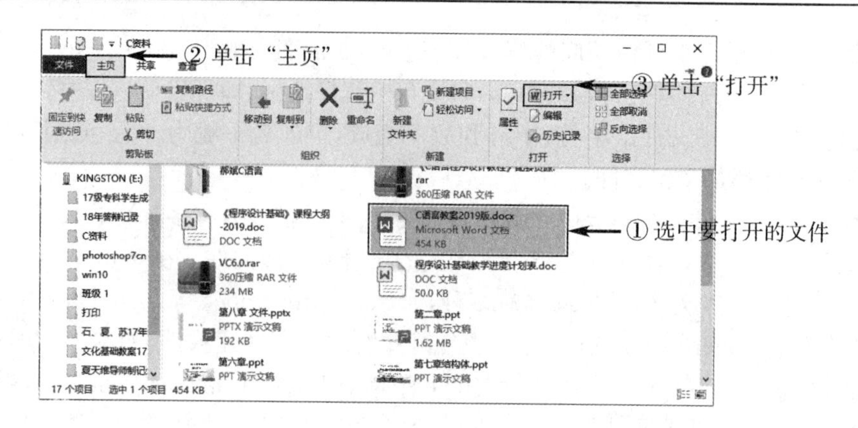

图 2-62　使用功能区的"打开"按钮打开文件

2. 查看文件和文件夹

用户在窗口中查看文件和文件夹时，可以自行设定文件和文件夹的显示方式。

步骤 1：打开要查看文件和文件夹的窗口，在功能区中切换到"查看"选项卡。

步骤 2：在"布局"功能组中，可以看到文件和文件夹的各种布局方式，有"超大图标""大图标""中图标""小图标""列表""详细信息""平铺"和"内容"。此处选择"列表"，显示效果如图 2-63 所示。

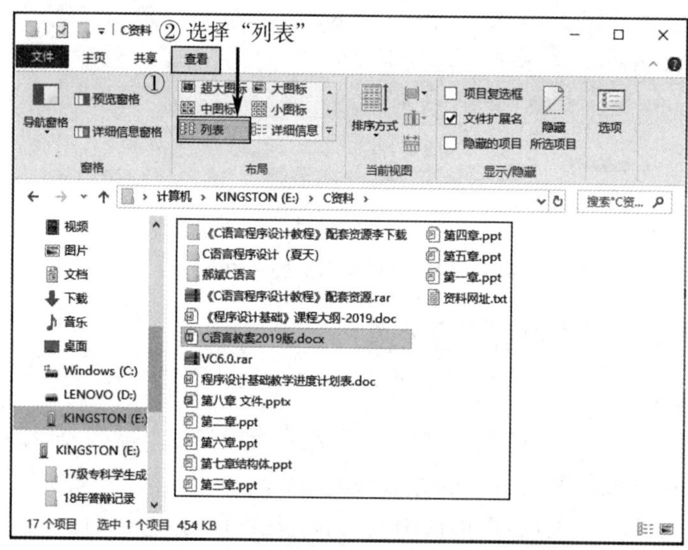

图 2-63　文件和文件夹以"列表"方式显示

除以上方法外，还有很多种改变文件或文件夹查看方式的操作方法。例如，在窗口中按住"Ctrl"键后，上下滚动鼠标滑轮，窗口中的文件和文件夹将自动在各种布局方式之间切换。

3. 文件和文件夹的排序方式

文件和文件夹的排序方式是指其按一定次序排列的方式。

步骤 1：打开要排序的文件和文件夹窗口，在功能区中切换到"查看"选项卡。

步骤 2：在"当前视图"功能组中，单击"排序方式"图标按钮，在弹出的下拉列表中可以看到文件和文件夹的排序方式有"名称""修改日期""类型"和"大小"等。此处以"类型""递增"

为例，更改文件和文件夹的排序方式，显示效果如图 2－64 所示。

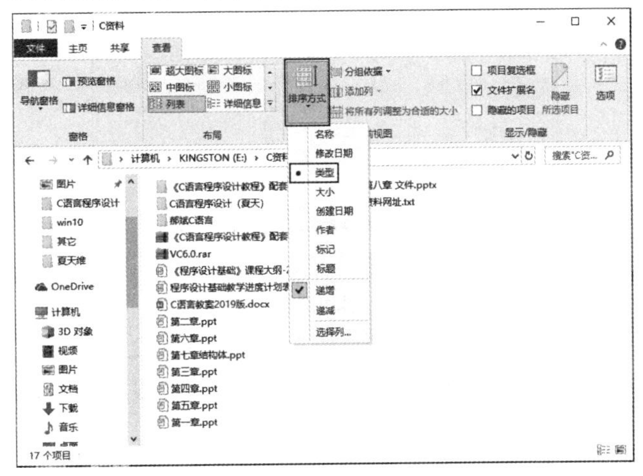

图 2－64　文件和文件夹的排序

2.3.4 文件和文件夹的基本操作

了解了文件和文件夹的打开及查看方式后，还需要熟悉文件和文件夹的基本操作，如文件和文件夹的新建、选中、重命名、复制、移动等，以方便对文件和文件夹进行管理。

1. 新建文件或文件夹

在操作计算机的过程中，经常需要创建新文件或新文件夹来对不同的文件进行分类和存储。新建文件夹的方法有多种(新建文件与之类似)，下面进行详细介绍。

方法一：单击窗口(要新建文件夹的窗口)左上角快速启动工具栏中的“新建文件夹”按钮，如图 2－65 所示，即可新建一个文件夹。

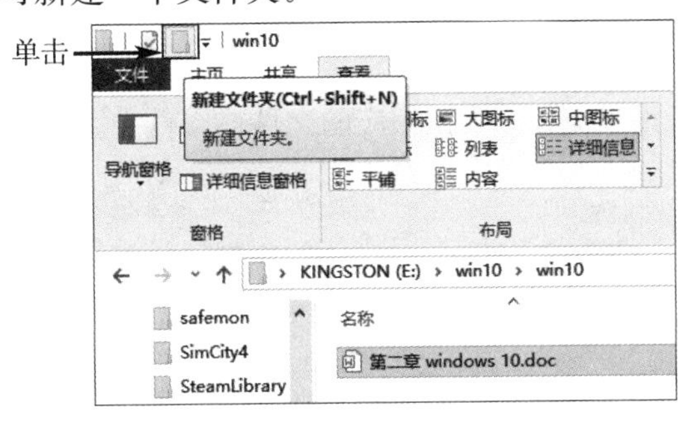

图 2－65　使用快速启动工具栏新建文件夹

方法二：单击窗口(要新建文件夹的窗口)功能区中“主页”选项卡下“新建”功能组中的“新建文件夹”图标按钮，如图 2－66 所示，即可新建一个文件夹。单击该功能组中“新建项目”下拉菜单中的“文件夹”命令，同样可以新建文件夹。

方法三：在要新建文件夹的窗口空白处右击，在弹出的快捷菜单中选择“新建”|“文件夹”命令，如图 2－67 所示，即可新建一个文件夹。此方法是新建文件夹最常用的方法。

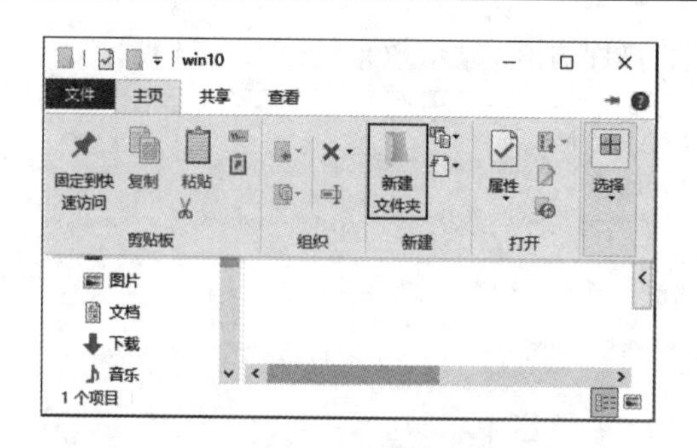

图 2-66 利用功能区新建文件夹

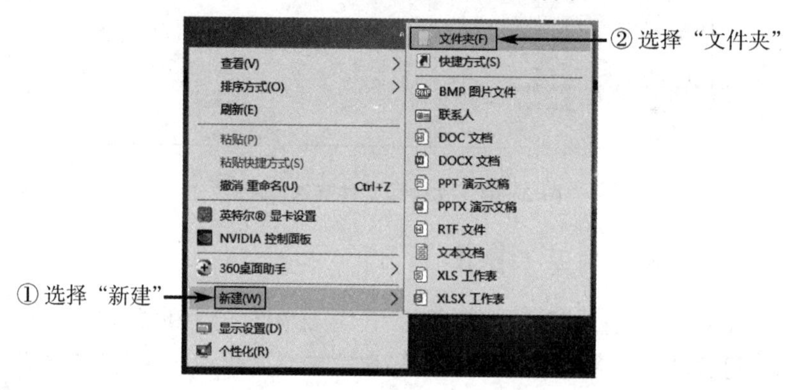

图 2-67 使用快捷菜单新建文件夹

2. 选中文件或文件夹

在计算机中对文件或文件夹进行操作时，首先要选中文件或文件夹。选中文件或文件夹的操作包括选中一个文件或文件夹、选中连续的文件或文件夹、选中非连续的文件或文件夹、选中相邻的文件或文件夹以及选中全部的文件或文件夹。

1）选中一个文件或文件夹

要选中一个文件或文件夹时，直接在相应的文件或文件夹上单击即可，如图 2-68 所示。

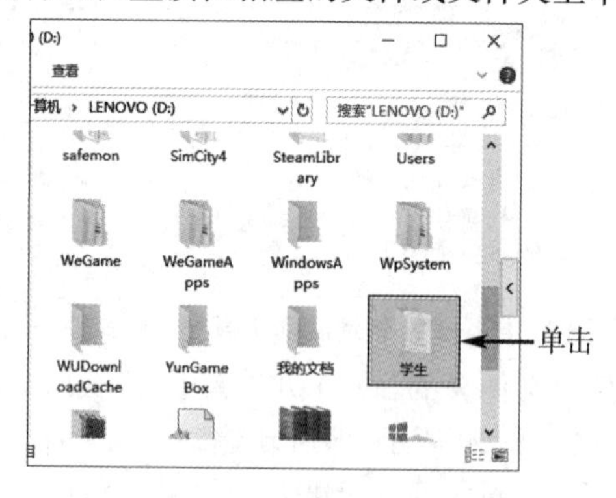

图 2-68 选中一个文件或文件夹

2）选中连续的文件或文件夹

单击要选择的连续文件或文件夹中的第一个文件或文件夹，然后按住“Shift”键，单击要选择的连续文件或文件夹的最后一个文件或文件夹，即可选中连续的文件或文件夹。

3) 选中不连续的文件或文件夹

单击要选择的不连续的文件或文件夹的第一个文件或文件夹，然后按住“Ctrl”键，单击要选择的第二个文件或文件夹。按照此方法，即可选中所要的不连续的文件或文件夹。

4) 选中相邻的文件或文件夹

单击要选择的文件或文件夹最左侧的空白处，然后拖动鼠标，框选要选择的所有文件或文件夹，如图 2－69(a)所示。松开鼠标后，即可选中相邻的文件或文件夹，如图 2－69(b)所示。

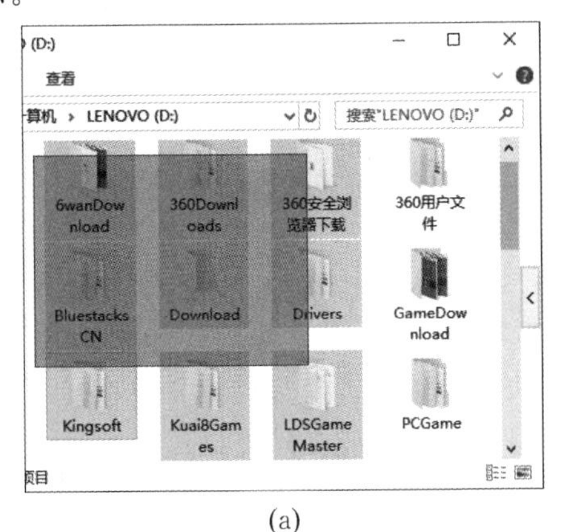

(a)

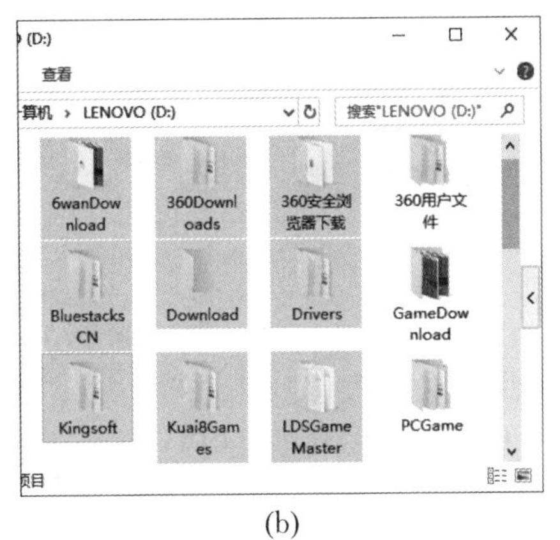

(b)

图 2－69　选中相邻的文件或文件夹

5) 选中全部文件或文件夹

在窗口中同时按下“Ctrl＋A”快捷键，即可选中窗口中的全部文件或文件夹。

3. 重命名文件或文件夹

在新建一个文件或文件夹时，系统会自动为新建的文件或文件夹命名，这样用户很不容易区分文件或文件夹中的内容，此时就可以为文件或文件夹重命名。在此以文件夹的重命名为例，介绍文件夹重命名的方法。

步骤 1：右击要重命名的文件夹，在弹出的快捷菜单中选择“重命名”命令，如图 2－70 所示。

步骤 2：此时文件夹名称变为可编辑状态，如图 2－71(a)所示，可直接删除默认的文件夹名称，输入新的文件夹名“我的文档”，按“Enter”键或单击空白处即可，如图 2－71(b)所示。

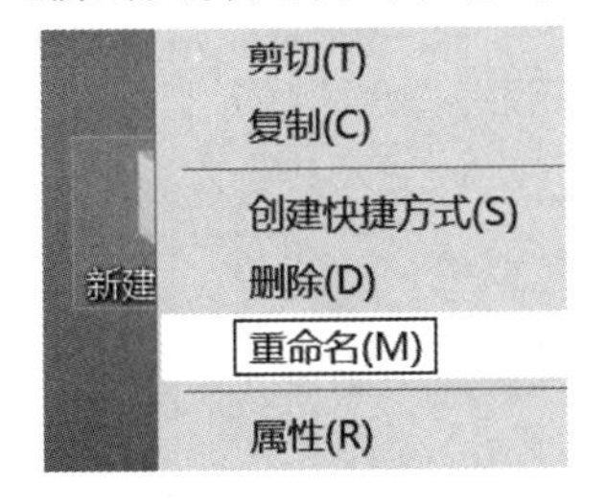

图 2－70　重命名文件夹

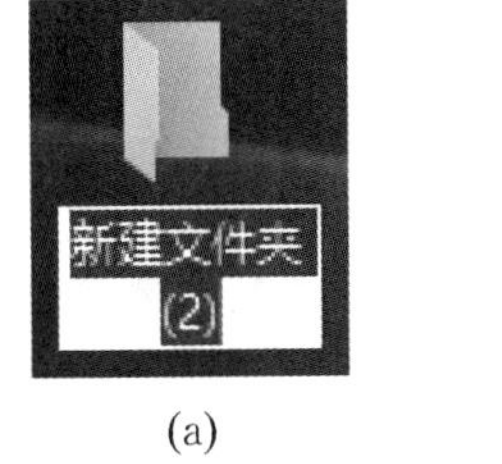

(a)

(b)

图 2－71　重命名文件夹为“我的文档”

4. 复制文件或文件夹

复制文件或文件夹是指将文件或文件夹从原来的位置复制到目标位置，且原位置的文件或文件夹依然存在。当需要备份文件或文件夹时，需要使用复制文件或文件夹的操作。

方法一：选中要复制的文件或文件夹，单击窗口功能区中"主页"选项卡下"剪贴板"功能组中的"复制"图标按钮，如图 2-72(a)所示，然后在目标位置右击，在弹出的快捷菜单中选择"粘贴"命令即可，如图 2-72(b)所示。

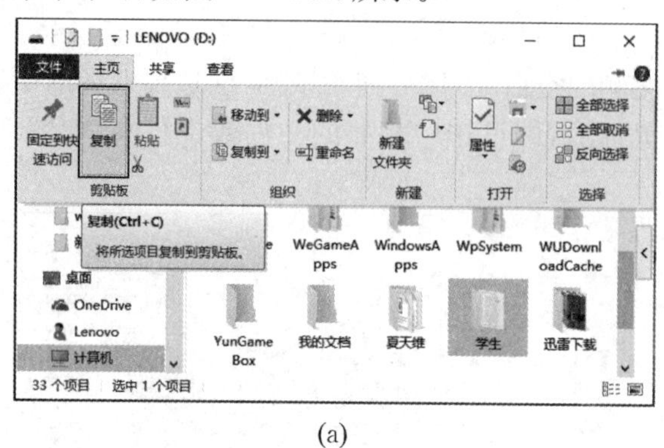

(a)

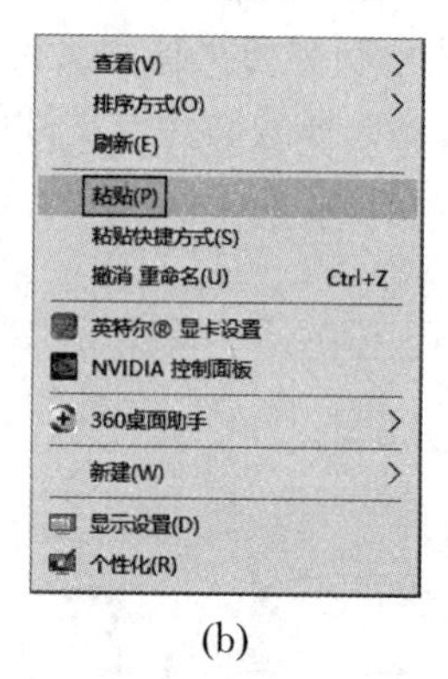

(b)

图 2-72　复制文件或文件夹

方法二：右击要复制的文件或文件夹，在弹出的快捷菜单中选择"复制"命令，然后在目标位置右击，在弹出的快捷菜单中选择"粘贴"命令，即可复制文件或文件夹。

方法三：选中要复制的文件或文件夹，按住"Ctrl"键的同时，拖动文件或文件夹，当拖动到目标位置后，先松开鼠标，再放开"Ctrl"键，即可复制文件或文件夹。

方法四：利用快捷键来快速复制。选中要复制的文件或文件夹，按"Ctrl+C"快捷键即复制了选中的文件或文件夹，然后在目标位置按"Ctrl+V"快捷键即可将其粘贴到目标位置。

5. 移动文件或文件夹

移动文件或文件夹是指将文件或文件夹从原来的位置移动到目标位置，即改变了文件或文件夹的位置。需要注意的是，移动文件或文件夹后，原位置的文件或文件夹将消失。

方法一：选中要移动的文件或文件夹，单击窗口功能区中"主页"选项卡下"剪贴板"功能组中的"剪切"按钮，如图 2-73 所示，然后在目标位置右击，在弹出的快捷菜单中选择"粘贴"命令，即可移动文件或文件夹。

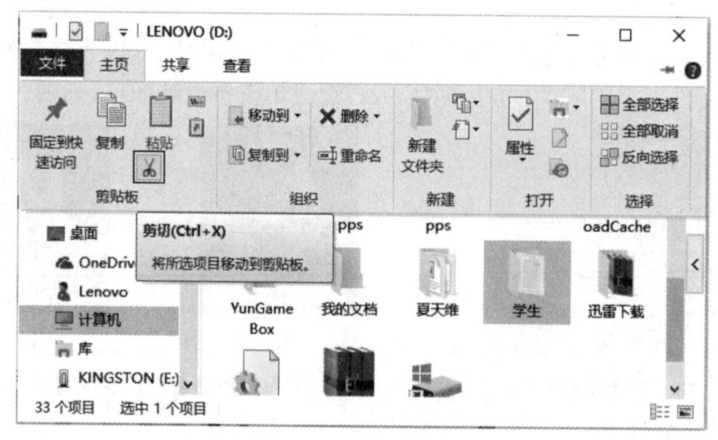

图 2-73　移动文件或文件夹

方法二：右击要移动的文件或文件夹，在弹出的快捷菜单中选择“剪切”命令，在目标位置右击鼠标，在弹出的快捷菜单中选择“粘贴”命令，即可移动文件或文件夹。

方法三：利用快捷键来快速移动。选中要移动的文件或文件夹，按“Ctrl＋X”快捷键即剪切了选中的文件或文件夹，然后在目标位置按“Ctrl＋V”快捷键即可将其粘贴到目标位置。

6. 删除文件或文件夹

因计算机的存储空间是有限的，当不再需要某个文件或文件夹时，应将其删除，以释放其占用的内存空间。

方法一：右击要删除的文件或文件夹，在弹出的快捷菜单中选择“删除”命令，如图 2－74 所示，即可删除文件或文件夹。

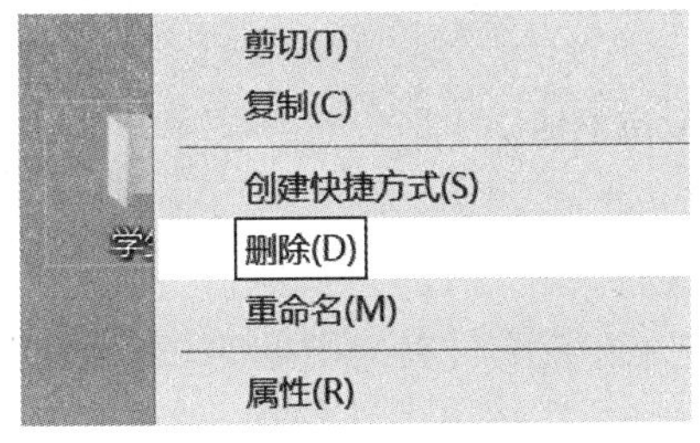

图 2－74　删除文件或文件夹

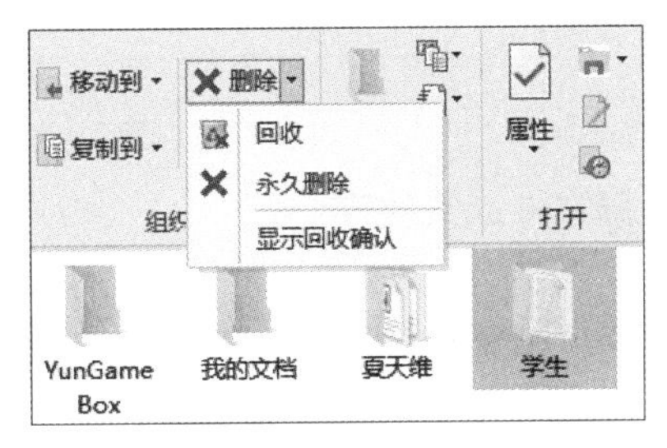

图 2－75　单击功能区的“删除”按钮

方法二：选中要删除的文件或文件夹，单击窗口功能区中“主页”选项卡下“组织”功能组中的“删除”图标按钮，弹出下拉列表，如图 2－75 所示。若选择“回收”命令，则文件或文件夹被删除并放置到“回收站”中，需要时可以恢复。若选择“永久删除”命令，则文件或文件夹将永久删除，不能恢复。

方法三：利用快捷键快速删除。选中要删除的文件或文件夹，按“Delete”键，或按“Shift＋Delete”快捷键，即可删除文件或文件夹。

2.3.5 文件和文件夹的高级操作

1. 搜索文件或文件夹

随着计算机中的文件或文件夹越来越多，用户可能会忘记某个文件或文件夹存放的位置。那么，可以使用计算机的搜索功能，快速查找所需文件或文件夹。

步骤 1：打开“计算机”窗口，单击搜索栏的搜索框，窗口功能区出现“搜索工具”|“搜索”选项卡，如图 2－76 所示。

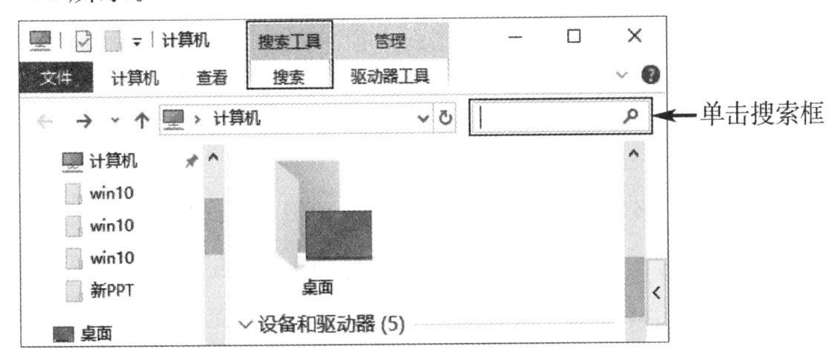

图 2－76　单击搜索框

步骤 2:在搜索框中输入要查找的文件或文件夹的关键字。在此以搜索 Word 文档为例,输入“ *. doc”,此时窗口中显示所有的 Word 文档,如图 2-77 所示,这就方便地找出所需文件。

图 2-77　搜索 Word 文档

2. 隐藏文件或文件夹

在计算机中,特别是公用计算机,有的文件或文件夹是比较私密或机密的。当用户不想让其他使用该计算机的用户查看时,就可以将这些文件或文件夹隐藏起来,以便保护相应的文件或文件夹。

方法一:右击要隐藏的文件或文件夹,在弹出的快捷菜单中选择“属性”命令,如图 2-78(a)所示。弹出“属性”对话框,在该对话框的“属性”选项下勾选“隐藏”复选框,如图 2-78(b)所示。单击“确定”按钮即可隐藏文件或文件夹(此方法常用)。

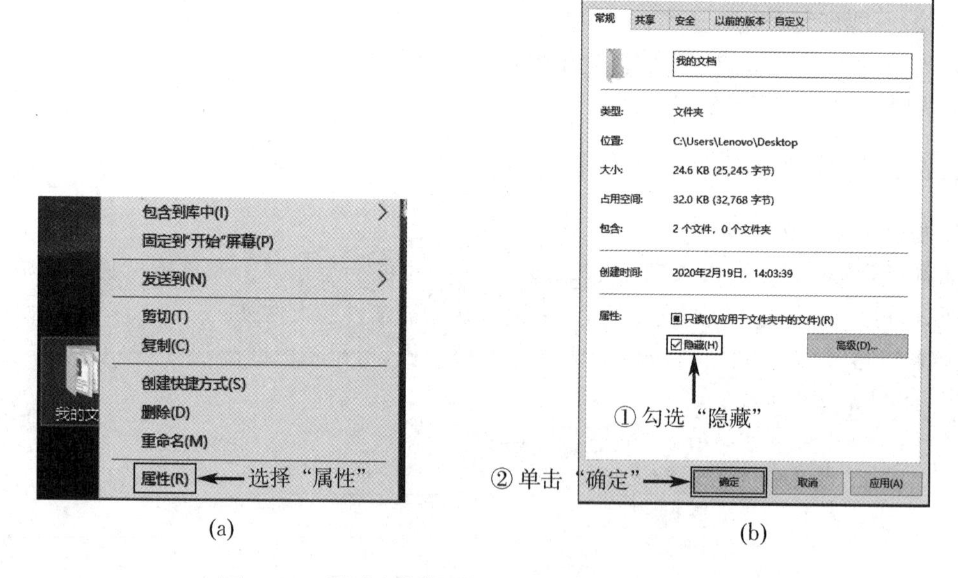

(a)　　(b)

图 2-78　通过文件“属性”对话框隐藏文件或文件夹

方法二:选中需要隐藏的文件或文件夹,单击窗口功能区的“查看”选项卡下“显示/隐藏”功能组中的“隐藏所选项目”图标按钮,如图 2-79(a)所示。此时,在窗口中所选的文件或文件夹消失,如图 2-79(b)所示。

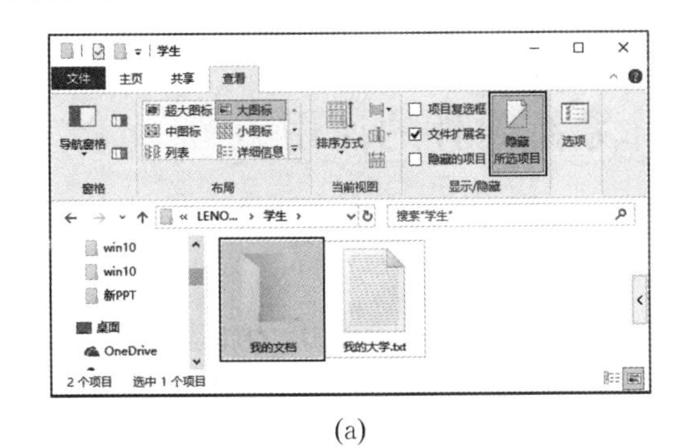

(a)

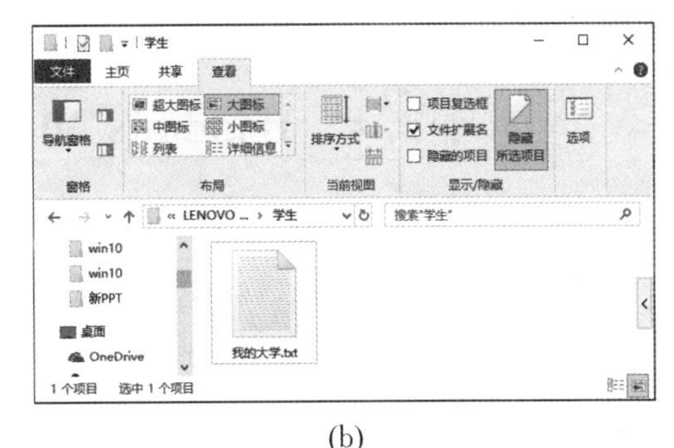

(b)

图 2-79　通过窗口功能区隐藏文件或文件夹

3. 显示文件或文件夹

显示文件或文件夹可分两种：一种是不改变文件或文件夹的隐藏属性，只将其显示；另一种是取消其隐藏属性。

隐藏文件或文件夹后，窗口中不再显示，如图 2-80(a)所示。要将隐藏的文件或文件夹显示在窗口中，只需在窗口的功能区的"查看"选项卡下"显示/隐藏"功能组中勾选"隐藏的项目"复选框，即可显示隐藏的文件或文件夹，如图 2-80(b)所示。

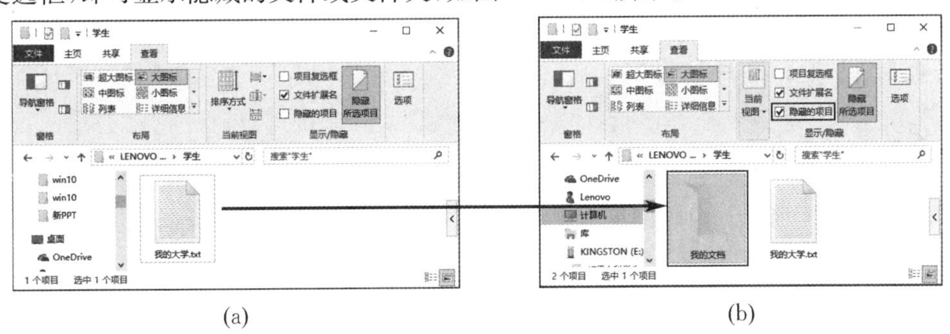

(a)　　(b)

图 2-80　显示隐藏的文件或文件夹

取消隐藏文件或文件夹的隐藏属性，应在窗口中显示隐藏的文件或文件夹后，先选中要取消隐藏属性的文件或文件夹，再单击窗口功能区的"查看"选项卡下"显示/隐藏"功能组中的"隐藏所选项目"图标按钮，即可取消隐藏属性；或者通过右击要取消隐藏属性的文件或文件夹，在弹出的快捷菜单中选中"属性"命令，在"属性"对话框中取消"隐藏"复选框前的勾选，即可取消文件或文件夹的隐藏属性。

案例总结

通过本节的学习，我们学会了使用计算机进行现代办公的基础，能有效、合理地管理文件和文件夹。

(1) 文件是计算机中数据的存储方式，文件夹是文件的集合；文件名的格式为"文件主名.文件扩展名"，而文件夹没有扩展名。

(2) 文件和文件夹的管理窗口有计算机窗口和资源管理器窗口，存储结构是树状结构。

(3) 对文件或文件夹操作之前必须先选中文件或文件夹，才能对文件或文件夹进行复制、移动、删除、隐藏、显示、重命名等。

2.4 Windows 10 操作系统附件的使用

案例引入

文本、图像、动画等被称为多媒体信息，现在我们来探索 Windows 10 的功能，使多媒体信息更好地为我们服务。

案例分析

Windows 10 中带有一些常用的系统工具，简单介绍以下几种常用工具：

(1) 记事本和写字板的使用；

(2) 画图和截图工具的使用；

(3) 计算器的使用。

知识讲解

Windows 10 为用户提供了各种常用的附件，可以给用户使用计算机带来很多方便。例如，用记事本和写字板记录文本，用计算器计算数据，用画图绘制图画，用截图工具截图等。

2.4.1 记事本和写字板

1. 记事本

记事本是一个用来创建简单文档的文本编辑器，也可以用来查看或编辑纯文本文件(.txt)，如图 2-81 所示。由于记事本保存的 TXT 文件不包含特殊的字符或其他格式，故可以被 Windows 中的大部分应用程序调用。记事本使用方便、快捷、应用广泛，如一些应用程序的自述文件"Readme"通常以记事本的形式保存。另外，也常用记事本编辑各种高级语言的程序文件，记事本也是创建 Web 页(HTML 文档)的一种较好工具。

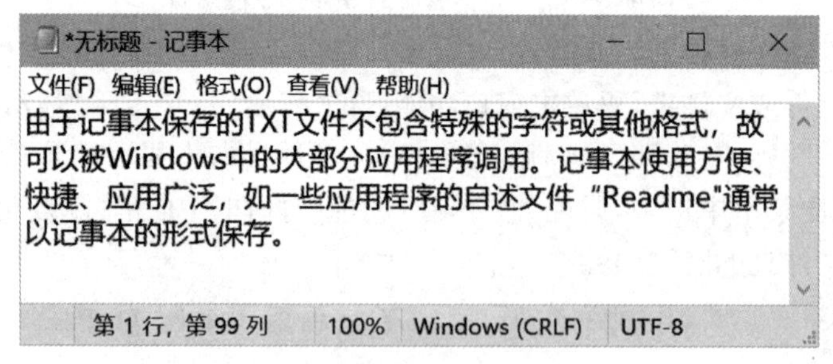

图 2-81 "记事本"窗口

2. 写字板

写字板是 Windows 10 自带的一款文字处理软件，它具有 Word 的最初形态。写字板的功能较记事本强大，用户可以在写字板中创建和编辑文档、设置文档的段落格式等，还可以在写字板中插入图形、图像、声音等，从而编排出更加规范的文档。

2.4.2 画图和截图工具

1. 画图

画图是 Windows 10 自带的图形制作和编辑软件,可以创建黑白或彩色的图形。在画图中,用户可以绘制直线、曲线、矩形、圆等,还可以对各种图形进行颜色填充、添加文字等。保存文件默认的格式为 PNG。使用画图,用户还可以对图片进行简单的处理,包括裁剪图片、旋转图片等,也可以转换图片的格式,如把 BMP 另存为 JPG 或 GIF 格式。

2. 截图工具

Windows 10 提供了全屏截图(按"Print Screen"键)和当前活动窗口截图(按"Alt+Print Screen"快捷键)两种方法,这两种方法都只能把图片保存到剪贴板上,还必须打开画图或者别的软件,将截图粘贴进去。

除此之外,Windows 10 还自带了截图工具,它不仅可以按照常规用矩形、窗口、全屏方式截图,还可以随心所欲地按任意形状截图。截图完成以后,还可以对图片做修改、保存、发送电子邮件等,非常方便。

单击"开始"按钮,在弹出的"开始"菜单中单击"Windows 附件"|"截图工具"命令可以打开"截图工具"对话框,单击"模式"菜单右边的下拉按钮弹出下拉列表,选择截图模式,有四种选择:"任意格式截图""矩形截图""窗口截图"和"全屏幕截图",如图 2-82 所示。

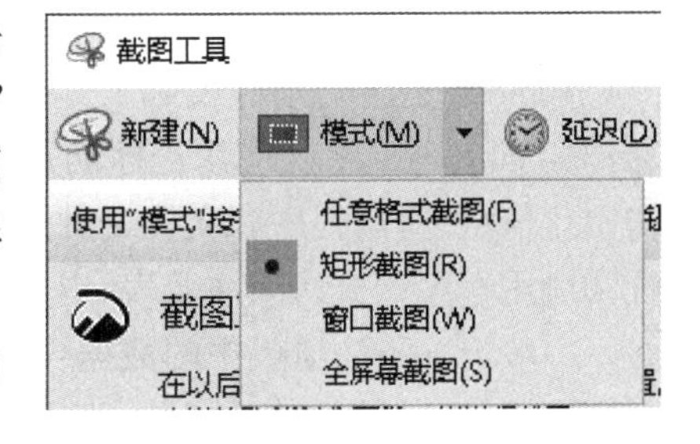

图 2-82　"截图工具"对话框

单击"新建"按钮,整个屏幕被蒙上一层半透明的白色,表示进入截图状态。按"Esc"键即可退出截图状态。

拖动鼠标选取所需要的图形,截图完成之后,Windows 10 还提供了一些简单的处理工具:保存、复制、发送电子邮件、笔、荧光笔、橡皮擦等。

2.4.3 计算器

计算器是 Windows 10 中一个专门用来进行简单数学计算的应用程序,有四种模式,可通过"导航"菜单对不同的模式进行切换,如图 2-83 所示。

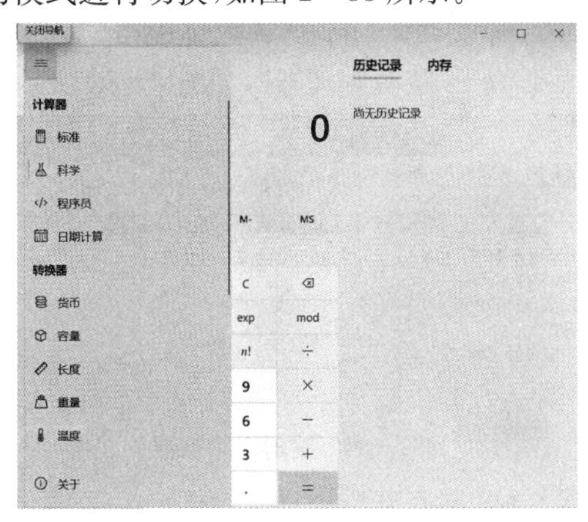

图 2-83　计算器

(1) 标准模式:标准模式只能处理简单的加、减、乘、除等计算。

(2) 科学模式:科学模式提供了各种方程、函数及几何计算功能,用于日常进行各种较为复杂公式的计算。

(3) 程序员模式:程序员模式提供了程序代码的转换与计算功能以及不同进制数字的快速计算功能,但只能是整数模式,小数部分被舍弃。

(4) 日期计算模式:日期计算模式可以计算出两个日期之间的相隔时间,便于用户直观查看与核对。

案例总结

(1) 记事本和写字板是 Windows 10 自带的文字处理软件。

(2) 画图和截图工具可以简单处理一些图形。

(3) 计算器可以进行简单的数学计算。

拓展深化

2.4.4 Windows 10 注册表的概述

Windows 10 注册表实际上是一个庞大的数据库,用于记录机器软、硬件环境的各种信息,对 Windows 10 及应用程序的正常运行至关重要。它包含了 Windows 10 和应用程序的初始化信息、应用程序和文档文件的关联、硬件设备的说明、状态和属性等各种信息,操作系统和应用程序频繁访问注册表,以保存和获取必要的数据。

一般情况下注册表中的数据可直接通过操作系统及应用软件提供的界面来自动变更,但也可以通过注册表编辑器对注册表的数据直接修改。直接修改注册表的好处:一是快捷,可以不经由操作系统或应用软件,绕过不少复杂的操作;二是对于某些数据,操作系统或应用软件不提供修改途径,若要进行变更,只能通过注册表编辑器直接修改。要注意的是,由于 Windows 10是严格的多用户操作系统,在进行注册表操作时,应以管理员身份进入。

2.4.5 Windows 10 注册表编辑器

Windows 10 提供一个编辑注册表文件的编辑器,打开编辑器的方式是在任务栏"开始"菜单旁边的搜索框中键入"Regedit",按"Enter"键或单击搜索到的程序,即可打开注册表编辑器。注册表编辑器的界面类似于"资源管理器",如图 2-84 所示。

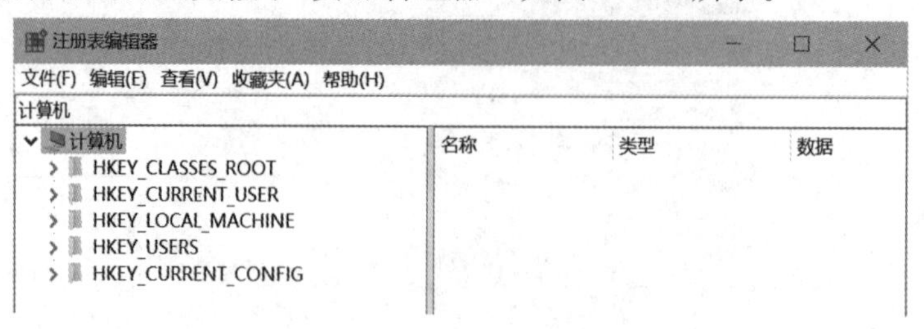

图 2-84　注册表编辑器

编辑器左栏是树状目录结构,共有五个根目录,称为子树,各子树以字符串"HKEY_"为前缀(分别为 HKEY_CLASSES_ROOT,HKEY_CURRENT_USER,HKEY_LOCAL_

MACHINE,HKEY_USERS,HKEY_CURRENT_CONFIG);子树下依次为项、子项和活动子项,活动子项对应右栏的值项,包括三部分:名称、类型、数据。

在 Windows 10 注册表编辑器中可直接修改、添加和删除项、子项与值项,并且可利用查找命令快速查找各子项和值项。

1. 设置权限

在多用户情况下,可设置注册表的某个分支不被指定用户访问。方法是选择要处理的项,并选择菜单栏"编辑"下的"权限",然后可在对话框中设置相应权限。要注意的是,设置访问权限意味着该用户进入系统后运行的任何程序均不能访问此注册表项。建议用户不要随意用此功能。

2. 查找

选择菜单栏"编辑"下的"查找"(或按"Ctrl+F"快捷键)命令,在弹出的"查找"对话框中"查看"选项下的复选框中勾选要查找目标的类型,并在"查找目标"的文本框中输入待查找的内容,单击"查找下一个"按钮,等待片刻,便能看到结果,按"F3"键可查找下一个相同目标。

3. 收藏

有些注册表项经常需要修改,这时可将此项添加到"收藏夹"中。选中注册表项,单击菜单栏"收藏夹"下的"添加到收藏夹",在弹出的"添加到收藏夹"对话框中确定"收藏夹名称"后,该注册表项便添加到了"收藏夹"的下拉列表中,以后访问时可直接从"收藏夹"进入。

4. 添加子项或值项

在左窗格中选择要在其下添加新项的注册表项,然后在右窗格中右击,选择"新建"下的"项"或"值项"数据类型。

5. 修改值项

右击要修改的值项,选择"修改",然后输入新数据,单击"确定"即可。实际上,若要删除、重命名子项或值项,则只需右击相应对象,即可选择进行相应操作。

6. 备份注册表

建议在修改注册表时,如果没有把握,那么请先将修改项导出,以备修改错误时再导入恢复。选择要导出的注册表项,单击菜单栏"文件"下的"导出","保存类型"一般选择"注册文件(*.reg)",输入文件名后单击"保存"即可。要导入已备份的注册表项只需单击菜单栏"文件"下的"导入",并选择准备导入的文件即可。若上一步导出时存为 REG 文件,则导入时直接双击此文件即可完成任务。

Tips

注册表包含有复杂的系统信息,对计算机至关重要,对注册表修改不正确可能会使计算机无法操作。当需要修改注册表的时候,一定要备份注册表,将备份副本保存到保险的文件夹或者 U 盘中,若想取消修改,则导入备份的注册表副本,就可以恢复原样。

在编辑注册表之前,最好使用"系统还原"创建一个还原点。该还原点包含有关注册表的信息,可以使用该还原点取消对系统所做的更改。

本章小结

小节名称	知识重点
2.1　操作系统概述	操作系统的五大功能;操作系统的用户接口;操作系统的基本类型及简介
2.2　Windows 10 操作系统的基本操作	Windows 10 的启动与退出;键盘和鼠标的基本操作;桌面的认识和使用;窗口的基本操作;系统的设置、磁盘清理与优化等
2.3　文件管理	文件和文件夹的认识;文件和文件夹的创建;文件和文件夹的操作
2.4　Windows 10 操作系统附件的使用	记事本和写字板、画图和截图工具、计算器等;注册表的概述、注册表编辑器、注册表的备份等

测一测

一、选择题

1. Windows 10 是一个(　　)。

A. 单用户、多任务操作系统　　B. 单用户、单任务操作系统

C. 多用户、单任务操作系统　　D. 多用户、多任务操作系统

2. 在 Windows 10 环境中,对中文输入法进行切换的快捷键是(　　)。

A. “Ctrl+空格”　　B. “Shift+空格”

C. “Shift+Alt”　　D. “Ctrl+Shift”

3. 下列关于“回收站”的叙述,错误的是(　　)。

A. “回收站”可以暂时或永久存放硬盘上被删除的信息

B. “回收站”所占据的空间是可以调整的

C. 放入“回收站”的文件可以恢复

D. “回收站”可以存放软盘上被删除的信息

4. 新建了一个文件夹,其路径为 D:\Rep,要设置所有存储在“Rep”文件夹中的文件都被 Windows 搜索索引,操作方法是(　　)。

A. 在文件夹上启用存档属性

B. 从控制面板中修改文件夹选项

C. 修改 Windows 搜索服务的属性

D. 创建一个新的库,并添加“Rep”文件夹到这个库中

5. 操作系统中的文件管理系统为用户提供的功能是(　　)。

A. 按文件作者存取文件　　B. 按文件名管理文件

C. 按文件创建日期存取文件　　D. 按文件大小存取文件

6. 在 Windows 10 中，将打开窗口拖动到屏幕顶端，窗口会(　　)。

A. 关闭　　B. 消失　　C. 最大化　　D. 最小化

7. 查看磁盘驱动器上文件夹的层次结构可以在(　　)中。

A. Windows 资源管理器　　B. 网络

C. 任务栏　　D. "开始"菜单中的搜索框

8. 利用 Windows 10 管理工具中的"任务计划程序"可以(　　)。

A. 对系统资源进行管理　　B. 设置 Windows 10 的启动方式

C. 对系统进行设置　　D. 定期自动执行安排好的任务

9. 操作系统是(　　)接口。

A. 用户与软件　　B. 系统软件与应用软件

C. 主机与外设　　D. 用户与计算机

10. Windows 10 中采用(　　)结构来组织和管理文件。

A. 线型　　B. 星型　　C. 树状　　D. 网状

11. 若一个窗口被最小化，则该窗口(　　)。

A. 被暂停执行　　B. 被转入后台执行

C. 仍在前台执行　　D. 不能执行

12. 不合法的 Windows 10 文件夹名是(　　)。

A. x+y　　B. x－y　　C. x * y　　D. x÷y

13. 当桌面上有多个窗口时，这些窗口(　　)。

A. 只能重叠　　B. 只能平铺

C. 既能重叠，也能平铺　　D. 系统自动设置其平铺或重叠，用户无法改变

14. 在附件中不能找到(　　)。

A. 画图　　B. 写字板　　C. 记事本　　D. 控制面板

15. Windows 10 可对文件和文件夹进行管理的工具是(　　)。

A. 资源管理器　　B. 网络

C. Internet Explorer　　D. 回收站

16. 在计算机系统中，通常用文件扩展名来表示(　　)。

A. 文件的内容　　B. 文件的版本

C. 文件的类型　　D. 文件的建立时间

17. 在资源管理器中要执行全部选定命令可以利用(　　)快捷键。

A. "Ctrl+S"　　B. "Ctrl+V"　　C. "Ctrl+A"　　D. "Ctrl+C"

18. 在资源管理器中，文件夹左侧带"+"表示(　　)。

A. 这个文件夹已经展开了　　B. 这个文件夹受密码保护

C. 这个文件夹是隐藏文件夹　　D. 这个文件夹下有子文件夹且未展开

二、填空题

1. 要安装 Windows 10，系统磁盘分区必须为________格式。

2. 在 Windows 10 中，"Ctrl+C"快捷键是________命令。

3. 操作系统不仅管理计算机的软件、________资源，还需要为用户提供友好的界面。

4. 操作系统通常具有________管理、________管理、________管理、________管理、作业管理等功能模块，它们相互配合，共同完成操作系统的职能。

5. 在菜单命令的约定中，颜色为灰色的命令表示________。

三、操作题

1. 按下列目录结构建立文件和文件夹：

```
D：\[文件夹]（文件夹名：班级+学号+姓名）
└── student
      ├── xz
      ├── gw
      │    └── bb
      └── y1
```

(1) 将C盘下文件名以“re”开头的TXT文件复制到“xz”文件夹下。

(2) 将C盘下扩展名为wav的文件复制到“y1”文件夹下。

(3) 将C盘下所有文件名以“B”开头、扩展名为bmp的文件，复制到“bb”文件夹中，并隐藏“y1”文件夹下的文件。

(4) 将C盘下文件名以“C”开头、“D”结尾的文件复制到“gw”文件夹下。

(5) 删除“xz”文件夹下小于50 kB的文件。

(6) 将C盘下扩展名为com的文件复制到“xz”文件夹下。

(7) 将“y1”文件夹下所有大于30 kB的文件移动到“bb”文件夹下。

2. 在桌面上创建“写字板”快捷图标，打开“写字板”，输入古诗《春晓》。古诗全文每行一句居中排列，字体设置：诗名为黑体三号红色；作者名为楷体小四号；正文为宋体五号橙色。以文件名“古诗.rtf”保存到桌面。

3. 设置任务栏：

(1) 将任务栏移动到屏幕的右边，并对其进行隐藏设置；

(2) 设置任务栏显示D盘；

(3) 将Excel启动图标固定到任务栏。

4. 创建一个家庭的用户账户，账户名称分别为“爸爸”“妈妈”和“小明”，为账户设置图片和密码。

答案

第3章　文字处理Word 2016

Microsoft Office 是一套由微软公司推出的办公自动化软件组件。它的中文版本从 Office 97 开始，经历了 Office 2000，Office XP，Office 2003，Office 2007，Office 2010 到微软公司现在主推的 Office 2016。Office 2016 For Mac 于 2015 年 3 月 18 日发布，Office 2016 For Office 365 订阅升级版于 2015 年 8 月 30 日发布，Office 2016 For Windows 零售版、For iOS 版均于 2015 年 9 月 22 日正式发布。

Office 2016 是微软的一个庞大的办公自动化软件组件，使用这款办公自动化软件可以帮助我们更好地完成工作。它主要包括以下几个组件：Microsoft Office Word（文字处理软件），主要用来创建和编辑具有专业外观的文档，如信函、论文、报告和小册子；Microsoft Office Excel（数据处理软件），主要用来执行计算、分析信息以及可视化电子表格中的数据；Microsoft Office PowerPoint（演示文稿制作软件），用来创建和编辑演示文稿、幻灯片播放、会议和网页的演示文稿；Microsoft Office Access（数据库管理软件），用于数据分析和开发软件；Microsoft Office Outlook（电子邮件客户端），用来发送和接收电子邮件，管理日程、联系人和任务以及记录活动；Microsoft Office Publisher（出版物制作软件），用来创建新闻稿和小册子等专业品质出版物及营销素材；Microsoft Office OneNote（便笺工具），用于协作绘制、手写、输入、单击或轻扫用户的笔记，可保存、搜索多媒体笔记，并将其同步到其他设备的 OneNote 应用中。

相比 Office 2013，Office 2016 增加了以下新功能：

(1) 协同工作功能，适用于需要合作编辑的文档。只要通过共享功能发出邀请，就可以让其他使用者一起编辑文件，而且每个使用者编辑过的地方，也会出现提示，让所有人都可以看到哪些段落被编辑过。

(2) 搜索框功能，适用于不熟悉 Office 操作的用户。在选项卡右边，可以看到一个搜索框，在搜索框中输入想要搜索的内容，搜索框会给出相关命令，直接单击即可执行该命令。

(3) 云模块与 Office 融为一体。Office 2016 中云模块已经很好地与 Office 融为一体，使用者可以指定云作为默认存储路径，也可以继续使用本地硬盘存储，如图 3－1 所示。

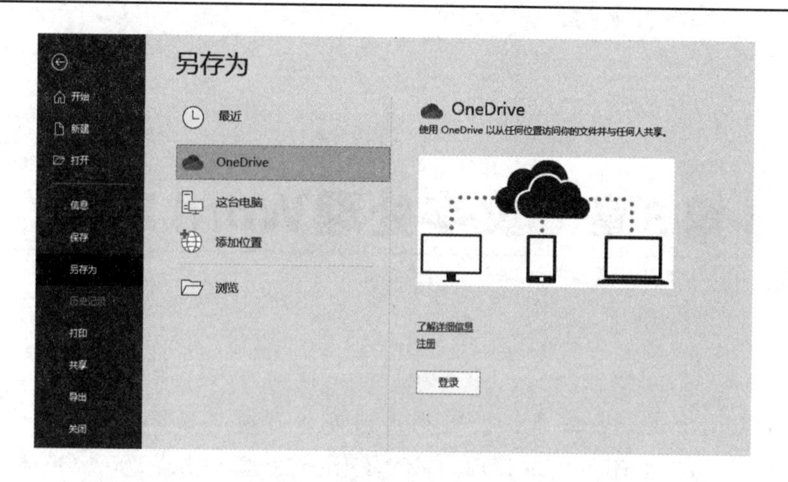

图 3-1 选择云作为存储路径

(4)“插入”选项卡增加了“加载项”功能组,为 Office 扩充功能。其中包括“应用商店”和“我的加载项”两个选项,是微软和第三方开发者开发的一些应用程序。

学习目标

Word 应用程序凭借友好的界面、方便的操作、完善的功能和易学易用等诸多优点已成为众多用户进行文档创建的主流软件。Word 2016 作为 Office 2016 软件中的核心组件,默认的扩展名是 docx。

通过本章的学习,应掌握以下内容:

*了解文字处理的基本知识。

*理解利用 Word 2016 制作图文并茂文档的方法。

*熟练掌握 Word 2016 的基本操作和应用,包括 Word 2016 的基本功能、运行环境,Word 2016 的启动和退出;文档的创建、打开、输入、保存、保护和打印等基本操作;文本的选定、插入与删除、复制与移动、查找与替换等基本编辑技术;字符格式、段落格式、页面格式设置和文档分栏等基本排版技术;表格的创建与编辑;表格中数据的输入与编辑;数据的排序和计算;图形、图片的插入和编辑;文本框的使用。

*掌握 Word 2016 邮件合并及长文档的处理方法。

3.1 文档的排版

案例引入

以制作如图 3-2 所示的效果为例来介绍如何进行文档的排版。

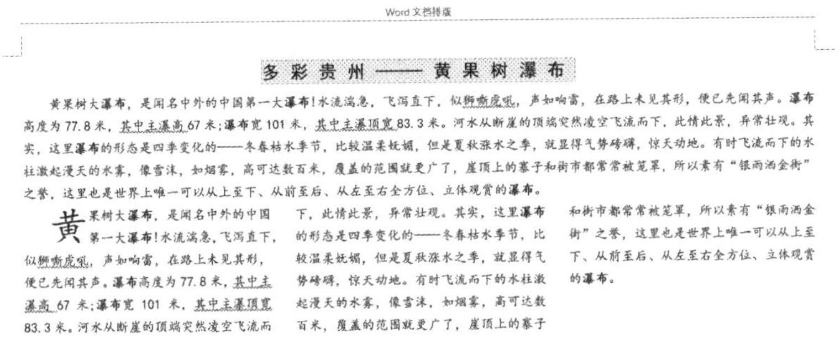

Word 文档排版

多彩贵州——黄果树瀑布

黄果树大瀑布，是闻名中外的中国第一大瀑布！水流湍急，飞泻直下，似狮嘶虎吼，声如响雷，在路上未见其形，便已先闻其声。瀑布高度为77.8米，其中主瀑高67米；瀑布宽101米，其中主瀑顶宽83.3米。河水从断崖的顶端突然凌空飞流而下，此情此景，异常壮观。其实，这里瀑布的形态是四季变化的——冬春枯水季节，比较温柔妩媚，但是夏秋涨水之季，就显得气势磅礴，惊天动地。有时飞流而下的水柱激起漫天的水雾，像雪沫，如烟雾，高可达数百米，覆盖的范围就更广了，崖顶上的寨子和街市都常常被笼罩，所以素有"银雨洒金街"之誉，这里也是世界上唯一可以从上至下、从前至后、从左至右全方位、立体观赏的瀑布。

黄果树大瀑布，是闻名中外的中国第一大瀑布！水流湍急，飞泻直下，似狮嘶虎吼，声如响雷，在路上未见其形，便已先闻其声。瀑布高度为77.8米，其中主瀑高67米；瀑布宽101米，其中主瀑顶宽83.3米。河水从断崖的顶端突然凌空飞流而下，此情此景，异常壮观。其实，这里瀑布的形态是四季变化的——冬春枯水季节，比较温柔妩媚，但是夏秋涨水之季，就显得气势磅礴，惊天动地。有时飞流而下的水柱激起漫天的水雾，像雪沫，如烟雾，高可达数百米，覆盖的范围就更广了，崖顶上的寨子和街市都常常被笼罩，所以素有"银雨洒金街"之誉，这里也是世界上唯一可以从上至下、从前至后、从左至右全方位、立体观赏的瀑布。

文档排版样例

图3-2　文档排版样例

· 案例分析

要完成以上文档的排版，需要完成以下七项任务：

(1) 输入文字：只需要输入标题文字(多彩贵州——黄果树瀑布)和第一段正文(黄果树大瀑布……立体观赏的瀑布。)，再复制正文第一段一次。

(2) 设置字符格式：标题文字为黑体、三号，居中，字符间距加宽5磅；设置橙色0.5磅，应用于文字的边框；设置黄色，样式为5%，颜色为红色，应用于文字的底纹。正文为楷体(或中文字体为楷体，西文字体为Tahoma)、小四号，颜色为蓝色，个性色1，深色25%。

(3) 设置段落格式：正文所有段落首行缩进2字符，行距设置为20磅；正文第二段设置首字下沉2行且平均分为三栏。

(4) 设置页面格式：设置上、下、左、右页边距分别为3厘米，3厘米，2厘米，2厘米；纸张方向设置为横向，纸张大小设置为A4。

(5) 设置页眉：在页眉中输入"Word 文档排版"。

(6) 把文档中的所有"瀑布"设置为加粗、红色。

(7) 保存文档。

· 知识讲解

3.1.1 Word 2016 的基本知识

在利用 Word 2016 进行文档编辑之前，有必要了解一些关于 Word 2016 的基本知识。

1. 启动 Word 2016

Word 2016 中文版文字处理软件的启动方法可以有多种，主要方法如下：

(1) 常规启动：单击"开始"菜单中的"Word 2016"。

(2) 快捷启动：双击桌面上的"Word 2016"快捷方式图标。

(3) 通过已有的 Word 文档打开"Word 2016"。

2. 退出 Word 2016

(1) 单击"文件"选项卡中的"关闭"命令。

(2) 单击标题栏右侧的"关闭"按钮。

(3) 双击标题栏左上角。

(4) 按"Alt+F4"快捷键。

3. 保存文档

输入到计算机中的文档未保存前仅存在于计算机的内存中，一旦停电或关机，其中的内容便会丢失，所以在文档的编辑过程中应经常保存文档。常用保存方法有三种：

(1) 单击快速访问工具栏的“保存”按钮。

(2) 选择“文件”选项卡中的“保存”(或“另存为”)命令。

(3) 按“Ctrl＋S”快捷键。

注意：保存文件时，要选择文档保存的位置、文档的名字及文档的扩展名。

思考　“保存”和“另存为”命令的区别。

4. Word 2016 的窗口

Word 2016 的窗口如图 3－3 所示。

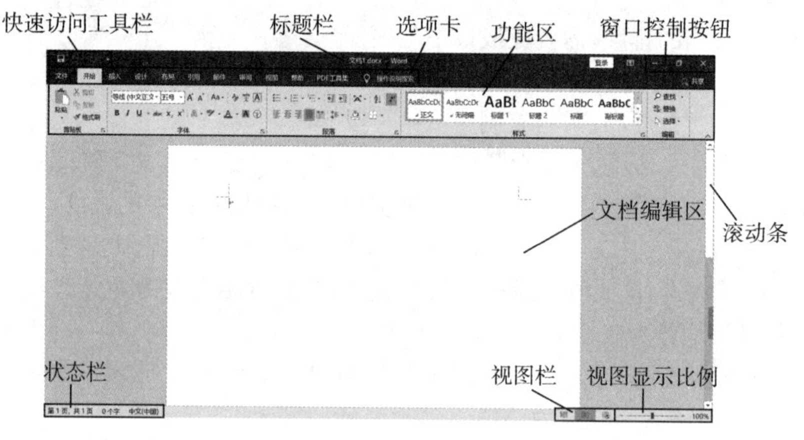

图 3－3　Word 2016 的窗口

1) 快速访问工具栏

默认状态下，快速访问工具栏位于窗口的左上角，用于快速执行某些操作。是“保存”按钮，用于保存当前文档。是“撤消”按钮，单击“撤消”按钮可以撤消最近执行的操作，恢复执行操作前的状态。是“恢复”按钮，其作用跟“撤消”按钮刚好相反。是“自定义快速访问工具栏”按钮，单击它会出现快捷菜单，它具有高度的可定制性，用户可以将命令按钮添加到快速访问工具栏，以方便使用。同时，快速访问工具栏中的按钮也可以随时删除，用户也可以根据需要，改变其在主界面中的位置。

Tips

撤消是指撤消错误操作，但当文档被保存后，将无法执行撤消操作。操作方法：单击快速访问工具栏上“撤消”按钮或用“Ctrl＋Z”快捷键。

恢复是指恢复到撤消前的状态，是撤消的逆操作。操作方法：单击快速访问工具栏上“恢复”按钮或用“Ctrl＋Y”快捷键。

2) 选项卡

选项卡下方集合了与之对应的编辑工具。默认情况下包括“文件”“开始”“插入”“设计”“布局”“引用”“邮件”“审阅”和“视图”等选项卡。在针对具体对象进行操作时还会出现其他选项卡。例如，当选定一张图片并准备对其进行操作时，就会出现“图片工具”|“格式”选项卡，该选项卡集合了所有图片操作相关的命令，为用户提供了图片的设置工具。

3) 标题栏和窗口控制按钮

标题栏用于显示文档和程序的名称。窗口控制按钮包括“最小化”“最大化/向下还原”和“关闭”三个命令按钮。

4) 功能区

Word 2016 的功能区将命令按逻辑进行了分组，用户可以自由地对功能区进行定制，包括功能区在界面中隐藏和显示、设置功能区按钮的屏幕提示以及向功能区添加命令按钮。

5) 文档编辑区

窗口中间的空白处，是用户输入和编辑文本、绘制图形、插入图片、进行排版的工作区域，称为文档编辑区，又称为工作区或文档窗口。鼠标指针在编辑区会变成“ I ”形；编辑区中闪烁的竖条代表插入点光标，指示下一个键入字符的位置；一个弯曲的箭头为回车标记，代表段落结束。

6) 滚动条

滚动条可以分为垂直滚动条与水平滚动条。单击垂直或水平滚动条，或拖动滚动条中的滑块，可调整文档的显示部分。

7) 状态栏

状态栏位于窗口的左下角，用来显示插入点所在页的一些附加信息，如显示文档的总页数、当前所在页数、字数及校对信息等。

8) 视图栏和视图显示比例

视图栏和视图显示比例位于窗口的右下角，用于切换视图的显示方式以及调整视图的显示比例。Word 2016 的视图模式包括阅读视图、页面视图和 Web 版式视图。利用这三个按钮可切换文档显示的方式。

(1) 阅读视图：适合用户查阅文档，用模拟书本阅读的方式让用户感觉如同在翻阅书籍。该视图模式将隐藏不必要的选项卡，而以“阅读工具栏”来替代。

(2) 页面视图：可以查看页面中文字、图片和其他元素，是默认视图模式。

(3) Web 版式视图：可以创建能显示在浏览器窗口上的 Web 页(HTML 文档)，可看到背景和为适应窗口而换行显示的文本，且图形位置与在浏览器中的位置一致。

5. 选定内容

在对文本或图形等内容进行有关操作前，必须先选定对象，然后才能进行相应的操作。可以用鼠标和键盘两个设备来选定内容。

(1) 用鼠标选定内容的基本方法如表 3-1 所示。

表 3-1　用鼠标选定内容

选定内容	操作方法
一个单词	双击该单词
一个图形	单击该图形
一行文本	将鼠标指针移动到该行的左侧,指针变为指向右边的箭头,然后单击
多行文本	将鼠标指针移动到该行的左侧,指针变为指向右边的箭头,然后单击并向上或向下拖动鼠标
一个句子	按住“Ctrl”键,然后单击该句中的任意位置
一个段落	将鼠标指针移动到该段落的左侧,指针变为指向右边的箭头,然后双击。或者在该段落中的任意位置三击
多个段落	将鼠标指针移动到该段落的左侧,指针变为指向右边的箭头,然后双击并向上或向下拖动鼠标
一大块文本	单击要选定内容的起始处,然后滚动到选定内容的结尾处,按住“Shift”键的同时单击
整篇文档	将鼠标指针移动到文档中任意正文的左侧,指针变为指向右边的箭头,然后三击

(2) 用键盘选定内容的方法如表 3-2 所示(首先将插入点光标定位在要选定的位置)。

表 3-2　用键盘选定内容

操作方法	将选定范围扩展至
Shift+→	右侧的一个字符
Shift+←	左侧的一个字符
Ctrl+Shift+→	单词结尾
Ctrl+Shift+←	单词开始
Shift+End	行尾
Shift+Home	行首
Shift+↓	下一行
Shift+↑	上一行
Ctrl+Shift+↓	段尾
Ctrl+Shift+↑	段首
Shift+Page Down	下一屏
Shift+Page Up	上一屏
Ctrl+Shift+Home	文档开始处
Ctrl+Shift+End	文档结尾处
Ctrl+A	整篇文档

6. 定位、查找和替换

1) 定位

当窗口中的内容超过一屏时,可以使用 Word 的定位文档功能来查看文档。在 Word 2016 编辑区中定位文档主要使用“开始”选项卡下“编辑”功能组中的“查找”下拉按钮中的“转到”命令,如图 3-4 所示,弹出如图 3-5 所示的“查找和替换”对话框的“定位”界面。

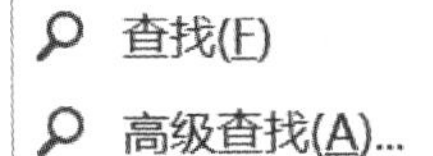

图 3-4　“转到”命令

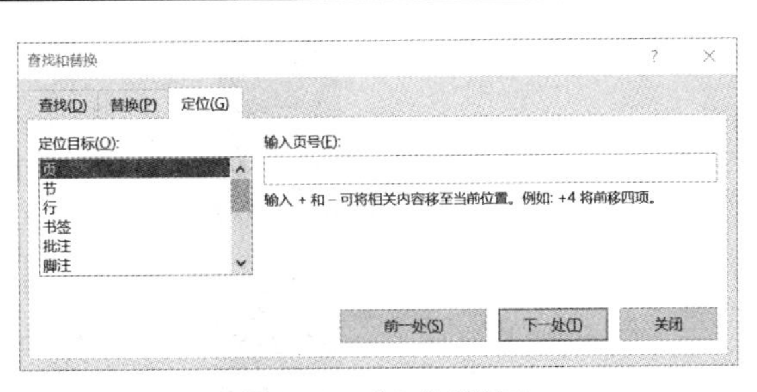

图 3-5　“定位”界面

2) 查找

选择“开始”选项卡下“编辑”功能组中的“查找”命令，在编辑区左边会出现“导航”窗格，在搜索框中键入要搜索的文本，则文档中搜索到的所有匹配项都会用突出效果显示出来。

要搜索具有特定格式的文字，可在“查找和替换”对话框的“查找”界面中的“查找内容”文本框内输入文字。如果只需搜索特定的格式，那么应删除“查找内容”文本框中的文字，单击“更多”按钮后单击“特殊格式”按钮。如果要清除已指定的格式，可单击“不限定格式”按钮。单击“格式”按钮，选择所需格式，单击“查找下一处”按钮，可查找下一处相同内容。按“Esc”键可取消正在执行的查找。

3) 替换

选择“开始”选项卡下“编辑”功能组中的“替换”命令，弹出如图 3-6 所示的“查找和替换”对话框的“替换”界面。在“查找内容”文本框内输入要查找的内容，在“替换为”文本框内输入要替换的内容，单击“查找下一处”“替换”或者“全部替换”按钮，可实现内容替换。按“Esc”键可取消正在进行的替换。

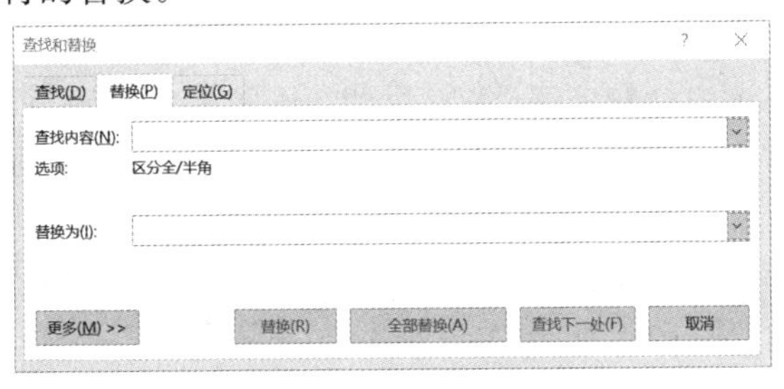

图 3-6　“替换”界面

思考　如何在文本替换时，对替换后的文本进行格式设置？

案例实践 3-1　下面来完成如图 3-2 所示的案例。

步骤 1：新建文档。

启动“Word 2016”，或者打开已有的 Word 文档，选择“文件”选项卡中的“新建”命令，随后选择“空白文档”命令，如图 3-7 所示。

步骤 2：输入和复制文字。

在文字输入过程中，注意状态栏中校对状态的切换。完成文字输入和复制后，效果如图 3-8 所示。

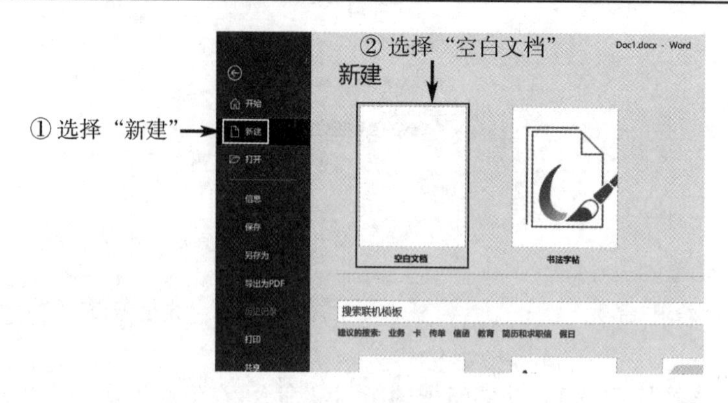

图 3-7　新建文档

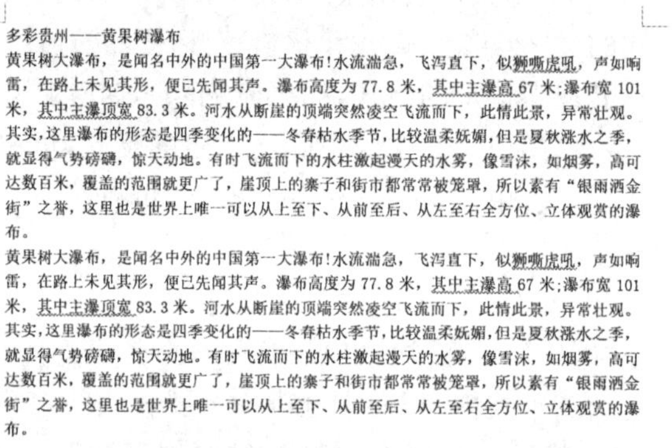

多彩贵州——黄果树瀑布
黄果树大瀑布，是闻名中外的中国第一大瀑布!水流湍急，飞泻直下，似狮嘶虎吼，声如响雷，在路上未见其形，便已先闻其声。瀑布高度为 77.8 米，其中主瀑高 67 米;瀑布宽 101 米，其中主瀑顶宽 83.3 米。河水从断崖的顶端突然凌空飞流而下，此情此景，异常壮观。其实,这里瀑布的形态是四季变化的——冬春枯水季节,比较温柔妩媚,但是夏秋涨水之季,就显得气势磅礴，惊天动地。有时飞流而下的水柱激起漫天的水雾，像雪沫，如烟雾，高可达数百米，覆盖的范围就更广了，崖顶上的寨子和街市都常常被笼罩，所以素有“银雨洒金街”之誉，这里也是世界上唯一可以从上至下、从前至后、从左至右全方位、立体观赏的瀑布。
黄果树大瀑布，是闻名中外的中国第一大瀑布!水流湍急，飞泻直下，似狮嘶虎吼，声如响雷，在路上未见其形，便已先闻其声。瀑布高度为 77.8 米，其中主瀑高 67 米;瀑布宽 101 米，其中主瀑顶宽 83.3 米。河水从断崖的顶端突然凌空飞流而下，此情此景，异常壮观。其实,这里瀑布的形态是四季变化的——冬春枯水季节,比较温柔妩媚,但是夏秋涨水之季,就显得气势磅礴，惊天动地。有时飞流而下的水柱激起漫天的水雾，像雪沫，如烟雾，高可达数百米，覆盖的范围就更广了，崖顶上的寨子和街市都常常被笼罩，所以素有“银雨洒金街”之誉，这里也是世界上唯一可以从上至下、从前至后、从左至右全方位、立体观赏的瀑布。

图 3-8　输入和复制文字

步骤 3:设置标题文字格式。

(1) 设置字体字号:选中标题文字“多彩贵州——黄果树瀑布”,在“开始”选项卡下“字体”功能组中选择“字体”为“黑体”,“字号”为“三号”;在“段落”功能组中选择“居中”,如图 3-9 所示。

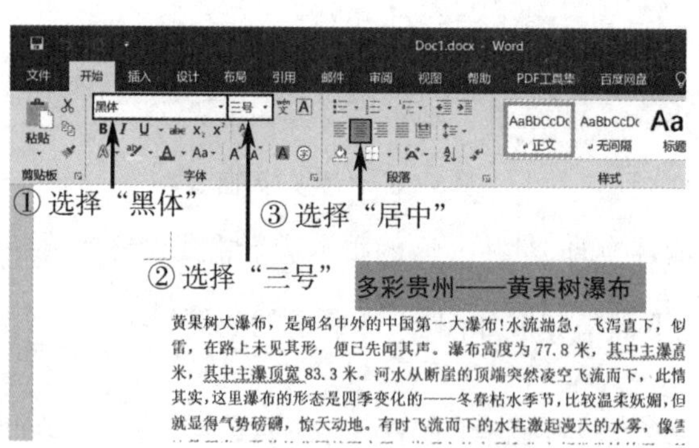

图 3-9　设置字体字号

(2) 设置字符间距:选中标题文字,单击“字体”功能组右下角的“字体”按钮,弹出“字体”对话框,在“高级”选项卡下,“字符间距”项的“间距”中选择“加宽”,“磅值”设置为“5 磅”,单击“确定”按钮,如图 3-10 所示。

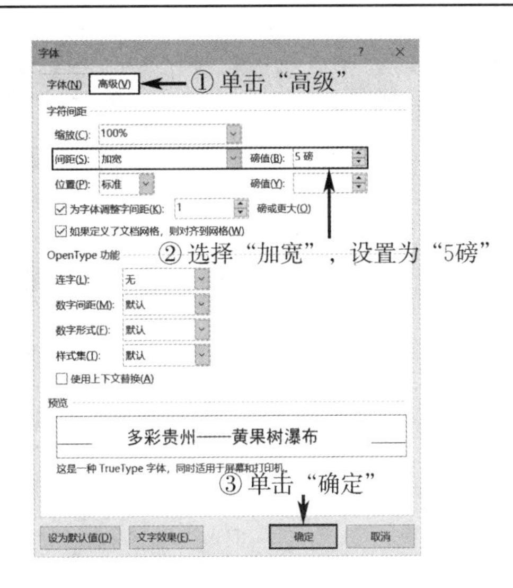

图 3 - 10　设置字符间距

(3) 设置边框和底纹：选中标题文字，在“段落”功能组中，“边框”下拉按钮中选择“边框和底纹”，弹出“边框和底纹”对话框，在“边框”选项卡中的“设置”选择“方框”，“颜色”选择“橙色”，“宽度”选择“0.5 磅”，“应用于”选择“文字”，如图 3 - 11(a)所示。

在弹出的“边框和底纹”对话框中，选择“底纹”选项卡。在“底纹”选项卡中，“填充”栏选择“黄色”，“图案”栏中的“样式”选择“5%”且“颜色”选择“红色”，“应用于”选择“文字”，如图 3 - 11(b)所示。

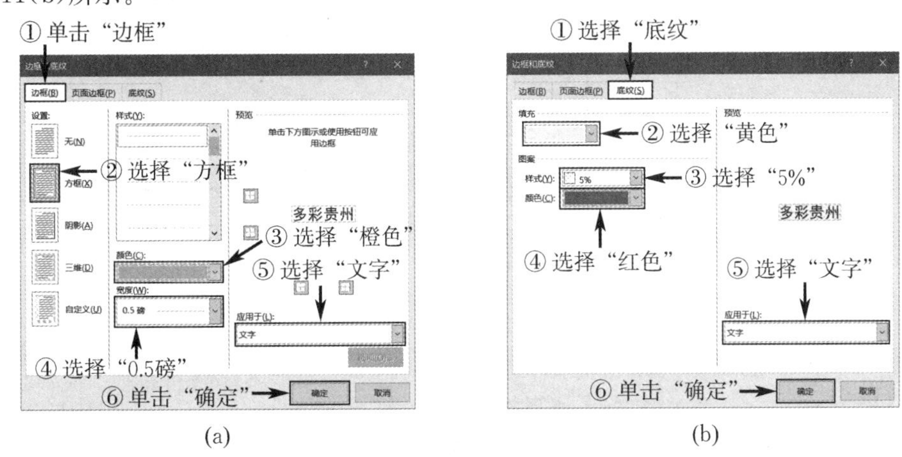

图 3 - 11　设置边框和底纹

步骤 4：设置正文文字格式。

选中正文所有文字，在“开始”选项卡下“字体”功能组中，选择“字体”为“楷体”，“字号”为“小四”，“字体颜色”为“蓝色，个性色 1，深色 25%”，如图 3 - 12 所示。

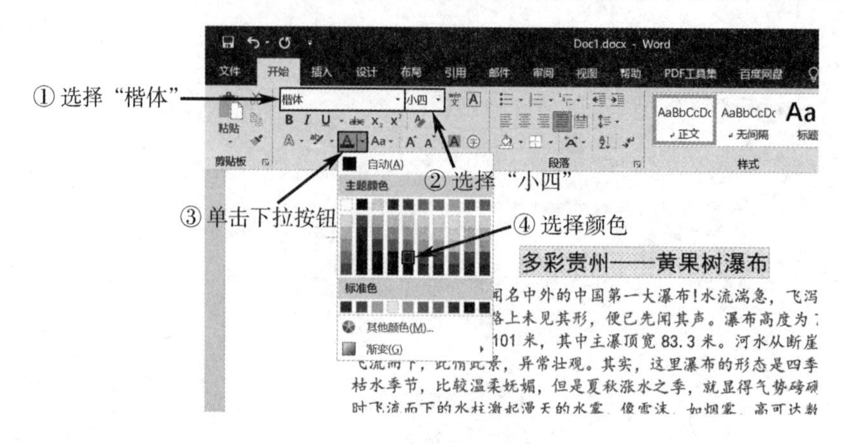

图 3-12　设置正文文字格式

步骤 5:设置正文段落格式。

(1) 设置首行缩进和行距:选中正文所有文字,单击"开始"选项卡下"段落"功能组右下角的"段落设置"按钮,弹出"段落"对话框。在"缩进和间距"选项卡下"缩进"栏中的"特殊"选择"首行",并设置"缩进值"为"2 字符";"间距"栏中的"行距"选择"固定值",并设置为"20 磅",如图 3-13 所示。

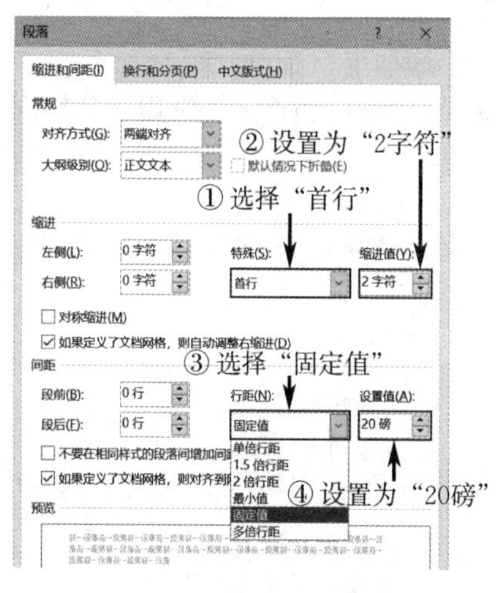

图 3-13　设置首行缩进和行距

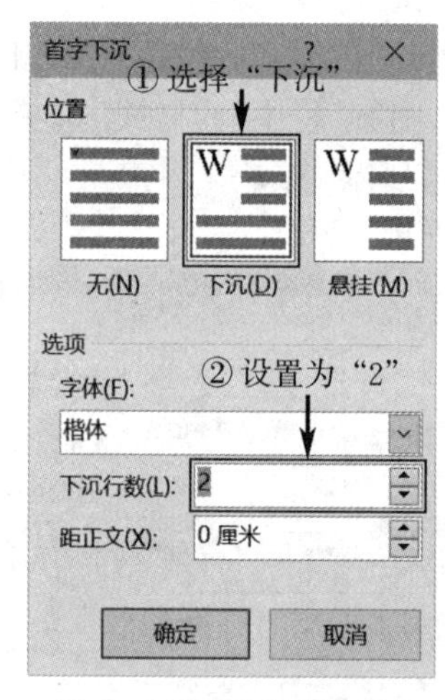

图 3-14　设置首字下沉

(2) 设置分栏:选中正文第二段,单击"布局"选项卡下"页面设置"功能组中的"栏"下拉列表中的"三栏"命令。若需要进一步设置,则可以选择"更多栏"命令。

(3) 设置首字下沉:选中正文第二段,单击"插入"选项卡下"文本"功能组中的"首字下沉"中的"首字下沉选项"命令,在弹出对话框中的"位置"选择"下沉","选项"栏中的"下沉行数"设置为"2",如图 3-14 所示。

注意:当同一段文字既要分栏,又要首字下沉时,必须先分栏再首字下沉。

步骤 6:设置页面格式。

选择"布局"选项卡下"页面设置"功能组中"页边距"的"自定义页边距"命令,弹出"页面设置"对话框。设置"页边距"栏中的"上""下""左""右"分别为"3 厘米""3 厘米""2 厘米""2 厘米","纸张方向"选择"横向","应用于"选择"整篇文档";在该对话框的"纸张"选项卡中的“纸张大小”下拉列表中选择“A4”，如图 3-15 所示。

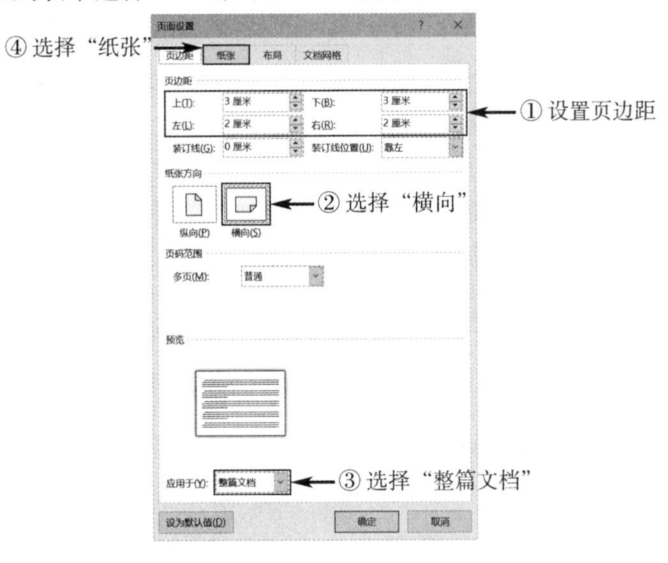

图 3-15　设置页面格式

步骤 7：设置页眉。

选择“插入”选项卡下“页眉和页脚”功能组中“页眉”的“编辑页眉”命令，在插入点光标定位的位置上输入“Word 文档排版”，然后单击“页眉和页脚工具”|“设计”选项卡下“关闭”功能组中的“关闭页眉和页脚”命令。

步骤 8：文字替换。

选择“开始”选项卡下“编辑”功能组中的“替换”命令，在“查找和替换”对话框中，“查找内容”文本框内输入“瀑布”，在“替换为”文本框内也输入“瀑布”，单击“更多”按钮。单击“格式”按钮，在弹出的下拉菜单中选择“字体”命令，在弹出的“替换字体”对话框中“字体”选项卡的“字形”列表框中选择“加粗”，“字体颜色”选择“红色”，设置完毕后单击“确定”按钮。最后单击“全部替换”按钮，如图 3-16 所示。

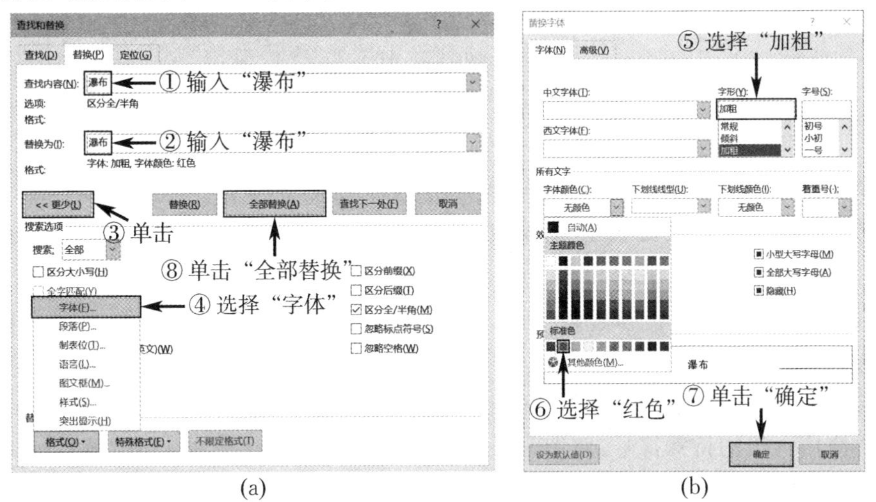

图 3-16　文字替换

步骤 9:保存文档。

单击“文件”选项卡下“另存为”命令,分别设置保存位置和文件名。

案例总结

(1) 字符格式的设置,包括字体、字号、字形、颜色、边框和底纹等效果,主要使用“开始”选项卡。

(2) 段落格式的设置,包括缩进、对齐方式、行距、首字下沉、分栏、特殊版式等效果,主要使用“开始”“插入”和“布局”选项卡。

(3) 页面格式的设置,包括纸张、页边距、页眉和页脚、页面边框等效果,主要使用“布局”和“插入”选项卡。

拓展深化

3.1.2 Word 2016 的常用功能

1. 特殊的中文版式

针对一些特殊场合的需要,Word 2016 提供了许多具有中文特色的特殊文字样式,例如可以将文本以竖直方式进行排版、为中文添加拼音等。

1) 文字竖排

一般说来,Word 2016 中的文字是以水平方式输入排版的。中文文本有时需要以竖直方式进行排版,如古诗词。通过“布局”选项卡下“页面设置”功能组中的“文字方向”命令,能将水平排列(横排)的文字设置为竖直排列(竖排)的文字。

2) 纵横混排、合并字符与双行合一

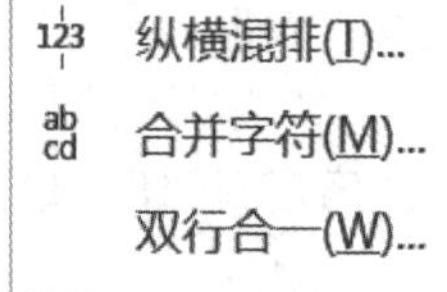

图 3-17　中文版式下拉列表框

使用“纵横混排”功能可以在横排的段落中插入竖排的文本,从而制作出特殊的段落效果;“合并字符”功能能够使多个字符只占有一个字符的宽度;“双行合一”功能可以将两行文字显示在一行文字的空间中。

通过“开始”选项卡下“段落”功能组中的“中文版式”命令按钮,在下拉列表中选择“纵横混排”可实现纵横混排效果,选择“合并字符”可实现字符合并效果,选择“双行合一”可实现双行合一效果,如图 3-17 所示。

在“纵横混排”对话框中勾选“适应行宽”复选框,则纵向排列的所有文字的总高度将不会超过该行的行高;不勾选该复选框,则纵向排列的每个文字将在垂直方向各占一行的行高空间。设置了纵横混排、合并字符和双行合一效果后,如果需要取消这些效果,那么在弹出相应的设置对话框后,单击“删除”按钮即可。

2. 插入公式

编写数学、物理和化学等自然科学文档时,往往需要输入大量公式,这些公式不仅结构复杂,而且要使用大量的特殊符号,使用普通的方法很难顺利地实现输入和排版。

在“插入”选项卡下“符号”功能组中单击“公式”命令,可进入功能强大的“公式工具”,如图 3-18 所示。如果 Word 文档的格式是 DOC,“公式”按钮将不可用。也就是说,在兼容模式下无法使用 Word 2016 的公式编辑器，公式编辑器只能在 DOCX 文档中使用。另外，在 Word 2016 中创建的公式在低版本的 Word 中将只能以图片方式显示。

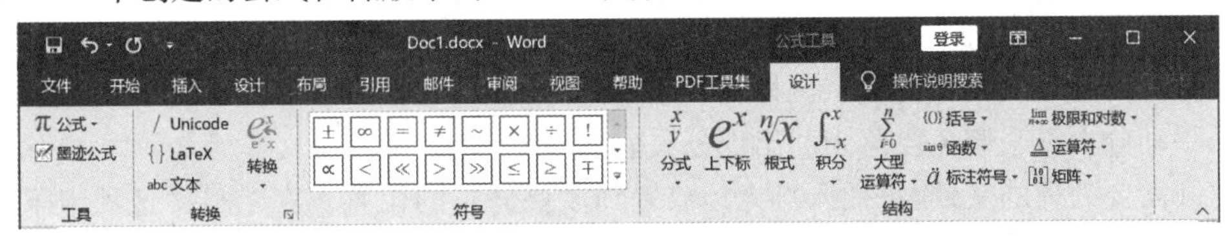

图 3-18　公式工具

3. 插入符号

在编写文档的时候，有时会需要输入一些特殊字符。特殊字符是指无法通过键盘直接输入的符号，如①，⑴，∧，Ⅱ等。

在“插入”选项卡下“符号”功能组中单击“符号”命令，在下拉菜单中单击“其他符号”选项，弹出“符号”对话框。“符号”对话框中的符号是按照不同类型进行分类的，所以在插入特殊符号前要选择符号类型(单击“字体”或者“子集”下拉按钮就可以选择符号类型)，找到需要的类型后就可以选择所需的符号，如图 3-19 所示。

图 3-19　“符号”对话框

4. 插入页码

对于多页文档来说，通常需要为文档添加页码。若单纯地进行页码编排，则可以直接使用“页码”对话框来添加页码以提高工作效率。Word 2016 提供了专门的命令按钮来实现添加页码的功能。页码的添加和设置与页眉、页脚的添加和设置方法基本相同。

在“插入”选项卡下“页眉和页脚”功能组中单击“页码”命令，在下拉列表中选择页码格式，如图 3-20 所示。通过“设置页码格式”选项，可以弹出“页码格式”对话框。用户根据需要可以进行页码的编号类型、起始样式等的设置。

页面顶端(T)
页面底端(B)
页边距(P)
当前位置(C)
设置页码格式(F)...
删除页码(R)

图 3-20　页码格式

5. 插入分隔符

分隔符包括分页符和分节符。Word 文档中，在上一页和下一页开始的位置之间，Word 会自动插入一个分页符，这称为软分页。如果用户插入了手动分页符到指定位置，就可以强制分页，这就是所谓的硬分页。在文档中，用于标识节的末尾的标记就是分节符,分节符包含了节的格式设置元素。

1) 分页符

在 Word 文档中,长的文档会被自动插入分页符,用户也可以在特定的位置根据需要插入手动分页符来对文档进行分页。另外,当段落不希望放置在两个不同页面上时,也可以通过插入手动分页符来避免段落中间出现分页。

打开需要处理的文档,将插入点光标放置到需要分页的位置。在“布局”选项卡下“页面设置”功能组中单击“分隔符”命令,在下拉列表中选择“分页符”选项,如图 3-21 所示。此时,文档从插入点光标处插入分页符,同时完成分页。

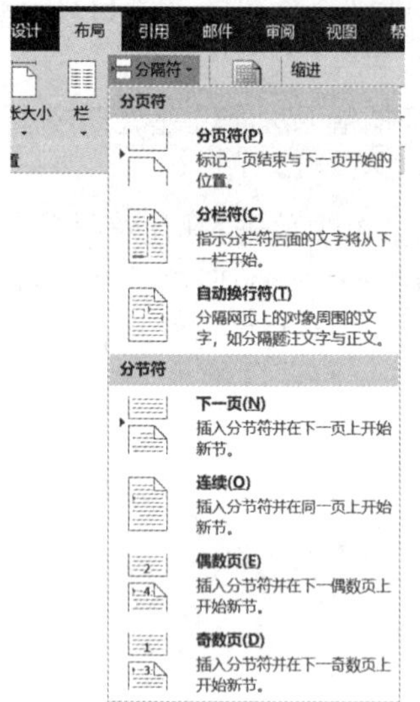

图 3-21 插入分隔符

2) 分节符

使用分节符可以把文档分成不同的节,可以在不同的节中设置不同的版式和格式。例如,使用分节符可以分隔文档中的各章,使章的页码编号单独从 1 开始;使用分节符还可以为文档的章节创建不同的页眉和页脚。

在文档中将插入点光标放置到需要分节的位置。在“布局”选项卡下“页面设置”功能组中单击“分隔符”命令,在下拉列表的“分节符”栏中单击对应选项,如图 3-21 所示。“下一页”命令用于插入分节符并在下一页上开始新节,常用于在文档中开始新的章节;“连续”命令用于插入分节符并在同一页上开始新节,适用于在同一页中实现各种格式;“偶数页”命令用于插入分节符并在下一偶数页上开始新节;“奇数页”命令用于插入分节符并在下一奇数页上开始新节。

默认情况下,每一节中的页眉内容都是相同的。如果更改第一节的页眉,那么第二节也会随着改变。要想使两节的页眉不同,可以在“页眉和页脚工具”|“设计”选项卡下“导航”功能组中单击“链接到前一节”命令,使其处于非选定状态,断开新节的页眉与前一节页眉的链接。

要想取消人工创建的分节,可将插入点光标放置在该节的末尾,按“Delete”键删除分节符即可。删除分节符将会同时删除分节符之前的格式,该分节符之前的文本将成为后面节的一部分,并采用后面节的格式。

6. 插入脚注和尾注

脚注和尾注是为文档中的文本提供解释、批注和补充说明的。在一篇文档中可同时包含脚注和尾注。例如,可用脚注对文档内容进行注释说明,而用尾注说明引用的文献。脚注出现在文档页面底端,尾注一般位于整个文档的结尾。

脚注(或尾注)由两个关联的部分组成:注释引用标记和与其对应的注释文本。用户可以让 Word 自动为标记编号,也可以创建自定义标记。添加、删除或移动了自动编号的注释时,Word 将对注释引用标记进行重新编号。

在注释中可以使用任意长度的文本,并像处理任意其他文本一样设置注释文本格式,还可以自定义注释分隔符(用来分隔文档正文和注释文本的线条)。

单击“引用”选项卡下“脚注”功能组右下角的“脚注和尾注”按钮,弹出“脚注和尾注”对话框，可分别对脚注和尾注进行设置，如图 3－22 所示。

如果要删除脚注或尾注，那么要删除文档窗口中的注释引用标记，而非注释窗格中的文本。在文档中选定要删除的脚注或尾注的引用标记，然后按“Delete”键。

如果要删除所有自动编号的脚注或尾注，那么可在“查找和替换”对话框中，单击“更多”按钮，再单击“特殊格式”按钮，选择“脚注标记”或“尾注标记”。确保“替换为”文本框为空，然后单击“全部替换”按钮。

注意：不能一次删除所有的自定义脚注引用标记。

7. 插入批注

批注是审阅者根据自己对文档的理解为文档添加的注解和说明文字。批注可以用来存储其他文本、审阅者的批评建议、研究注释以及其他对文档开发有用的帮助信息等内容，其可以作为交流意见、更正错误、提问或向共同开发文档的同事提供信息。

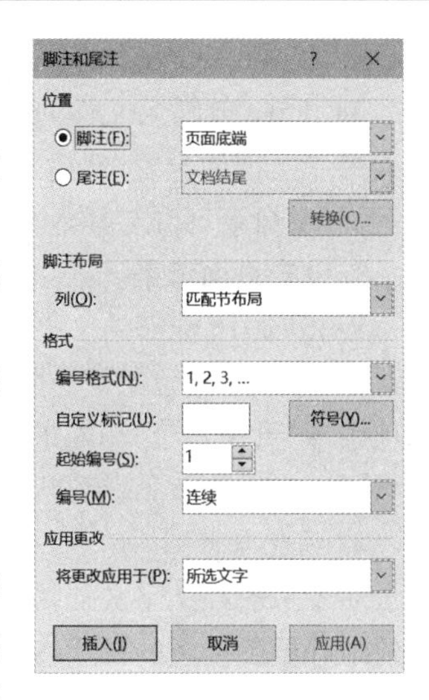

图 3－22　脚注和尾注设置

将插入点光标放置到需要添加批注内容的后面，或选择需要添加批注的对象，在“插入”选项卡下“批注”功能组中单击“批注”命令，此时在文档中将会出现批注框。在批注框中输入批注内容即可创建批注。

要对批注进行编辑，可单击“审阅”选项卡下“修订”功能组中“修订”右下角的“修订选项”按钮，弹出“修订选项”对话框。单击“高级选项”按钮，弹出“高级修订选项”对话框，可在“批注”下拉列表中设置批注框颜色，在“指定宽度”中输入数值设置批注框的宽度，在“边距”下拉列表中选择对应选项，如图 3－23 所示。

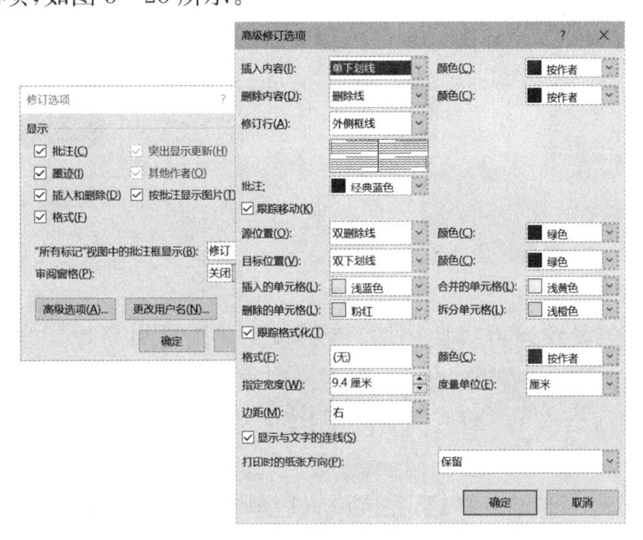

图 3－23　高级修订选项

如果要删除批注，那么选择要删除的批注，单击“审阅”选项卡下“批注”功能组中的“删除”按钮，就可删除当前批注。

8. 插入另一个文档

利用 Word 插入文件的功能，可以将几个文档连接成一个文档。首先，将插入点移至要插入另一文档的位置；然后，在“插入”选项卡下“文本”功能组中“对象”下拉列表中选择“文件中的文字”命令，弹出“插入文件”对话框；最后，在“插入文件”对话框中选定所要插入的文档。

9. 设置页面背景

Word 2016 能够给文档添加背景以增强文档页面的美观性，使文档易于阅读。设置文档的背景，除可以给背景填充颜色外，还包括填充渐变、纹理、图案图片或水印等。通过“设计”选项卡下“页面背景”功能组中的“页面颜色”或“水印”命令，可以完成页面背景的设置，页面背景可以有纯色背景、填充效果和水印三种形式。

1）纯色背景

对于一篇纯文字文档，如果以某种颜色作为文档的背景，可以在增强文档美观性的同时，有效地降低阅读者的视觉疲劳。

打开需要添加背景颜色的文档，选择“设计”选项卡下“页面背景”功能组中的“页面颜色”命令。在下拉列表的“主题颜色”中选择需要使用的颜色，文档将以该颜色填充页面背景；在下拉列表中选择“其他颜色”，将弹出“颜色”对话框，在对话框的“标准”或“自定义”选项卡中选择颜色，选择的颜色将填充页面背景，如图 3－24 所示。

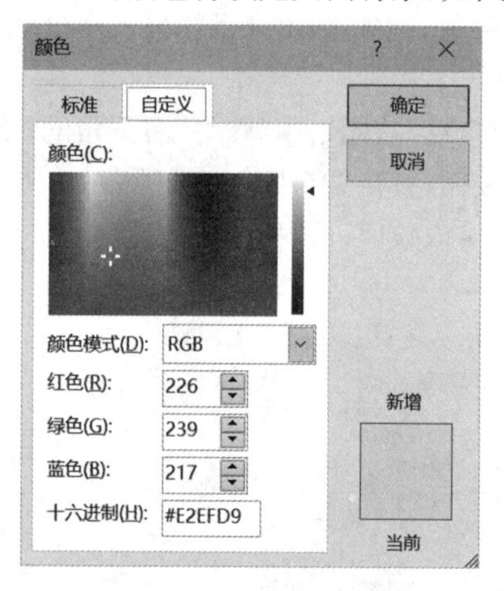

图 3－24　设置纯色背景

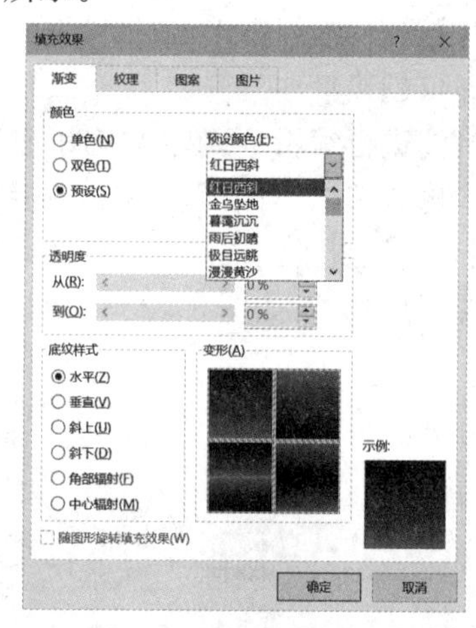

图 3－25　设置渐变色填充背景

2）填充效果

Word 页面背景的设置还可以使用填充效果，使文档更加美观。选择“设计”选项卡下“页面背景”功能组中的“页面颜色”命令，在下拉列表中选择“填充效果”选项，弹出“填充效果”对话框。单击对话框中的“渐变”选项卡下“颜色”栏中的“预设”单选按钮，选择使用 Word 预设渐变效果，并在“预设颜色”下拉列表中选择一款预设的渐变色，如图 3－25 所示。在“底纹样式”组中选择一种渐变样式，完成设置后单击“确定”按钮，即可以设定渐变色背景填充页面背景。

通过“填充效果”对话框，还可以对文档背景进行纹理、图案和图片填充。在对话框中打开相应的选项卡，对填充效果进行设置即可。为文档添加纯色或填充效果后，只能在页面视图、Web 版式视图和阅读视图模式下才可以显示出来。

3) 水印

水印是出现在文档背景上的文本或图片，添加水印可以增加文档的趣味性，更重要的是可以标识文档的状态。文档中添加水印后，用户可以在页面视图或阅读视图中查看水印，也可以在打印文档时将其打印出来。

（1）添加水印：在“设计”选项卡下“页面背景”功能组中单击“水印”命令，在下拉列表中选择需要添加的水印，如图 3－26 所示。

（2）删除水印：若要删除已添加的水印，则单击“设计”选项卡下“页面背景”功能组中的“水印”命令，在下拉列表中选择“删除水印”。

图 3－26　水印

（3）编辑水印：选择“设计”选项卡下“页面背景”功能组中的“水印”下拉列表中的“自定义水印”，弹出“水印”对话框，如图 3－27 所示。在对话框中单击“文字水印”单选按钮，设置插入的文字水印：在“文字”文本框中输入水印文字；在“字体”下拉列表中选择水印文字的字体；在“字号”下拉列表中选择数值，设置水印文字的大小；在“颜色”下拉列表中选择水印文字的颜色；其他设置项使用默认值。完成设置后，单击“确定”按钮，关闭对话框。此时，文档中将添加自定义水印效果。在“水印”对话框中，如果单击“图片水印”单选按钮，那么“选择图片”按钮将可用，单击该按钮，弹出“插入图片”对话框，在对话框中选择图片后，即可以将该图片作为图片水印插入到文档中。另外，单击“应用”按钮可以将设置的水印添加到文档中，而“水印”对话框不会关闭，可以预览水印的效果，方便修改。

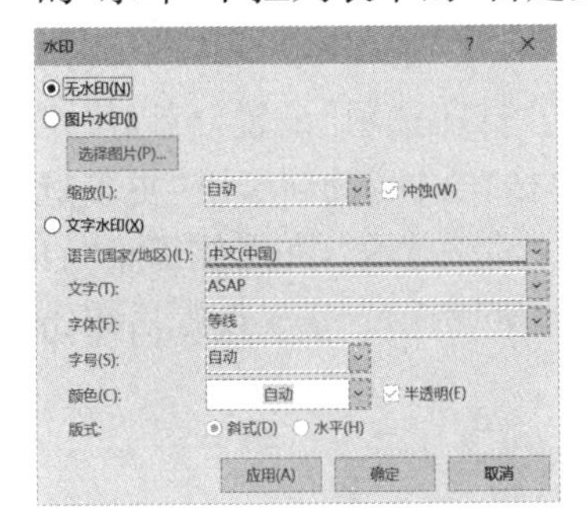

图 3－27　“水印”对话框

10. 文档保护

如果在文档存盘前设置了“打开权限密码”，那么再次打开它时，Word 首先要核对密码。只有密码正确的情况下才能打开，否则拒绝打开。

设置“打开权限密码”的步骤如下：

步骤 1：在文件“另存为”对话框中，执行“工具”|“常规选项”命令，弹出如图 3－28 所示的“常规选项”对话框，在“打开文件时的密码”文本框中输入要设定的密码，单击“确定”按钮。

步骤 2：此时，弹出如图 3－29 所示的“确认密码”对话框，要求用户再次输入所设定的密码。

步骤 3：若密码核对正确，则返回“另存为”对话框；否则，出现“密码不匹配”的警示信息，此时，只能单击“确定”按钮，重新设置密码。

步骤 4：当返回到“另存为”对话框后，单击“保存”按钮即可存盘。

密码设置完成后再次打开此文档时，会出现“密码”对话框，要求用户输入密码以便核对。若密码正确，则文档打开；否则，文档不予打开。同样的方法可以设置“修改权限密码”。

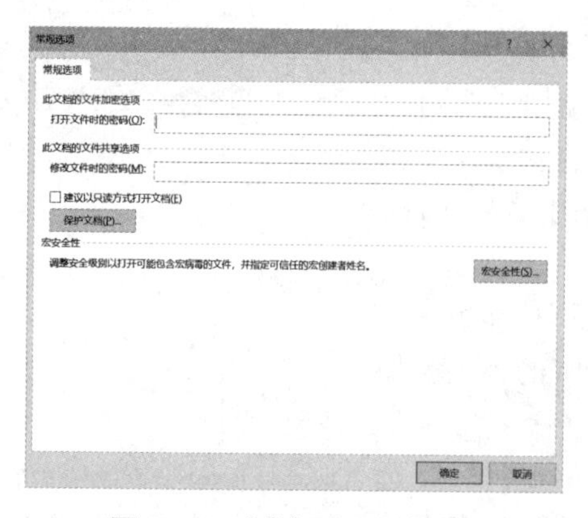

图 3-28　“常规选项”对话框

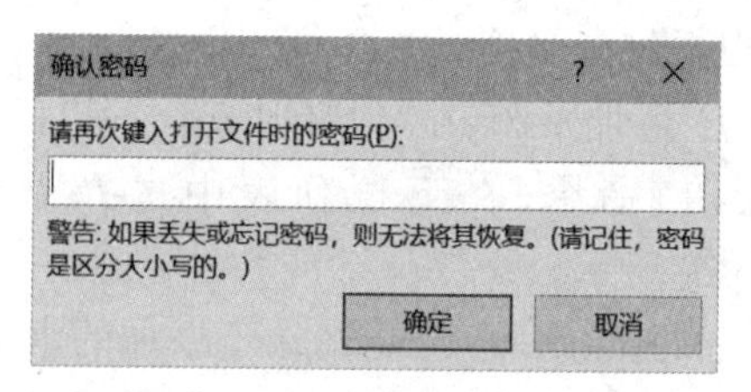

图 3-29　“确认密码”对话框

11. 打印和打印预览

在 Word 中，完成文档的打印一般需要经过打印选项的设置、打印效果预览和文档的打印输出这几个步骤。

1) 设置打印选项

在 Word 2016 中，通过“Word 选项”对话框能够进行文档的“打印选项”设置，可以决定是否打印文档中的图形、图像、背景色以及文档属性等内容。单击“文件”选项卡下“更多选项”中的“选项”命令。在弹出的“Word 选项”对话框左侧窗格中选择“显示”，在右侧窗格“打印选项”栏中勾选相应的复选框，设置文档的打印内容，如图 3-30 所示。完成设置后单击“确定”按钮，关闭对话框，即可进行文档的打印操作。

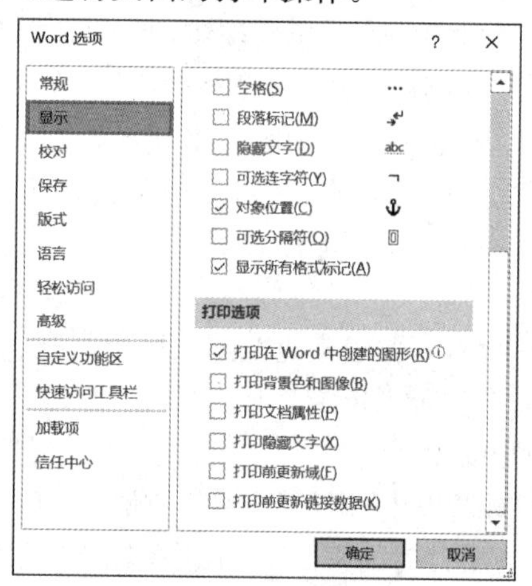

图 3-30　设置打印选项

2) 预览打印效果

Word 具有对打印的文档进行预览的功能，该功能可以根据当前文档的效果模拟文档被打印在纸张上的效果。在打印文档之前进行打印预览，可以及时发现文档中的版式错误，对打印效果不满意，也可以及时对文档的版面进行重新设置和调整，以便获得满意的打印效果，避免打印纸张的浪费。

打开文档，单击“文件”选项卡下“打印”命令，此时在文档窗口中将显示所有与文档打印有关的命令，在右侧的窗格中能够预览打印效果（使用“Ctrl＋P”快捷键也可打开“打印”命令）。拖动右下角“显示比例”滚动条上的滑块能够调整文档的显示大小；单击“下一页”按钮和“上一页”按钮能够进行预览的翻页操作。

3）打印文档

对打印的预览效果满意后，即可对文档进行打印。在 Word 2016 中，为打印进行页面、页数和份数等设置，可以直接在“打印”命令列表中选择操作。

在“打印”命令的列表窗格中提供了常用的打印设置按钮，如页面的打印顺序、页面的打印方向和设置页边距等。用户只需要单击相应的选项按钮，在下拉列表中选择预设参数即可。如果需要进行进一步的设置，那么可以单击“页面设置”命令，在弹出的“页面设置”对话框中进行设置。

12. 目录

对于一篇较长的文档来说，文档中的目录是文档不可或缺的一部分。使用目录可便于读者了解文档结构，把握文档内容，并显示要点的分布情况。Word 2016 提供了抽取文档目录的功能，可以自动将文档中的标题抽取出来。

打开需要创建目录的文档，将插入点光标定位在需要添加目录的位置，选择“引用”选项卡下“目录”功能组中的“目录”命令，在下拉列表中选择一款自动目录样式，如图 3－31 所示，此时在插入点光标处将会获得所选样式的目录。

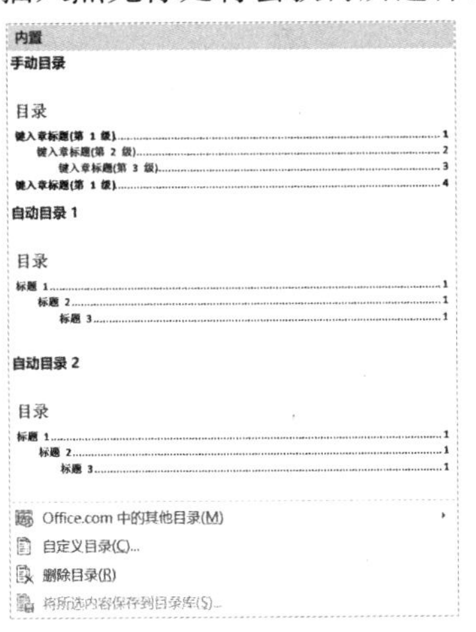

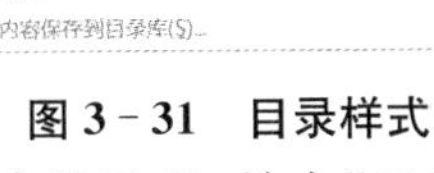

图 3－31　目录样式

图 3－32　“目录”对话框

选中创建的目录，单击“目录”命令，选择下拉列表中的“自定义目录”命令，弹出“目录”对话框，如图 3－32 所示。单击“目录”对话框中的“选项”按钮，弹出“目录选项”对话框，可以设置目录样式，如图 3－33 所示。

单击“目录”对话框中的“修改”按钮，弹出“样式”对话框，可以对目录样式进行修改，如图 3－34 所示。

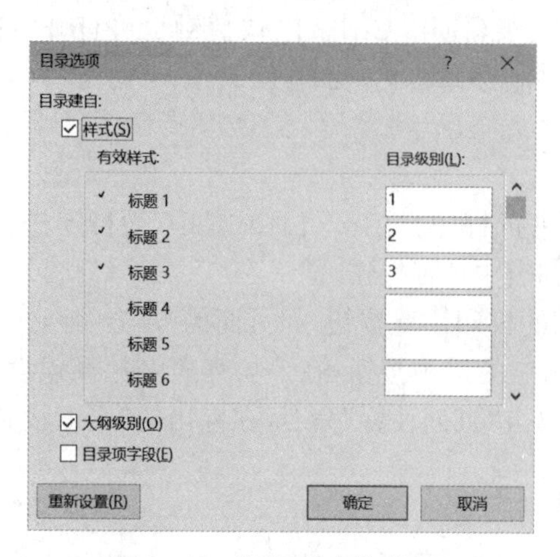

图 3-33 “目录选项”对话框

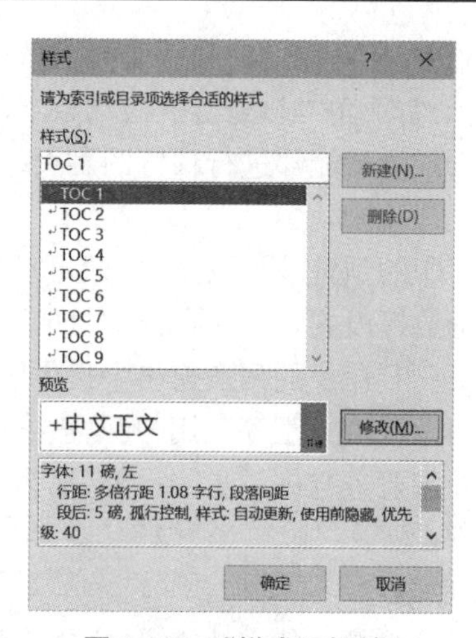

图 3-34 “样式”对话框

拓展案例

(1) 诗词学习,制作效果如图 3-35 所示。

诗词学习

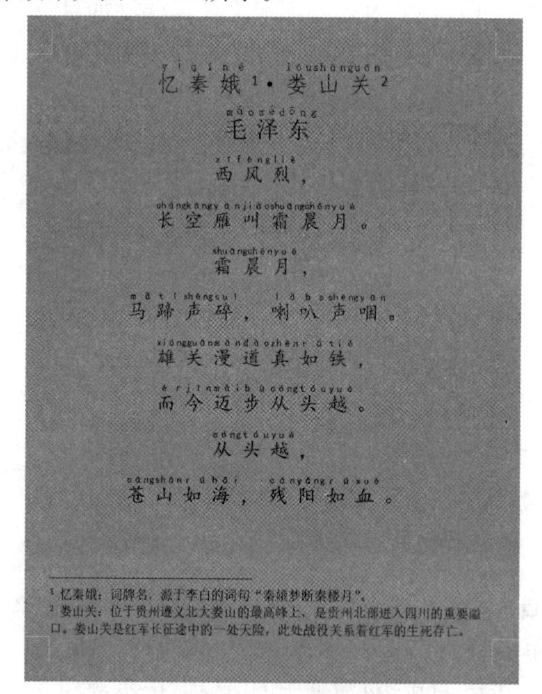

图 3-35 诗词学习

分析:

① 设置纸张大小:宽度为 15 厘米,高度为 20 厘米。

② 输入诗词文字。

③ 设置字符格式:标题文字为仿宋、三号,其余文字为楷体、四号,文字间距加宽 3 磅,设置拼音指南。

④ 对“忆秦娥”和“娄山关”分别插入脚注。

⑤ 背景颜色为橄榄色，个性色 3，深色 25%。

⑥ 保存文档。

(2) 书法作品展示，制作效果如图 3－36 所示。

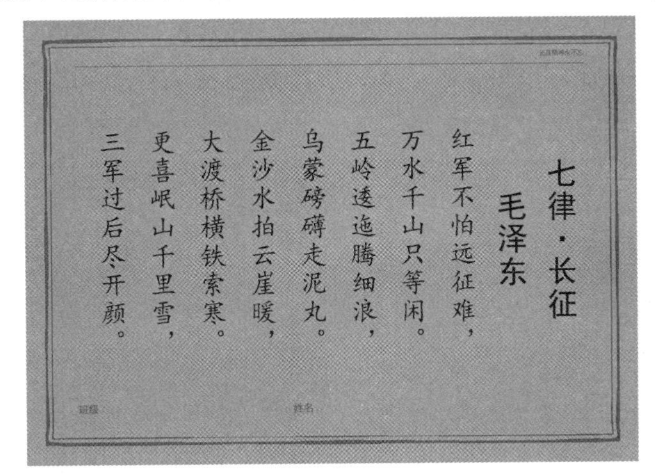

书法作品展示

图 3－36　书法作品展示

分析：

① 纸张方向为横向，文字方向为竖排。

② 输入文字。

③ 设置字符格式：标题文字为黑体、初号，其余文字为楷体、小初，字符间距加宽 1 磅。

④ 设置段落格式：垂直居中，1.5 倍行距。

⑤ 背景颜色为橙色，个性色 2，淡色 40%，添加“艺术型，31 磅，红色”页面边框。

⑥ 插入页眉“长征精神永不忘”，右对齐；页脚“班级　　　姓名　　　”，左对齐。

⑦ 保存文档。

3.2　Word 表格的制作与编辑

案例引入

绘制如图 3－37(a)所示的学生成绩表，然后利用公式计算出学生总分和课程平均分，并根据总分进行降序排序，明显合并标出前三名，最终效果如图 3－37(b)所示。下面以完成如图 3－37 所示的效果为例来介绍如何进行 Word 表格的制作与编辑。

Word 表格样例

学生成绩表

姓　名	数　学	物　理	外　语	总　分
李小明	95	87	90	
张启华	87	80	89	
赵　敏	98	85	74	
陈大力	88	67	93	
平 均 分				

(a)

学生成绩表

优秀者	姓　名	数　学	物　理	外　语	总　分
前三名	李小明	95	87	90	272
	赵　敏	98	85	74	257
	张启华	87	80	89	256
	陈大力	88	67	93	248
	平 均 分	92	79.75	86.5	

(b)

图 3－37　Word 表格样例

案例分析

要完成以上 Word 表格的制作与编辑，需要完成以下八项工作：

(1) 输入标题文字和插入表格：对标题文字进行格式设置(华文楷体、四号、加粗、居中)；插入 6 行 5 列的表格；表格列宽 2 厘米，行高 0.8 厘米。

(2) 单元格文字的编辑：文字在单元格内水平和垂直都居中。

(3) 设置表格边框和底纹：外侧框线为双线、绿色、0.5 磅；内部框线为虚线、蓝色、0.25 磅。

(4) 利用 SUM()函数和 AVERAGE()函数计算总分和平均分。

(5) 根据总分从大到小排序。

(6) 插入列，合并前三名的单元格，竖排文字。

(7) 表格居中对齐。

(8) 保存文档。

知识讲解

3.2.1 Word 表格的基本知识

在进行表格创建与编辑之前，有必要了解一些 Word 2016 中关于表格的基本知识。

1. 创建表格的方法

1) 自动创建简单表格

在文档中，将插入点光标移至需要插入表格的位置。单击“插入”选项卡下“表格”功能组中的“表格”命令，在其下拉列表中存在一个 8 行 10 列的按钮区。在这个按钮区中移动鼠标，文档中将会出现与鼠标划过区域具有相同行、列数的表格，如图 3-38 所示。当行、列数满足需要后单击，文档中即会创建相应的表格。该方法十分方便，但表格的行、列数会有限制，最多只能创建 8 行 10 列的表格，当表格行、列数较多时，表格无法一次完成。

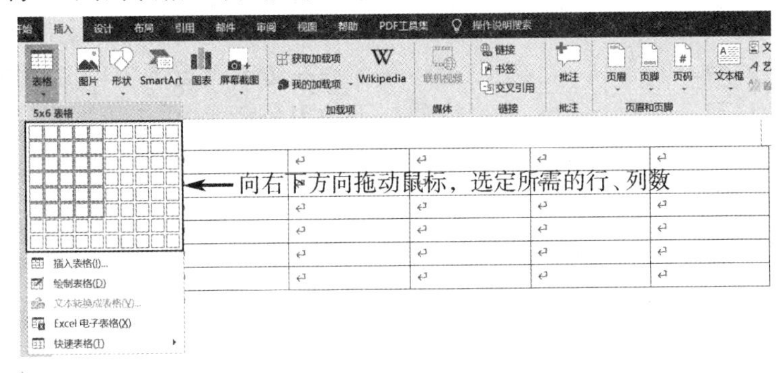

图 3-38　自动创建简单表格

2) 利用对话框创建表格

放置插入点光标后，单击“插入”选项卡下“表格”功能组中的“表格”命令，在其下拉列表中单击“插入表格”，弹出如图 3-39 所示的“插入表格”对话框。在“行数”和“列数”框中分别输入所需表格的行数和列数，在“自动调整”操作栏中选择插入表格大小的调整方式。

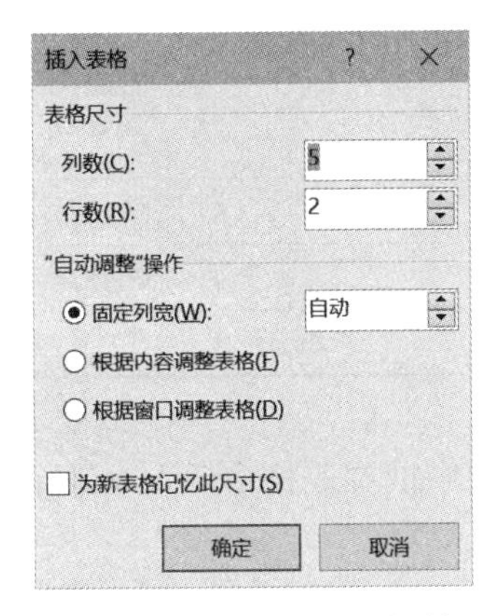

图 3-39　“插入表格”对话框

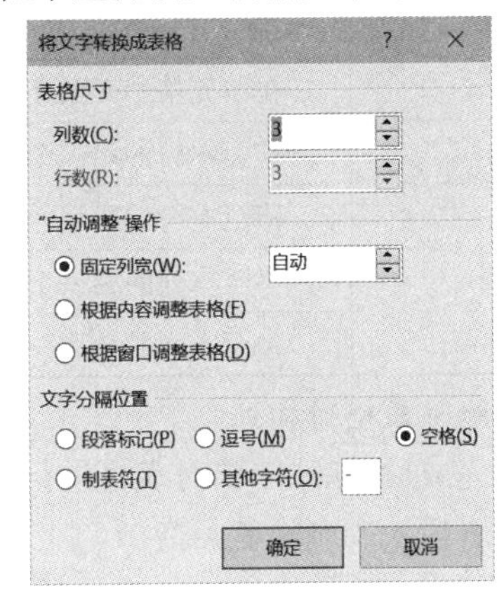

图 3-40　“将文字转换成表格”对话框

3) 文本转换成表格

若有一段文本且数据之间用分隔符(逗号、空格等)来分隔，则可选定这段文本，单击“插入”选项卡下“表格”功能组中的“表格”命令，在其下拉列表中，单击“文本转换成表格”，弹出“将文字转换成表格”对话框，如图 3-40 所示。在对话框中单击“文字分隔位置”栏中文本使用的分隔符，在“列数”框中输入数字设置列数。

4) 绘制表格

对于不同高度的单元格或每行包含不同列数的表格等，在 Word 2016 中，可以手动绘制表格以创建不规则表格。手动绘制表格的最大优势在于，可以像使用笔那样随心所欲地绘制各种类型的表格。

放置插入点光标后，单击“插入”选项卡下“表格”功能组中的“表格”命令，在其下拉列表中，单击“绘制表格”。此时，鼠标指针变为铅笔型，像用铅笔在纸上画表一样，用鼠标在文档上绘制表格。画错的地方可用“橡皮擦”擦除。

2. 选定表格

1) 用鼠标选定单元格、行或列

将鼠标指针移到单元格的左下角，指针变成向右的黑色箭头，单击可选定一个单元格，拖动可选定多个单元格。像选中一行文字一样，在文档左边的选定区中单击，可选中表格的一行。将鼠标指针移到一列的上边框，指针变成向下的黑色箭头，单击可选定一列。将鼠标指针移到表格上，表格的左上方出现一个移动标记，单击这个标记可选定整个表格。

2) 用键盘选定单元格、行或列

按“Shift+↑(↓,→,←)”快捷键可以选定包括插入点光标所在单元格在内的相邻的单元格，具体操作方法如表 3-3 所示。

表 3-3　表格编辑时键盘的操作

操作方法	功能
→　←	在单元格文字中左、右移动
↑　↓	在单元格文字中上、下移动
Tab	移至下一单元格 (插入点光标位于表格的最后一个单元格时，按下“Tab”键将添加一行)
Shift+Tab	移至上一单元格
Enter	在单元格中开始新的一行
Alt+Home	移至本行的第一个单元格
Alt+End	移至本行的最后一个单元格
Alt+PageUp	移至本列的第一个单元格
Alt+PageDown	移至本列的最后一个单元格

3. 插入或删除表格行和列

表格创建完成后，往往需要对表格进行编辑修改。例如，在表格中插入或删除行和列，在表格的某个位置插入或删除单元格。

1) 插入单元格、行或列

插入单元格、行或列有以下方法：

(1) 选择要编辑的表格，在“表格工具”|“布局”选项卡下“行和列”功能组中选择所需的命令，如图 3-41 所示。

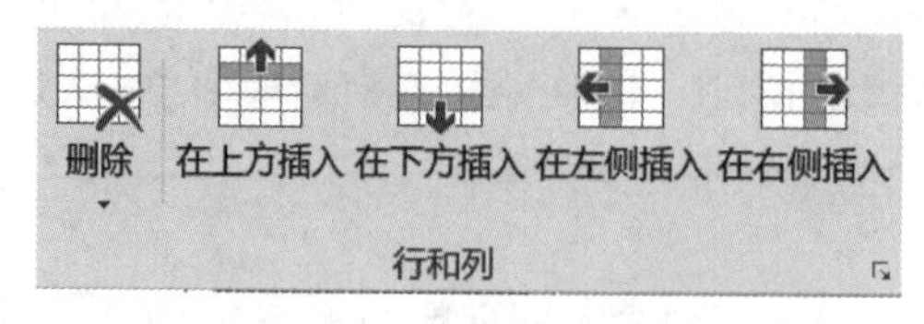

图 3-41　“行和列”功能组

(2) 选择要编辑的表格，单击“表格工具”|“布局”选项卡下“行和列”功能组右下角的“表格插入单元格”按钮，弹出“插入单元格”对话框，如图 3-42 所示。

(3) 选择要编辑的表格，右击，在弹出的快捷菜单中选择“插入”命令，如图 3-43 所示。

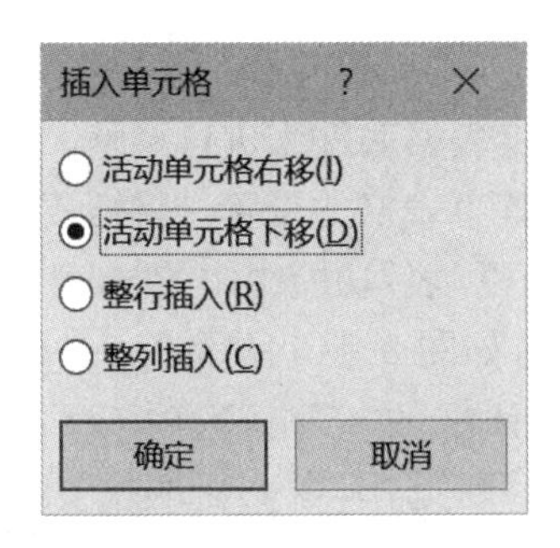

图3-42　“插入单元格”对话框

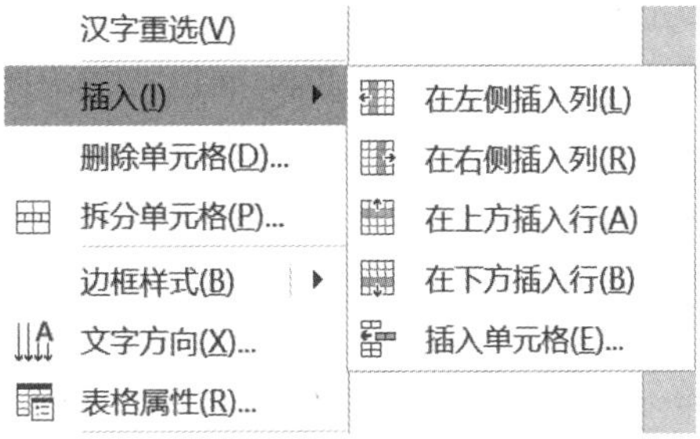

图3-43　快捷菜单中的“插入”命令

2）删除单元格、行或列

如果需要删除单元格，那么可将插入点光标移至需要删除的单元格中，选择“表格工具”|“布局”选项卡下“行和列”功能组中的“删除”命令，如图3-44所示。在其下拉列表中选择“删除单元格”命令，此时将弹出“删除单元格”对话框，在对话框中可对删除方式进行设置。

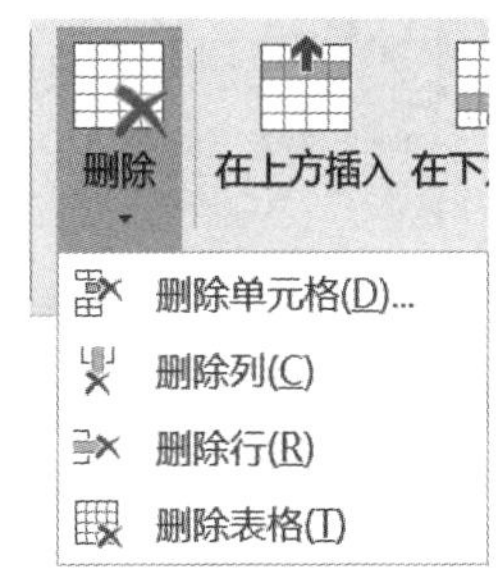

图3-44　“删除”命令

4. 单元格的合并和拆分

单元格的合并是指将两个或多个单元格合并成一个单元格，而单元格的拆分是指将一个单元格拆分成多个单元格。

单击放置插入点光标后，单击“表格工具”|“布局”选项卡下“合并”功能组中的命令按钮，或右击，在弹出的快捷菜单中选择“合并单元格”或“拆分单元格”命令。

单元格的合并：如果合并前的单元格中没有内容，那么合并后的单元格中只有一个段落标记；如果合并前每个单元格中都有文本内容，那么合并这些单元格后原来单元格中的文本将各自成为一个段落。

单元格的拆分：如果拆分前的单元格中只有一个段落，那么拆分后文本将出现在第一个单元格中；如果段落超过拆分单元格的数量，那么优先从第一个单元格开始放置多余的段落。

5. 表格自动套用样式

表格创建后，可以使用“表格工具”|“设计”选项卡下“表格样式”功能组中内置的表格样式对表格进行排版，使表格的排版变得轻松、容易，如图3-45所示。

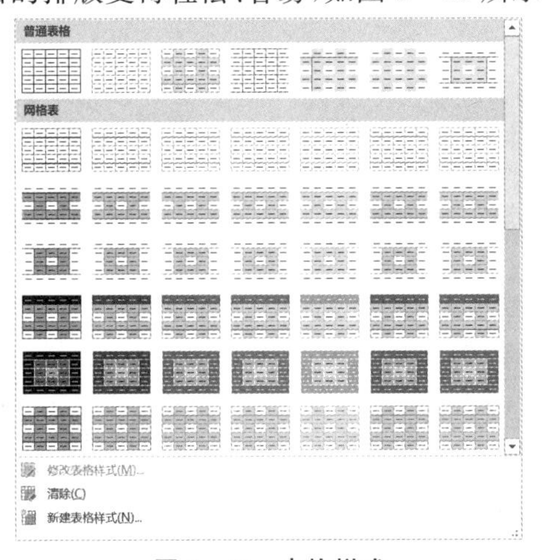

图3-45　表格样式

6. 设置表格属性

为使表格在整个文档页面中的位置合理,可以通过设置表格属性来进行调整。表格属性的设置包括对表格中行和列的设置、对单元格的设置和对整个表格的设置。将插入点光标放置到表格的任意单元格中,单击“表格工具”|“布局”选项卡下“表”功能组中的“属性”命令,弹出“表格属性”对话框,如图 3-46 所示。

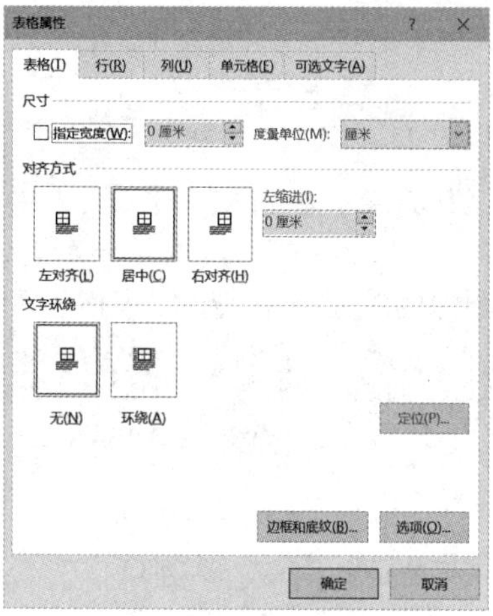

图 3-46　“表格属性”对话框

在“表格属性”对话框的“表格”选项卡下,勾选“尺寸”栏中的“指定宽度”复选框,在其后的增量框中输入数值便可指定整个表格的宽度;在“对齐方式”栏中选择表格在水平方向上的对齐方式;在“文字环绕”栏中选择文字是否绕排;单击“选项”按钮,弹出“表格选项”对话框,在该对话框中对表格中单元格的属性进行设置。在“表格属性”对话框的“行”选项卡下勾选“指定高度”复选框后输入数值,单击“下一行”按钮,继续对下一行的行高进行设置。在“表格属性”对话框的“列”选项卡中设置列宽的方法与设置行高方法相同。在“表格属性”对话框的“单元格”选项卡下,勾选“字号”栏中的“指定宽度”复选框,在其后的增量框中输入数值设置宽度比例。

改变单元格宽度后,单元格所在的整列宽度都会发生改变。在 Word 2016 中,还可以使用“表格工具”|“布局”选项卡下“单元格大小”功能组来设置单元格的行高和列宽,也可以通过用鼠标直接拖动表格框线来改变单元格的大小。如果需要使表格中的单元格具有相同的行高或列宽,那么可以直接单击“单元格大小”功能组中的“分布行”和“分布列”命令来实现。

7. 表格数据的处理

Word 2016 的表格中提供了一定的计算功能,可以利用求和、求平均值等函数进行计算,实现简单的统计功能。

将插入点光标放置到表格中放结果的单元格中,选择“表格工具”|“布局”选项卡下“数据”功能组中的“公式”按钮,弹出“公式”对话框,如图 3-47 所示。在“公式”框中输入公式,格式为“=函数(单元格地址)”。

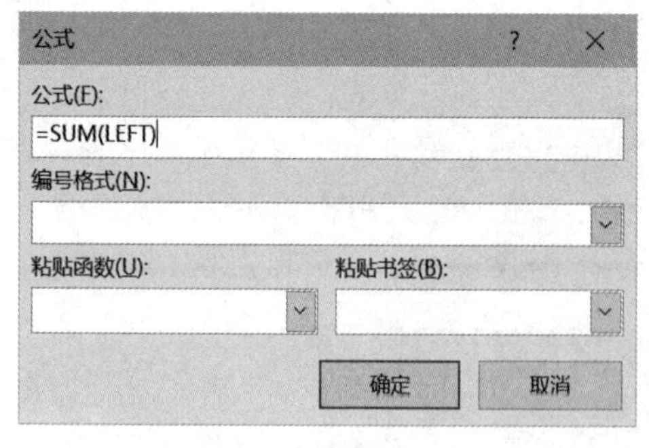

图 3-47　“公式”对话框

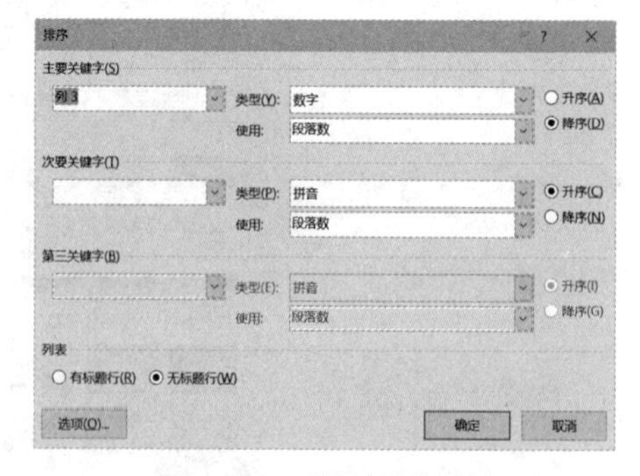

图 3-48　“排序”对话框

Word 2016 还可以对表格中的数据进行排序,排序方法是:选择“表格工具”|“布局”选项卡下“数据”功能组中的“排序”命令,此时将弹出“排序”对话框,如图 3-48 所示,在对话框的

“主要关键字”下拉列表中选择排序的主关键字，在“类型”下拉列表中选择排序标准。

注意：排序时，对含有标题行的表格，应在如图 3－48 所示的“列表”栏中单击“有标题行”单选按钮。

案例实践 3－2　下面来完成如图 3－37 所示的案例。

步骤 1：新建文档。

操作过程

启动“Word 2016”，或者打开已有的 Word 文档，选择“文件”选项卡中的“新建”命令，随后选择“空白文档”。

步骤 2：输入标题文字并编辑。

输入标题文字“学生成绩表”。选中标题文字，在“开始”选项卡下“字体”功能组中设置“字体”为“华文楷体”，“字号”为“四号”，“字形”为“加粗”，在“段落”功能组中选择“居中”命令，按“Enter”键。

步骤 3：创建表格。

在另起的一行中，单击“插入”选项卡下“表格”功能组中的“表格”命令，创建 6 行 5 列的表格。

步骤 4：编辑表格。

选中插入的表格，在“表格工具”|“布局”选项卡下“单元格大小”功能组中设置“宽度”为“2 厘米”，“高度”为“0.8 厘米”，如图 3－49 所示。

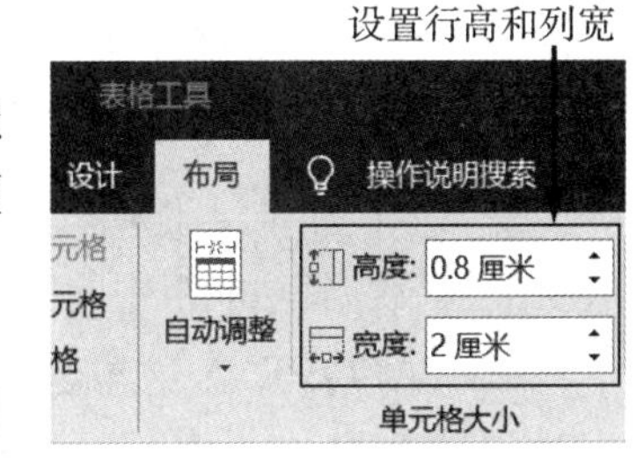

图 3－49　编辑表格

步骤 5：输入及编辑单元格文字。

输入单元格中的文字，选中输入的文字，在“表格工具”|“布局”选项卡下“对齐方式”功能组中选择“水平居中”，如图 3－50 所示。

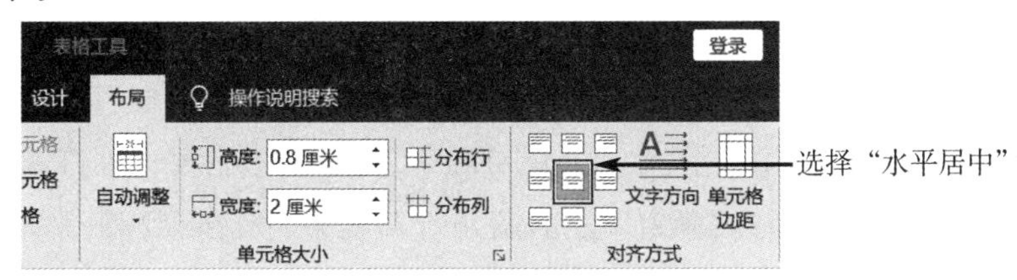

图 3－50　单元格对齐方式

步骤 6：设置表格边框和底纹。

(1) 外侧框线：设置表格外侧框线为双线、绿色、0.5 磅。选择“表格工具”|“设计”选项卡下“边框”功能组的“边框”下拉列表中的“边框和底纹”命令，弹出“边框和底纹”对话框。在该对话框的“边框”选项卡下，“设置”选择“自定义”，“样式”列表中选择“双线”，“颜色”下拉列表中选择“绿色”，“宽度”下拉列表中选择“0.5 磅”，在“预览”中单击“上”“下”“左”“右”四条外侧框线，如图 3－51(a)所示。

(2) 内部框线：设置表格内部框线为虚线、蓝色、0.25 磅。操作方法同设置表格的外侧框线，区别在于最后在“预览”中单击内部框线，如图 3－51(b)所示。单击“确定”按钮后，可得到如图 3－37(a)所示的 Word 表格“学生成绩表”的最初样式。

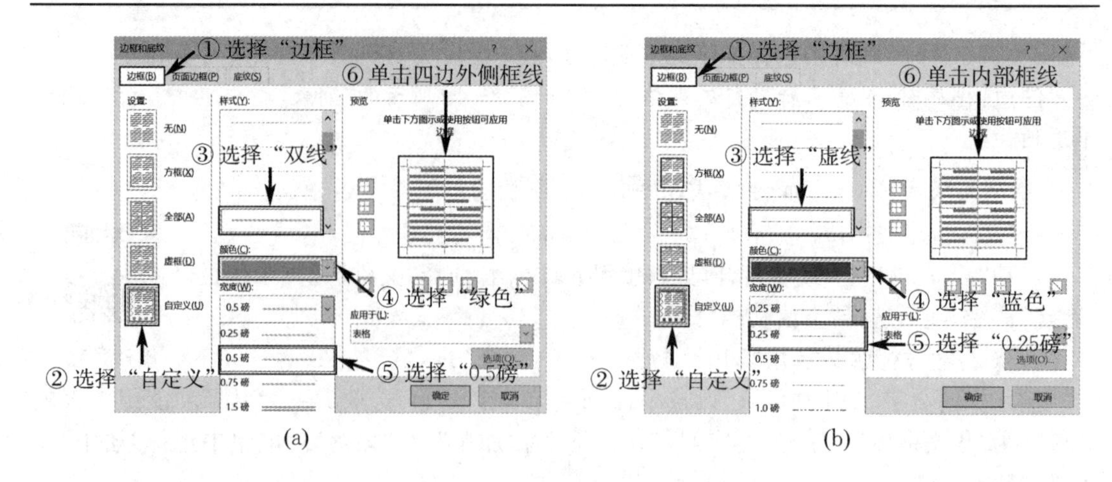

图 3-51　设置表格边框和底纹

步骤 7:计算总分。

插入点光标定位在存放第一个学生总分的单元格中,对于本案例,插入点光标是放在第二行第五列。单击"表格工具"|"布局"选项卡下"数据"功能组中的"公式"命令,在弹出的"公式"对话框中的"公式"文本框中显示"=SUM(LEFT)",单击"确定"按钮,得出计算结果。

接下来计算第二个学生的总分,插入点光标放在第三行第五列,单击"表格工具"|"布局"选项卡下"数据"功能组中的"公式"命令,在弹出的"公式"对话框中的"公式"文本框中显示"=SUM(ABOVE)",这与题目要求不符,应将其修改为"=SUM(LEFT)",单击"确定"按钮,得出计算结果。其余学生总分计算方法相同。

步骤 8:计算平均分。

插入点光标定位在存放第一门课程平均分的单元格中,对于本案例,插入点光标放在第六行第二列。单击"表格工具"|"布局"选项卡下"数据"功能组中的"公式"命令,在弹出的"公式"对话框中的"公式"文本框中显示"=SUM(ABOVE)",这与题目要求不符,应将其修改为"=AVERAGE(ABOVE)",单击"确定"按钮,得出计算结果。其余课程的平均分计算方法相同。

步骤 9:根据总分从大到小排序。

选中表格,单击"表格工具"|"布局"选项卡下"数据"功能组中的"排序"命令,弹出如图 3-52 所示的"排序"对话框。在该对话框的"主要关键字"下拉列表中选定"总分"项,其右侧的"类型"列表框中选定默认的"数字",再单击"降序"单选按钮。最后单击"确定"按钮,可以得到如图 3-53 所示的排序结果。

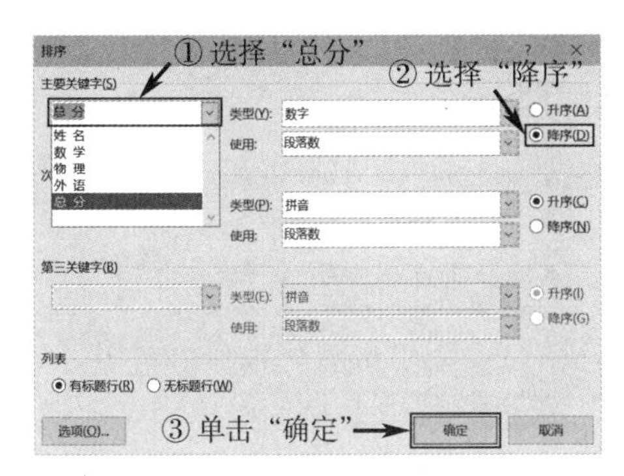

图 3－52　按总分排序

学生成绩表

姓　名	数　学	物　理	外　语	总　分
李小明	95	87	90	272
赵　敏	98	85	74	257
张启华	87	80	89	256
陈大力	88	67	93	248
平 均 分	92	79.75	86.5	

图 3－53　排序后效果图

步骤 10:插入列及合并单元格。

插入点光标定位在第一列,右击,在快捷菜单中选择“插入”命令中的“在左侧插入列”,在“表格工具”|“布局”选项卡下“对齐方式”功能组中选择“水平居中”。在新的第一行第一列单元格中输入“优秀者”,选中第一列的第二、三、四行,在“表格工具”|“布局”选项卡下“合并”功能组中选择“合并单元格”命令,在合并的单元格中输入“前三名”。选中“前三名”这三个字,在“表格工具”|“布局”选项卡下“对齐方式”功能组中单击“文字方向”,呈现竖排文本。

步骤 11:表格居中对齐。

选中整个表格,在“开始”选项卡下“段落”功能组中选择“居中”命令。

步骤 12:保存文档。

单击“文件”选项卡下“另存为”命令,分别设置保存位置和文件名。

案例总结

(1) 创建表格,使用“插入”选项卡。

(2) 编辑表格,使用“表格工具”|“布局”和“表格工具”|“设计”选项卡。

拓展深化

3.2.2 利用邮件合并批量制作邀请函

邮件合并是指在邮件文档(主文档)的固定内容中合并与发送信息相关的一组通信资料(数据源),从而批量生成需要的邮件文档。合并邮件的功能除能够批量处理信函和信封这些与邮件有关的文档之外,还可以快捷地用于批量制作标签、工资条和成绩单等。在批量生成多个具有类似功能的文档时,邮件合并功能能够大大地提高工作效率。

案例实践 3－3　有一份如图 3－54 所示的邀请函,作为主文档,其中一部分内容是固定不变的,而每一封邀请函中的编号、被邀请人的姓名和称谓都是不同的,这部分内容被保存在另一个数据源文件中(见图 3－55 的 Excel 工作簿)。利用“邮件合并分步向导”,将数据源中的收件人信息自动填写到主文档中,批量生成邀请函。

邮件合并:邀请函

注意:Excel 工作簿将在下一章中学习到,在此仅先给出数据源。

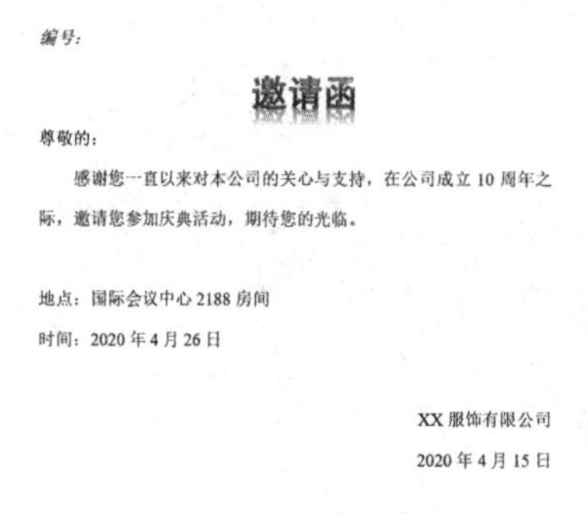
编号：

邀请函

尊敬的：

感谢您一直以来对本公司的关心与支持，在公司成立 10 周年之际，邀请您参加庆典活动，期待您的光临。

地点：国际会议中心 2188 房间

时间：2020 年 4 月 26 日

XX 服饰有限公司

2020 年 4 月 15 日

图 3-54　主文档

	A	B	C
1	编号	姓名	性别
2	No. 202001	张正艳	女
3	No. 202002	李晓松	男
4	No. 202003	王前菊	女
5	No. 202004	刘永婧	女
6	No. 202005	吴顺	男
7	No. 202006	颜碧	女
8	No. 202007	杨义	男
9	No. 202008	卢晨	女
10	No. 202009	杨琴	女

图 3-55　数据源

步骤 1：单击“邮件”选项卡下“开始邮件合并”功能组中“开始邮件合并”下拉列表中的“邮件合并分步向导”命令，打开“邮件合并”任务窗格，进入邮件合并分步向导的第一步“选择文档类型”，选择“信函”。

步骤 2：单击“下一步：开始文档”超链接，进入邮件合并分步向导的第二步“选择开始文档”，选择“使用当前文档”。

步骤 3：单击“下一步：选择收件人”超链接，进入邮件合并分步向导的第三步“选择收件人”。选择“使用现有列表”，然后单击“浏览”超链接，弹出“选取数据源”对话框，选择保存了被邀请人信息的 Excel 工作簿文件，单击“打开”按钮。在弹出的如图 3-56 所示的“选择表格”对话框中，选择“客户名单”工作表，然后单击“确定”按钮，弹出如图 3-57 所示的“邮件合并收件人”对话框，可以选择和修改需要合并的收件人信息，本例无须修改，直接单击“确定”按钮。

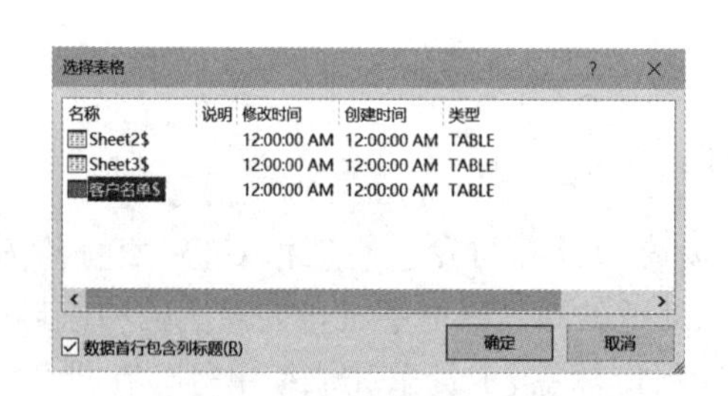

图 3-56　“选择表格”对话框

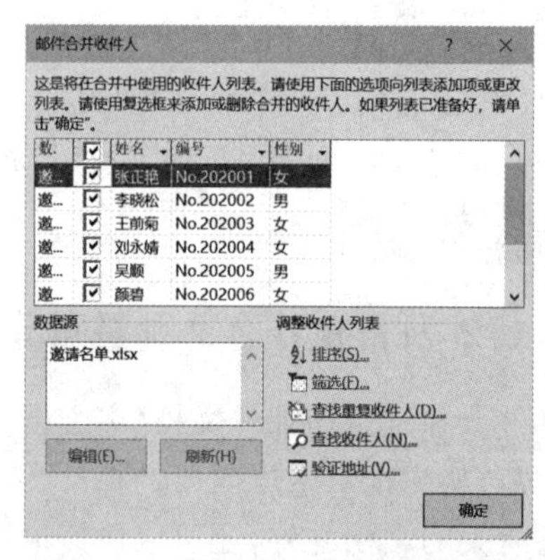

图 3-57　“邮件合并收件人”对话框

步骤 4：单击“下一步：撰写信函”超链接，进入邮件合并分步向导的第四步“撰写信函”。将插入点光标定位在主文档中“编号：”后，单击任务窗格中“其他项目”超链接，弹出如图 3-58 所示的“插入合并域”对话框，在“域”列表框中选择“编号”，单击“插入”按钮，再单击“关闭”按钮。接下来将插入点光标定位在主文档中“尊敬的：”后，单击任务窗格中“其他项目”超链接，同样弹出“插入合并域”对话框，在“域”列表框中选择“姓名”，单击“插入”按钮，再单击“关闭”按钮。

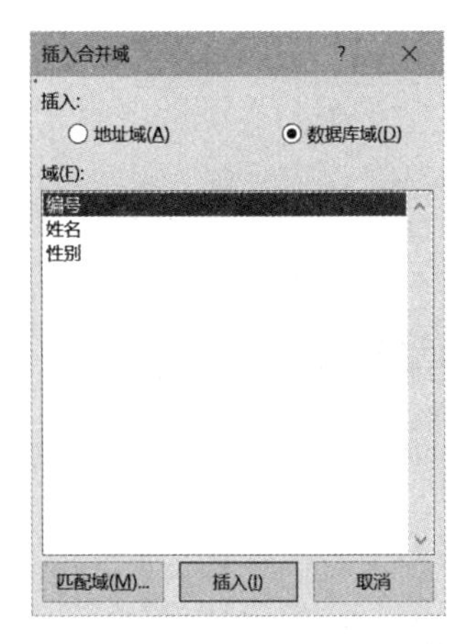

图 3 - 58　“插入合并域”对话框

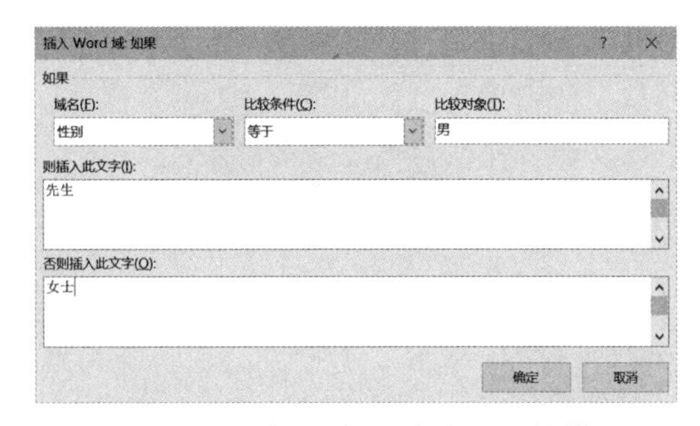

图 3 - 59　“插入 Word 域:如果”对话框

步骤 5:单击“邮件”选项卡下“编写和插入域”功能组中“规则”下拉列表中的“如果…那么…否则…”命令,弹出如图 3 - 59 所示的“插入 Word 域:如果”对话框。设置“如果性别等于男,则插入此文字:先生;否则插入此文字:女士”。

步骤 6:在“邮件合并”任务窗格,单击“下一步:预览信函”超链接,进入邮件合并分步向导的第五步“预览信函”,如图 3 - 60 所示,单击“<”或“>”按钮,可以预览具有不同编号、不同收件人姓名和称谓的信函。

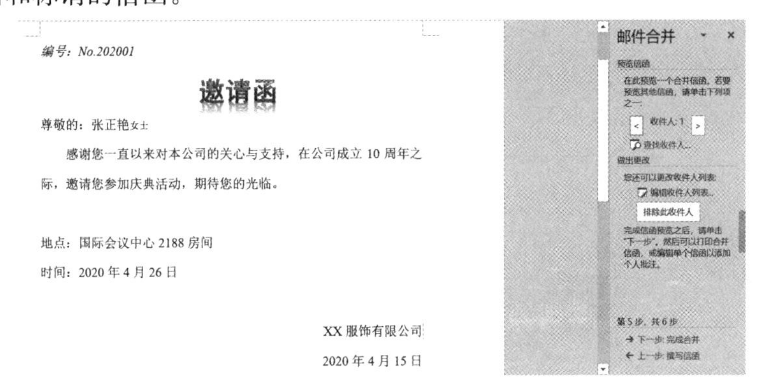

图 3 - 60　预览信函

步骤 7:单击“下一步:完成合并”超链接,进入邮件合并分步向导的第六步“完成合并”,可以单击“打印”超链接,弹出“合并到打印机”对话框,直接打印具有不同编号、不同收件人姓名和称谓的邀请函,如图 3 - 61(a)所示;也可以单击“编辑单个信函”超链接,弹出“合并到新文档”对话框,如图 3 - 61(b)所示,将全部或部分具有不同编号、不同收件人姓名和称谓的邀请函合并成一个新的 Word 文档。

另外,单击“邮件”选项卡下“创建”功能组中的“中文信封”命令,使用“信封制作向导”,可以与另一个数据源文件中的地址和邮政编码信息合并生成漂亮又标准的中文信封。

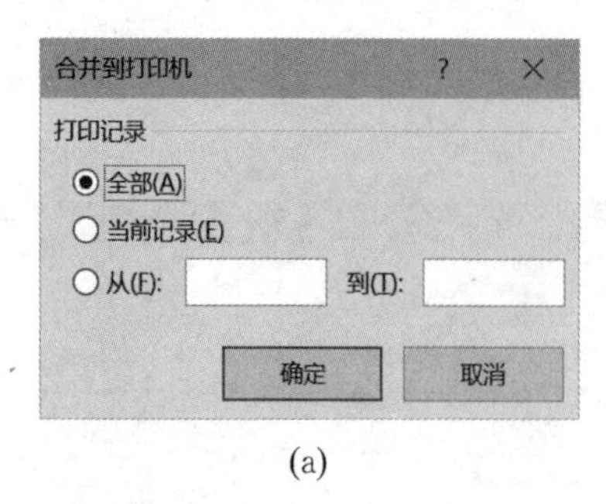

(a)

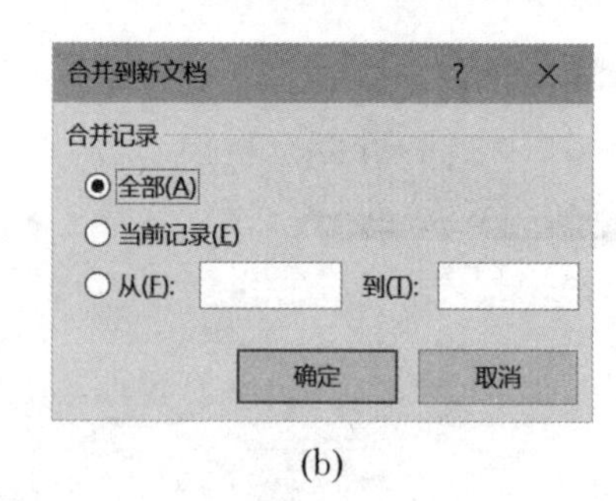

(b)

图 3－61　完成合并

拓展案例

(1) 出国留学计划审批表，制作效果如图 3－62 所示。

出国留学计划审批表

****大学出国留学计划审批表**

NO. ____________

姓名		性别		出生年月		职称		学位	
工　作　经　历									
本次申请出国（境）留学情况									
拟赴国别		拟赴学校和机构							
计划期限	年　月　日至　年　月　日								
经费来源									
派出类别	国家公派□　校际交流□　单位公派□　自费□　其他□								
出国目的	合作研究□　进　修□　攻读学位□　其他□								
外语水平	曾参加过外语水平考试□　TOEFL□　IELTS□　WSK□　PETS□　其他□ 成绩 ______ ______ ______ ______ ______								
申请人签名： 年　月　日									

单位意见	职能部门意见	学校意见
（所在单位对申请人受聘岗位的工作安排、培养目标、留学经费、回国安排等提出明确的意见。） 负责人签名： 年　月　日	负责人签名： 年　月　日	负责人签名： 年　月　日

图 3－62　出国留学计划审批表

分析：

① 设置页边距：上、下、左、右页边距分别为 3 厘米，3 厘米，1.5 厘米，1.5 厘米。

② 输入标题文字，字体为黑体、小二号、加粗，居中对齐。

③ 插入表格(绘制表格)。

④ 单元格中输入文字并编辑(单元格对齐方式，下划线等应用)。

⑤ 保存文档。

（2）文字转换成表格，原始数据和制作效果如图 3－63 所示。

文字转换成表格

列车时刻表
车次　开出时间　终点站　终到时间　附　注
1487　8：10　郑　州　当日 20：20　经京九线
T79　9：20　武　昌　当日 22：12
2567　8：40　汉　中　次日 14：02　经京广线
T525　10：00　郑　州　当日 21：00
T79　10：06　九　龙　次日 13：10
K307　9:00　哈尔滨　次日 19：20　经京哈线

(a)

列车时刻表

车次	开出时间	终点站	终到时间	附　注
1487	8：10	郑　州	当日 20：20	经京九线
T79	9：20	武　昌	当日 22：12	
2567	8：40	汉　中	次日 14：02	经京广线
T525	10：00	郑　州	当日 21：00	
T79	10：06	九　龙	次日 13：10	
K307	9:00	哈尔滨	次日 19：20	经京哈线

(b)

图 3－63　文字转换成表格

分析：

① 将“列车时刻表”原始数据中后 7 行转成表格，并将列宽设为 2.2 厘米，居中。

② 设置标题文字：字体为黑体、小二号、加粗，居中对齐。

③ 最后一列的 2，3 行合并，4，5，6 行合并。

④ 单元格所有文字对齐方式为：水平和垂直居中。

⑤ 第一行文字加粗。

⑥ 设置表格边框：上、下两条外侧框线以及垂直内部框线为 0.5 磅黑色单实线，没有左右两条外侧框线，水平内部框线为黑色点虚线。

⑦ 设置底纹：第一行底纹为蓝色，其余行底纹为浅蓝色。

⑧ 保存文档。

（3）利用邮件合并批量制作准考证，主文档和数据源如图 3－64 所示。

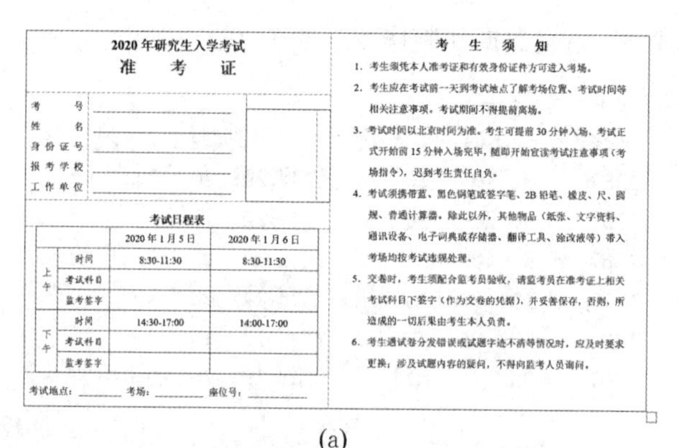

2020年研究生入学考试

准　考　证

考　　号 ________

姓　　名 ________

身份证号 ________

报考学校 ________

工作单位 ________

考试日程表

		2020年1月5日	2020年1月6日
上午	时间	8:30-11:30	8:30-11:30
	考试科目		
	监考签字		
下午	时间	14:30-17:00	14:00-17:00
	考试科目		
	监考签字		

考试地点：________ 考场：________ 座位号：________

考　生　须　知

1. 考生须凭本人准考证和有效身份证件方可进入考场。
2. 考生应在考试前一天到考试地点了解考场位置、考试时间等相关注意事项。考试期间不得提前离场。
3. 考试时间以北京时间为准。考生可提前30分钟入场，考试正式开始前15分钟入场完毕，随即开始宣读考试注意事项（考场指令），迟到考生责任自负。
4. 考试须携带蓝、黑色钢笔或签字笔、2B铅笔、橡皮、尺、圆规、普通计算器。除此以外，其他物品（纸张、文字资料、通讯设备、电子词典或存储器、翻译工具、涂改液等）带入考场均按考试违规处理。
5. 交卷时，考生须配合监考员验收，请监考员在准考证上相关考试科目下签字（作为交卷的凭据），并妥善保存，否则，所造成的一切后果由考生本人负责。
6. 考生遇试卷分发错误或试题字迹不清等情况时，应及时要求更换；涉及试题内容的疑问，不得向监考人员询问。

(a)

邮件合并：准考证

	A	B	C	D	E	F	G	H
1	考号	姓名	身份证件号	报考学校	工作单位	考试地点	考场	座位号
2	202013954101	罗萧	52210120000201	北京大学	学校	五中	45	2
3	202013954102	王明	52210120000305	上海交通大学	学校	五中	48	14
4	202013954103	张大玫	52350120000401	云南大学	医院	五中	65	30
5	202013954104	陈惠慧	52120120010501	北京大学	医院	五中	21	25
6	202013954105	李华	52650120010701	贵州大学	学校	五中	14	14
7	202013954106	刘梨婷	52340120001001	贵州师范大学	公职	五中	4	15
8	202013954107	马林林	52210120020101	贵州师范大学	公职	五中	5	34
9	202013954108	赵鹏	52810120011101	西南大学	学校	五中	24	1
10	202013954109	赵万红	52350120001201	西南大学	无	五中	48	15
11	202013954110	张风	52210120010201	西南大学	无	五中	31	16
12								
13								

考生信息

(b)

图3－64　主文档和数据源

分析：

① 设置纸张方向为横向。

② 插入1行2列的表格，制作如图3－64(a)所示的准考证。

③ 利用邮件合并批量制作准考证。

④ 批量生产如图3－64(b)所示的10名考生的准考证。

⑤ 保存文档。

❖3.3　图　文　混　排❖

案例引入

以完成如图3－65所示效果为例来介绍如何进行图文混排。

图文混排样例

贵州风景

贵州是一个少数民族居多的省份，多个民族和睦相处，共同创造了多姿多彩的贵州文化。这里自然景观与人文景观交相辉映，贵州地处中国西南腹地，素有“八山一水一分田”之说，是全国唯一没有平原支撑的省份，是世界知名山地旅游目的地和山地旅游大省。

贵州好玩的地方，几乎都跟山有关。这里为大家介绍贵州十大旅游景点：黄果树大瀑布、平塘天眼（中国天眼）、织金古建筑群、荔波樟江风景名胜区、镇远古城、安顺龙宫风景区、青岩古镇、梵净山旅游区、百里杜鹃风景区、月亮湖景区。

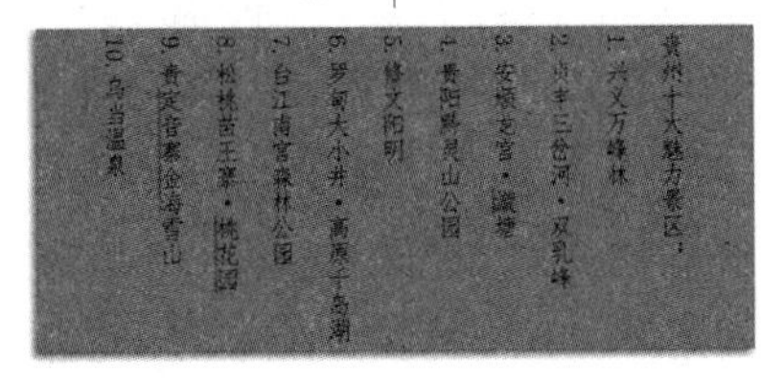

图 3-65 图文混排样例

案例分析

要完成以上图文混排的效果，需要完成以下六项工作：

（1）创建与编辑艺术字标题：艺术字选择“填充：黑色，文本色 1；边框：白色，背景色 1；清晰阴影：白色，背景色 1”效果；标题文字为楷体、50；文本填充为“黑色，文字 1”；文本轮廓为“红色”。

（2）输入正文内容，并设置正文为楷体、四号。

（3）设置段落格式：正文首行缩进“2 字符”；正文第二段分成两栏并加“分隔线”、首字下沉“2 行”。

（4）在第一段适当位置插入自选图形：红色的五角星，并合理排版。

（5）在第二段后插入竖排文本框，输入内容，并设置文字为仿宋、四号，行距为“1.3 倍”；设置文本框“红色左下偏移阴影”边框和“浅蓝”底纹。

（6）保存文档。

知识讲解

在进行图文混排操作之前，有必要了解一些 Word 2016 中关于图片创建及编辑的基本知识。

1. 插入图片

Word 2016 允许用户在文档的任意位置插入常见格式的图片。打开需要插入图片的文档，在文档中单击，将插入点光标放置到需要插入图片的位置。选择“插入”选项卡，常用的插入图片形式有：本机存有的图片、联机图片、自选图形、SmartArt 图形、屏幕截图、文本框和艺术字等，如图 3-66 所示。

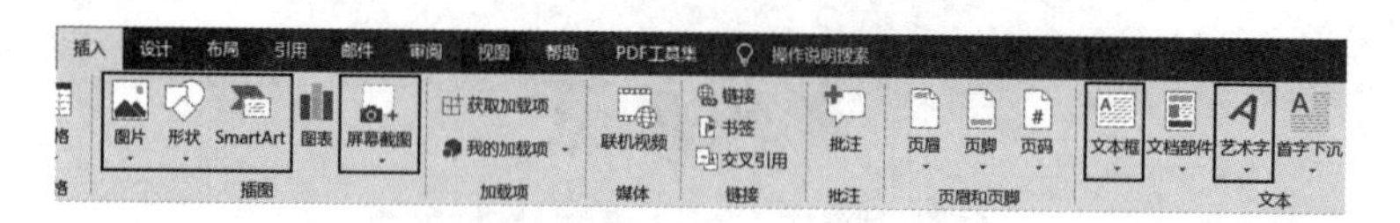

图 3-66　插入图片形式

(1) 插入本机存有的图片。单击“插入”选项卡下“插图”功能组中的“图片”命令，在下拉列表中选择“此设备”，弹出“插入图片”对话框。在该对话框中选择需要插入到文档中的图片，然后单击“插入”按钮，选择的图片就被插入到文档的插入点光标处。

(2) 插入联机图片。在 Word 中直接插入从必应搜索而来的图片，此功能取代了 Office 剪贴画。单击“插入”选项卡下“插图”功能组中的“图片”命令，在下拉列表中选择“联机图片”，弹出“插入图片”对话框。在该对话框的“必应图像搜索”文本框中输入要查找的图片的名称，单击“搜索”图标按钮，将显示所有找到的符合条件的图片。选中所需的图片，单击“插入”按钮，选择的图片将被插入到文档的插入点光标处。

(3) 绘制自选图形。Word 2016 能够允许用户在文档中绘制自选图形，同时可以对绘制的自选图形的形状进行修改。单击“插入”选项卡下“插图”功能组中的“形状”命令，在打开的下拉列表中选择需要绘制的形状，如图 3-67 所示。在文档中拖动鼠标即可绘制选择的图形。拖动图形边框上的“调节控制柄”，可以更改图形的外观形状；拖动图形边框上的“尺寸控制柄”，可以调整图形的大小；拖动图形边框上的“旋转控制柄”，可以调整图形的放置角度。将鼠标指针放置在图形上，拖动图形，可以改变图形在文档中的位置。

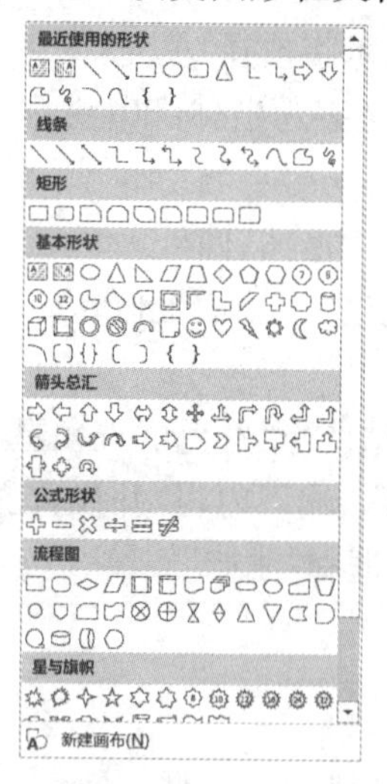

图 3-67　自选图形的形状

(4) 创建 SmartArt 图形。单击“插入”选项卡下“插图”功能组中的“SmartArt”命令，弹出如图 3-68 所示的“选择 SmartArt 图形”对话框。单击该对话框中左侧的类别名称，选择合适的类别，然后在中部单击选择所需的 SmartArt 图形，并单击“确定”按钮，返回文档窗口，在插入的 SmartArt 图形中单击“文本占位符”，输入合适的文字。

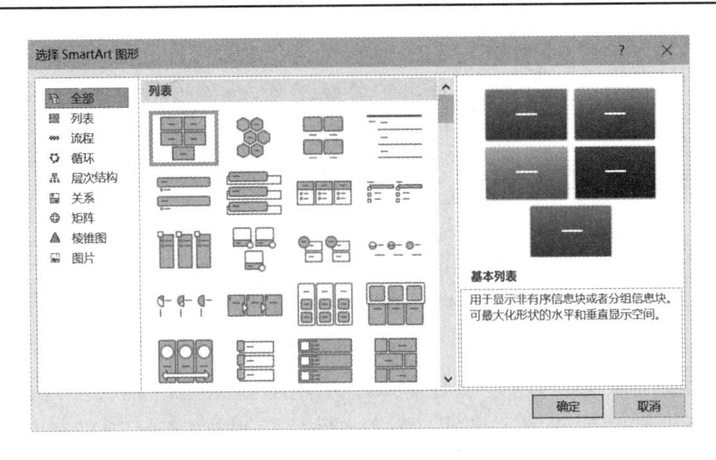

图 3-68　“选择 SmartArt 图形”对话框

(5) 插入屏幕截图。单击“插入”选项卡下“插图”功能组中的“屏幕截图”命令，在打开的“可用视窗”列表中将列出当前打开的所有程序窗口，单击需要插入的窗口截图。或者单击“屏幕截图”命令，在打开的列表中选择“屏幕剪辑”选项，此时当前文档的编辑窗口将最小化，屏幕将以半透明状态显示，单击并拖动鼠标，框选区域内的屏幕图像将插入到文档中。

(6) 创建文本框。文本框可以增强文档排版的灵活性。单击“插入”选项卡下“文本”功能组中的“文本框”命令，在下拉列表的“内置”栏中选择所需使用的文本框，如图 3-69 所示。选择的文本框即被插入到文档中，直接在文本框中输入文字，完成文本框的创建。

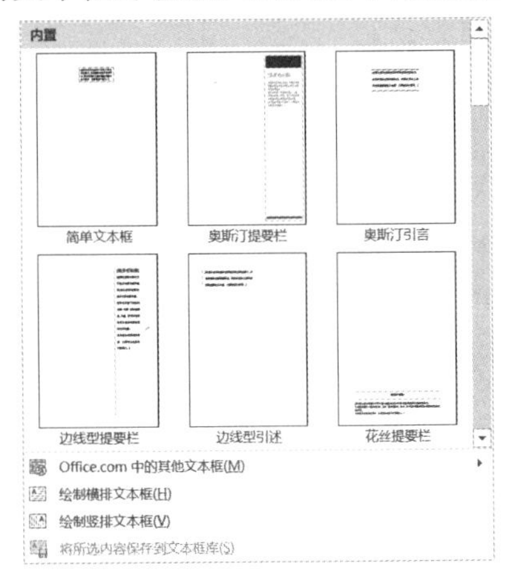

图 3-69　文本框选项

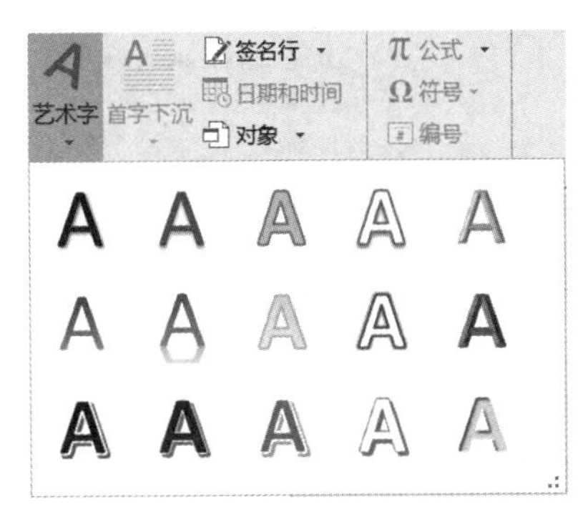

图 3-70　艺术字预设样式

(7) 插入艺术字。选择“插入”选项卡下“文本”功能组中的“艺术字”命令，并在打开的艺术字预设样式面板中选择合适的艺术字样式，如图 3-70 所示。打开艺术字的文本编辑框，直接输入文字即可。用户可以对艺术字设置字体和字号。

2. 编辑图片

在文档中插入图片后，可以对其大小和放置角度进行调整，以使图片适合文档排版的需要。调整图片的大小和放置角度可以通过拖动图片上的控制柄来实现，也可以通过功能区设置项来进行精确设置。

(1) 在插入的图片上单击，拖动图片框上的“尺寸控制柄”，可以调整图片的大小。将鼠

图 3-71　图片编辑控制柄

标指针放置到图片框顶部的“旋转控制柄”(弧形箭头)上,拖动鼠标可以对图片进行旋转操作,如图 3-71 所示。

(2) 选中插入的图片,在“图片工具”|“格式”选项卡下“大小”功能组中的“高度”和“宽度”增量框中输入数值,可以精确调整图片在文档中的大小。

(3) 单击“大小”功能组右下角的“高级版式:大小”按钮,弹出如图 3-72 所示的“布局”对话框,通过该对话框可以修改图片的高度和宽度。勾选“锁定纵横比”复选框,无论是手动调整图片的大小还是通过输入图片宽度和高度值调整图片的大小,图片大小都将保持原始的高度和宽度比值。另外,通过“缩放”栏调整“高度”和“宽度”的值,可以按照与原始高度和宽度值的百分比来调整图片的大小。在“旋转”增量框中输入数值,可以设置图片旋转的角度。

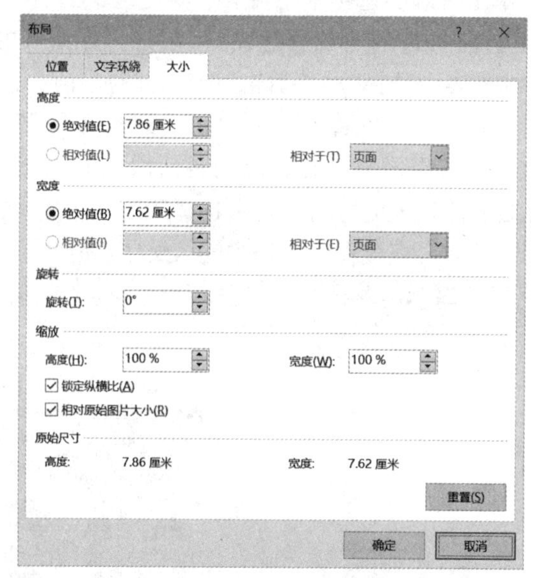

图 3-72　“布局”对话框

3. 裁剪图片

有时需要对插入 Word 文档中的图片进行裁剪,在文档中只保留图片中需要的部分。Word 2016 的图片裁剪功能很强大,其不仅能够实现常规的图片裁剪,还可以将图片裁剪为不同的形状。

选中插入的图片,单击“图片工具”|“格式”选项卡下“大小”功能组中的“裁剪”命令,图片四周出现裁剪框,拖动裁剪框上的控制柄,调整裁剪框包围住图片的范围,如图 3-73 所示。操作完成后,按“Enter”键,裁剪框外的图片将被删除。

单击“裁剪”命令的下拉按钮,如图 3-74 所示,可以在下拉列表中选择“纵横比”中裁剪图片使用的纵横比;也可以在下拉列表中选择“裁剪为形状”中的形状。

图 3-73　图片裁剪控制柄

图 3-74　"裁剪"选项

4. 调整图片色彩

在 Word 文档中，对于某些亮度不够或比较灰暗的照片，打印效果将会不理想。使用 Word 2016，能够对插入图片的亮度、对比度以及色彩进行简单调整，使照片效果得到改善。

选中插入的图片，在"图片工具"|"格式"选项卡下如图 3-75 所示的"调整"功能组中，单击"校正"命令，在"亮度/对比度"栏中选择需要的选项，即可将图片的亮度和对比度调整为设定值，在"锐化/柔化"栏中选择相应的选项即可对图片进行锐化和柔化操作；单击"颜色"命令，在下拉列表的"其他变体"中选择所需颜色即可为图片重新着色，选择"设置透明色"命令，在图片中单击，则图片中与单击点处相似的颜色将被设置为透明色；单击"压缩图片"命令，弹出"压缩图片"对话框，通过对话框可以对图片的压缩进行设置。

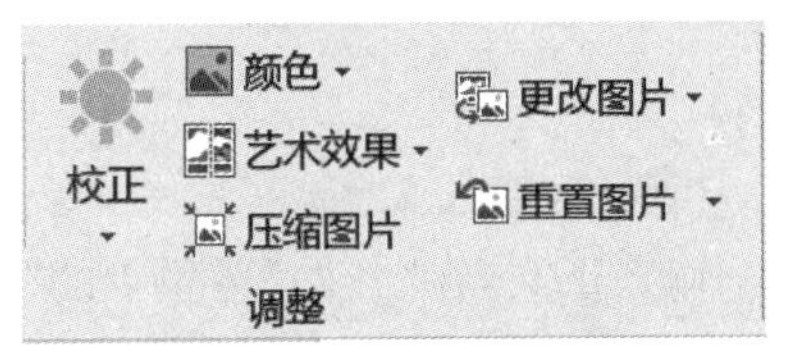

图 3-75　"调整"功能组

5. 图片的版式

图片的版式是指文档中的文字与插入文档中的图片的相对关系。使用"图片工具"|"格式"选项卡下"排列"功能组中的工具能对插入文档中的图片进行排版。图片排版主要包括设置图片在页面中的位置和设置文字相对于图片的环绕方式（嵌入型、四周型、紧密型环绕、穿越型环绕、上下型环绕、衬于文字下方和浮于文字上方，如图 3-76 所示）。

图 3-76　文字相对于图片的环绕方式

在文档中，图片和文字的相对位置有两种情况：一种是嵌入型的排版方式，此时图片和文字不能混排；一种是非嵌入型的方式，此时图片和文字可以混排，文字可以环绕在图片周围或在图片的上方或下方。拖动图片可以将图片放置到文档中的任意位置。

单击"图片工具"|"格式"选项卡下"大小"功能组右下角的"高级版式：大小"按钮，弹出"布局"对话框，在"文字环绕"选项卡中能对文字的环绕方式进行精确设置。

案例实践 3-4　下面来完成如图 3-65 所示的案例。

操作过程

步骤 1：新建文档。

启动"Word 2016"，或者打开已有的 Word 文档，选择"文件"选项卡中的"新建"命令，随后选择"空白文档"。

步骤 2:创建与编辑艺术字标题。

(1) 单击“插入”选项卡下“文本”功能组中的“艺术字”命令,在“艺术字”下拉列表中选择第三行第一列艺术字效果。在艺术字文本框中输入标题内容“贵州风景”。

(2) 选中艺术字,在“开始”选项卡下“字体”功能组中设置“字体”为“楷体”,“字号”为“50”,“字形”为“加粗”。在“绘图工具”|“格式”选项卡下“艺术字样式”功能组中的“文本填充”中选择“黑色,文字 1”,“文本轮廓”下拉按钮中选择“红色”,如图 3－77 所示。

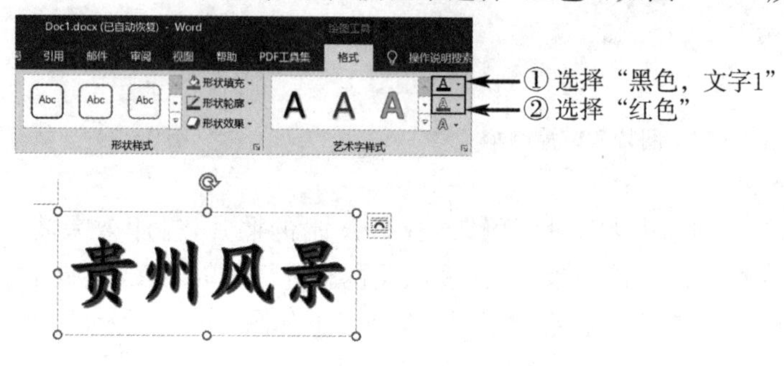

图 3－77　艺术字设置

步骤 3:输入文字。

输入正文,在“开始”选项卡的“字体”功能组中设置“字体”为“楷体”,“字号”为“四号”。

步骤 4:设置段落格式。

选中正文,单击“开始”选项卡下“段落”功能组右下角的“段落设置”按钮,弹出“段落”对话框。在“缩进和间距”选项卡下“缩进”栏中选择“特殊”下拉按钮中的“首行”,并且设置“缩进值”为“2 字符”,完成效果如图 3－78 所示。

贵州风景

贵州是一个少数民族居多的省份,多个民族和睦相处,共同创造了多姿多彩的贵州文化。这里自然景观与人文景观交相辉映,贵州地处中国西南腹地,素有“八山一水一分田”之说,是全国唯一没有平原支撑的省份,是世界知名山地旅游目的地和山地旅游大省。

贵州好玩的地方,几乎都跟山有关。这里为大家介绍贵州十大旅游景点:黄果树大瀑布、平塘天眼(中国天眼)、织金古建筑群、荔波樟江风景名胜区、镇远古城、安顺龙宫风景区、青岩古镇、梵净山旅游区、百里杜鹃风景区、月亮湖景区。

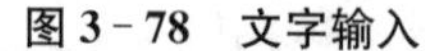

图 3－78　文字输入

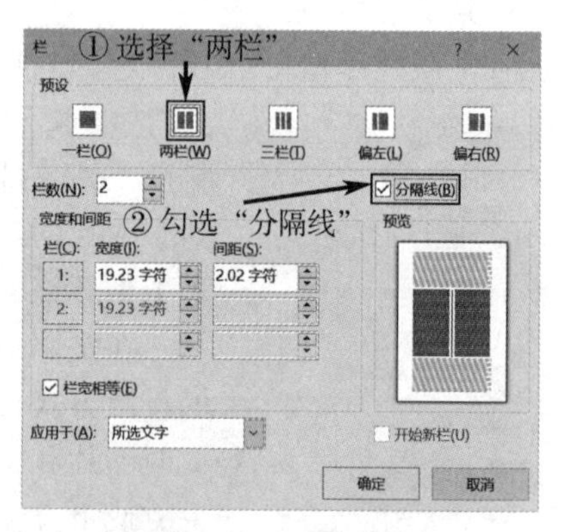

图 3－79　分栏设置

选中正文第二段,单击“布局”选项卡下“页面设置”功能组中的“栏”下拉按钮中的“更多栏”命令,在弹出的“栏”对话框的“预设”栏中选择“两栏”,勾选“分隔线”复选框,如图 3－79 所示。

选中正文第二段,单击“插入”选项卡下“文本”功能组中的“首字下沉”下拉按钮中的“首字下沉选项”,在弹出的“首字下沉”对话框中选择“下沉”位置,并设置下沉行数为 2。

步骤 5:插入形状及编辑。

(1) 单击“插入”选项卡下“插图”功能组中“形状”下拉按钮中的“星与旗帜”栏中的“星形:五角”,如图 3－80 所示,然后在文档中的合适位置拖动鼠标,画出“五角星”。

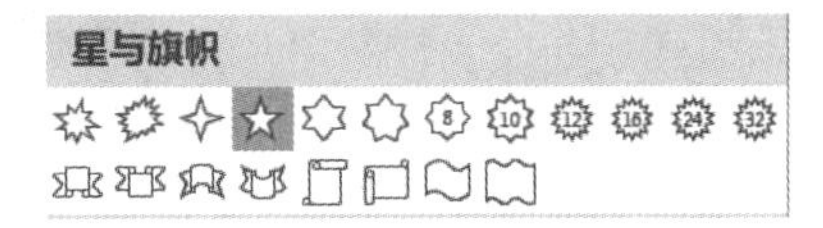

图 3－80　绘制自选图形

(2) 选中绘制的“五角星”图形,在“绘图工具”|“格式”选项卡下“形状样式”功能组中的“形状填充”选择“红色”,“形状轮廓”选择“无轮廓”;在“排列”功能组中选择“环绕文字”下拉按钮中的“四周型”命令,如图 3－81 所示。调整“五角星”的位置,让插入的图形和文本完美结合。

图 3－81　编辑自选图形

步骤 6:插入文本框及编辑文本框中的文字。

(1) 单击“插入”选项卡下“文本”功能组中“文本框”下拉按钮中的“绘制竖排文本框”命令,然后在正文第三段位置拖动鼠标,绘制一个“文本框”。

(2) 在文本框中输入内容,选中文本框中所有文字,在“开始”选项卡下“字体”功能组中设置“字体”为“仿宋”,“字号”为“四号”;单击“段落”功能组右下角的“段落设置”按钮,在弹出的“段落”对话框中,设置 1.3 倍的行距,如图 3－82 所示。

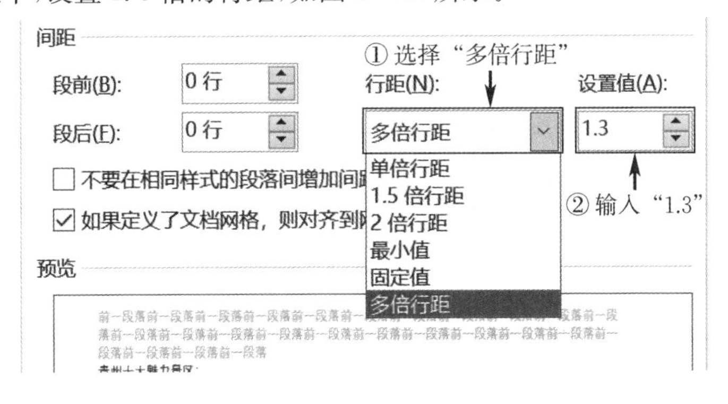

图 3－82　段落设置

(3) 选中文本框,在“绘图工具”|“格式”选项卡下“形状样式”功能组中的“形状填充”选择“浅蓝”,“形状轮廓”选择“红色”,“形状效果”选择“阴影”中“外部”栏的“偏移:左下”,如图 3－83 所示;在“文本”功能组的“对齐文本”下拉按钮中选择“居中”。

步骤 7:保存文档。

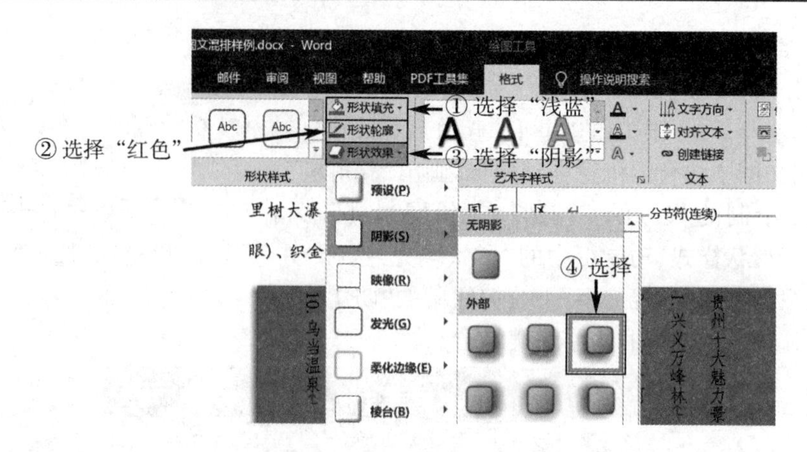

图 3-83　设置文本框格式

案例总结

(1) 插入图形、文本框等对象,使用“插入”选项卡。

(2) 图形等对象的编辑,使用“绘图工具”|“格式”或“图片工具”|“格式”选项卡。

拓展案例

(1) 求职简历,制作效果如图 3-84 所示。

求职简历

图 3-84　求职简历

分析:

① 准备素材。

② 插入背景图片(置于底层)。

③ 插入最上方个人照片，录入标题文字并设置字符格式。

④ 插入表格(绘制表格)。

⑤ 在单元格中插入图片并编辑；输入文字并设置字符格式。

⑥ 保存文档。

(2) 餐厅优惠券，制作效果如图 3－85 所示。

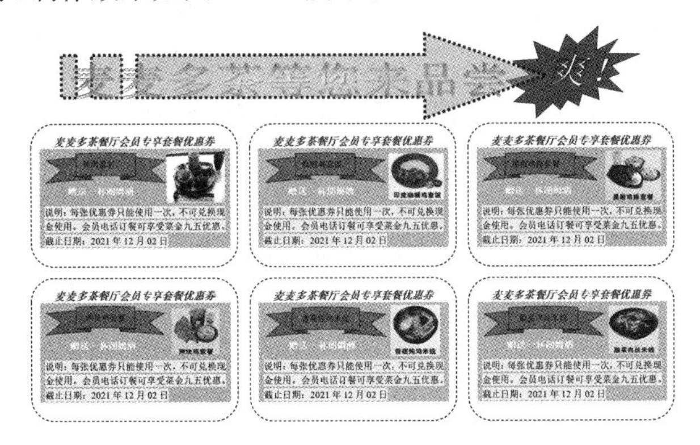

餐厅优惠券

图 3－85　餐厅优惠券

分析：

① 设置页面格式：纸张方向为横向，上、下、左、右页边距均为 1 厘米。

② 制作标题：插入并编辑自选图形(“箭头：虚尾”和“爆炸形：14pt”，并编辑这两个形状)；插入并编辑艺术字；把艺术字和自选图形组合。

③ 制作第一个圆角矩形(插入并编辑自选图形“矩形：圆角”；在圆角矩形中输入标题，并编辑字符格式；插入 3 行 2 列表格，编辑表格，在单元格中输入文字和插入图片，并编辑；在表格最后一行输入“说明”内容，并设置字符格式和底纹)。

④ 复制五次制作完成的圆角矩形，根据内容对复制后的圆角矩形内的内容进行修改。

⑤ 保存文档。

3.4　综合案例

案例引入

结合文档排版、表格编辑和图文混排的知识，完成各种各样图文并茂的作品。以如图 3－86 所示的“手抄报”的制作效果为例，总结合理应用 Word 2016。

手抄报样例

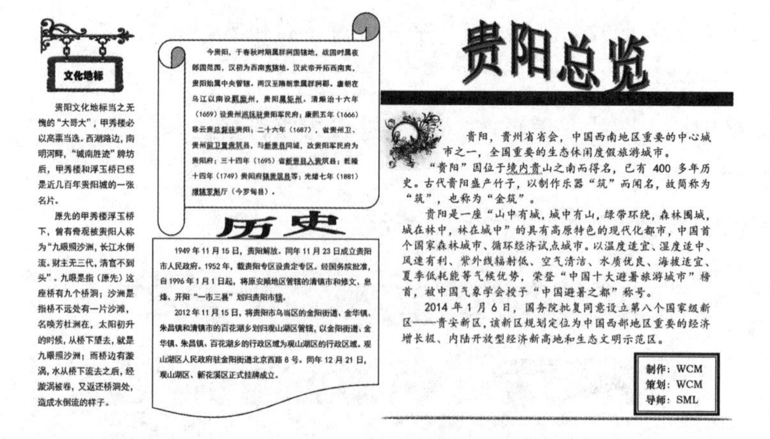

文化地标

贵阳文化地标当之无愧的“大哥大”，甲秀楼必以高票当选。西湖路边，南明河畔，“城南胜迹”牌坊后，甲秀楼和浮玉桥已经是近几百年贵阳城的一张名片。

原先的甲秀楼浮玉桥下，曾有奇观被贵阳人称为“九眼照沙洲，长江水倒流。财主无三代，清官不到头”。九眼是指（原先）这座桥有九个桥洞；沙洲是指桥不远处有一片沙滩，名唤芳杜洲在，太阳初升的时候，从桥下望去，就是九眼照沙洲；而桥边有漩涡，水从桥下流去之后，经漩涡被卷，又返还桥洞处，造成水倒流的样子。

今贵阳，于春秋时期属牂牁国辖地，战国时属夜郎国范围，汉初为西南夷辖地。汉武帝开拓西南夷，贵阳始属中央管辖。两汉至隋朝隶属牂牁郡。唐朝在乌江以南设羁縻州，贵阳属矩州。清顺治十六年（1659）设贵州巡抚驻贵阳军民府；康熙五年（1666）移云贵总督驻贵阳；二十六年（1687），省贵州卫、贵州前卫置贵筑县，与新贵县同城，改贵阳军民府为贵阳府；三十四年（1695）省新贵县入贵筑县；乾隆十四年（1749）贵阳府辖贵筑县等；光绪七年（1881）增辖罗斛厅（今罗甸县）。

历史

1949年11月15日，贵阳解放。同年11月23日成立贵阳市人民政府。1952年，裁贵阳专区设贵定专区。经国务院批准，自1996年1月1日起，将原安顺地区管辖的清镇市和修文、息烽、开阳“一市三县”划归贵阳市辖。

2012年11月15日，将贵阳市乌当区的金阳街道、金华镇、朱昌镇和清镇市的百花湖乡划归观山湖区管辖，以金阳街道、金华镇、朱昌镇、百花湖乡的行政区域为观山湖区的行政区域。观山湖区人民政府驻金阳街道北京西路8号。同年12月21日，观山湖区、新花溪区正式挂牌成立。

贵阳总览

贵阳，贵州省省会，中国西南地区重要的中心城市之一，全国重要的生态休闲度假旅游城市。

“贵阳”因位于境内贵山之南而得名，已有400多年历史。古代贵阳盛产竹子，以制作乐器“筑”而闻名，故简称为“筑”，也称为“金筑”。

贵阳是一座“山中有城，城中有山，绿带环绕，森林围城，城在林中，林在城中”的具有高原特色的现代化都市，中国首个国家森林城市、循环经济试点城市。以温度适宜、湿度适中、风速有利、紫外线辐射低、空气清洁、水质优良、海拔适宜、夏季低耗能等气候优势，荣登“中国十大避暑旅游城市”榜首，被中国气象学会授予“中国避暑之都”称号。

2014年1月6日，国务院批复同意设立第八个国家级新区——贵安新区，该新区规划定位为中国西部地区重要的经济增长极、内陆开放型经济新高地和生态文明示范区。

制作：WCM
策划：WCM
导师：SML

图 3－86　手抄报样例

案例分析

要完成以上文档的排版，需完成以下六项任务：

(1) 收集“贵阳”相关的文字和图片素材。

(2) 设置页面：纸张大小 A4，纸张方向横向，上、下、左、右页边距分别为 3 厘米，3 厘米，2 厘米，2 厘米。

(3) 利用表格绘制布局：整个页面是一个 1 行 2 列的表格。

(4) 表格右列，主要由三部分组成：

① 艺术字标题“贵阳总览”。

② 两条“直线”(确定放置文字内容的区域大小)。

③ 在用直线确定的区域内有三个对象：一张图片和两个文本框(贵阳总览正文和制作人信息)。

(5) 表格左列，主要由四部分组成：

① 自选图形“卷形：水平”(贵阳的古代历史)。

② 自选图形“流程图：文档”(贵阳的近现代历史)。

③ 文本框(贵阳的文化地标)。

④ 艺术字标题“历史”和“文化地标”。

(6) 保存文档。

案例实践

步骤 1：收集“贵阳”相关的文字和图片素材。

利用搜索引擎，查找贵阳相关文字资料以及手抄报中会使用的图片素材。

步骤 2：设置页面。

(1) 启动“Word 2016”，新建“空白文档”。

(2) 选择“布局”选项卡下“页面设置”功能组右下角的“页面设置”按钮，弹出“页面设置”对话框。设置“页边距”的上、下、左、右分别为 3 厘米，3 厘米，2 厘米，2 厘米，“纸张方向”为“横向”，“纸张大小”为“A4”。

步骤 3：利用表格绘制布局。

单击“插入”选项卡下“表格”功能组中的“表格”按钮，创建 1 行 2 列的表格。表格高度为页面高度。

步骤 4：编辑表格右列。

(1) 艺术字标题。

① 选择“插入”选项卡下“文本”功能组中的“艺术字”命令，在“艺术字”下拉列表中选择第三行第一列艺术字效果，在艺术字文本框中输入标题内容“贵阳总览”。

② 选中艺术字，在“开始”选项卡下“字体”功能组中设置“字体”为“宋体”，“字号”为“48”，拖动文本框，将其放在合适放置。

③ 在“绘图工具”|“格式”选项卡下“艺术字样式”功能组中的“文本填充”选择“黑色，文字 1”，“文本轮廓”选择“红色”，“文本效果”选择“转换”命令的“弯曲”栏的“波形：下”，完成效果如图 3 - 87 所示。

贵阳总览

图 3 - 87　艺术字标题效果 1

(2) 两条“直线”。

① 单击“插入”选项卡下“插图”功能组中“形状”下拉按钮中的“线条”栏的“直线”形状，然后在文档中的合适位置拖动鼠标，画出第一条“直线”。

② 选中绘制的“直线”图形，在“绘图工具”|“格式”选项卡下“形状样式”功能组中的“形状轮廓”选择“粗细”命令的“其他线条”。

③ 在窗口右侧“设置形状格式”窗格中“宽度”设置为“14 磅”，“颜色”选择“黑色，文字 1”，如图 3 - 88 所示。

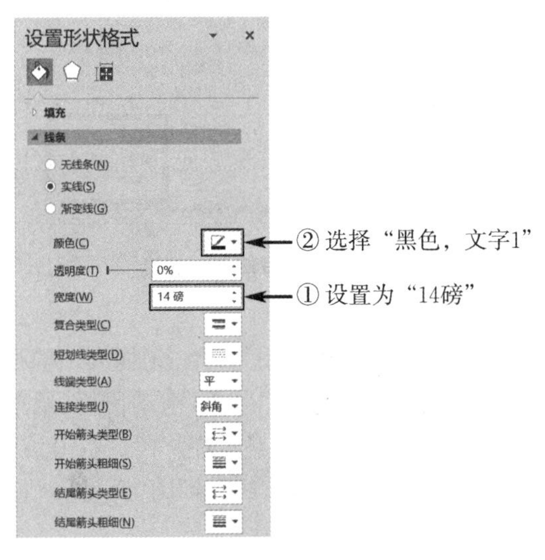

图 3 - 88　设置第一条直线的形状格式

④ 第二条直线的绘制及编辑方法同上，可自行设置效果。

(3) 两条直线确定的区域内的对象。

① 插入图片：单击“插入”选项卡下“插图”功能组中“图片”中的“此设备”命令，在保存图片的文件夹中找到相应图片，调整图片的大小，设置图片的布局方式为“四周型”，然后把图片拖动到文档中的合适位置。

制作：WCM
策划：WCM
导师：SML

图 3－89　"制作人信息"文本框

② 插入"制作人信息"文本框：单击"插入"选项卡下"文本"功能组中的"文本框"命令，在"文本框"下拉列表中选择"绘制横排文本框"命令，输入制作人信息内容，并设置合理的文本格式，如图 3－89 所示。

③ 插入"贵阳总览正文"文本框：单击"插入"选项卡下"文本"功能组中的"文本框"下拉列表中的"绘制横排文本框"命令，在两条直线之间拖动鼠标，绘制一个"文本框"，并设置文本框为"无填充"和"无轮廓"。输入内容，选中文本框中的文字，设置"字体"为"楷体"，"字号"为"小四"，"首行"缩进"2 字符"。调整文本框中第一行文字的位置，使图片与文本框排版美观。至此，手抄报右列的完成效果如图 3－90 所示。

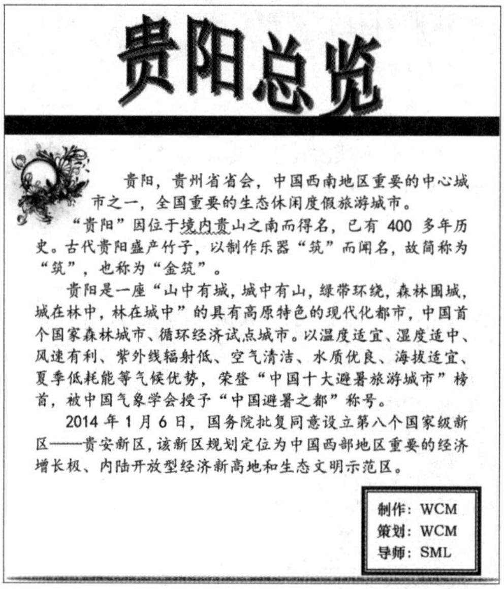

贵阳总览

贵阳，贵州省省会，中国西南地区重要的中心城市之一，全国重要的生态休闲度假旅游城市。

"贵阳"因位于境内贵山之南而得名，已有 400 多年历史。古代贵阳盛产竹子，以制作乐器"筑"而闻名，故简称为"筑"，也称为"金筑"。

贵阳是一座"山中有城，城中有山，绿带环绕，森林围城，城在林中，林在城中"的具有高原特色的现代化都市，中国首个国家森林城市、循环经济试点城市。以温度适宜、湿度适中、风速有利、紫外线辐射低、空气清洁、水质优良、海拔适宜、夏季低耗能等气候优势，荣登"中国十大避暑旅游城市"榜首，被中国气象学会授予"中国避暑之都"称号。

2014 年 1 月 6 日，国务院批复同意设立第八个国家级新区——贵安新区，该新区规划定位为中国西部地区重要的经济增长极、内陆开放型经济新高地和生态文明示范区。

制作：WCM
策划：WCM
导师：SML

图 3－90　手抄报右列效果

步骤 5：编辑表格左列。

(1) 自选图形"卷形：水平"(贵阳的古代历史)。单击"插入"选项卡下"插图"功能组中的"形状"下拉按钮中"星与旗帜"栏的"卷形：水平"命令，拖动鼠标，绘制一个"横卷形"，并设置"形状填充"为"白色，背景 1"，"形状轮廓"为"黑色，文字 1"。右击该形状，选择"添加文字"命令，输入内容后选中文字，设置"字体"为"黑体"，"字号"为"六号"，"首行"缩进"2 字符"，效果如图 3－91 所示。

(2) 自选图形"流程图：文档"(贵阳的近现代历史)。单击"插入"选项卡下"插图"功能组中的"形状"下拉按钮中"流程图"栏的"流程图：文档"命令，拖动鼠标，绘制一个"文档"，并设置"形状填充"为"白色，背景 1"，"形状轮廓"为"黑色，文字 1"。右击该形状，选择"添加文字"命令，输入内容后选中文字，设置"字体"为"黑体"，"字号"为"8"，"首行"缩进"2 字符"，效果如图 3－92 所示。

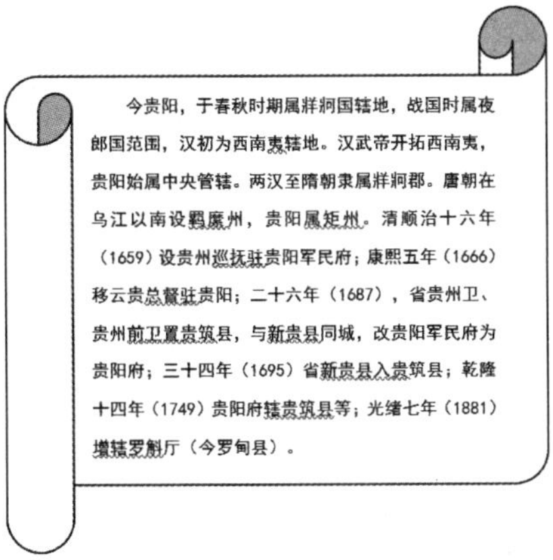

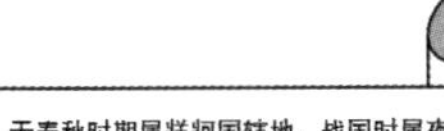

今贵阳，于春秋时期属牂牁国辖地，战国时属夜郎国范围，汉初为西南夷辖地。汉武帝开拓西南夷，贵阳始属中央管辖。两汉至隋朝隶属牂牁郡。唐朝在乌江以南设羁縻州，贵阳属矩州。清顺治十六年（1659）设贵州巡抚驻贵阳军民府；康熙五年（1666）移云贵总督驻贵阳；二十六年（1687），省贵州卫、贵州前卫置贵筑县，与新贵县同城，改贵阳军民府为贵阳府；三十四年（1695）省新贵县入贵筑县；乾隆十四年（1749）贵阳府辖贵筑县等；光绪七年（1881）增辖罗斛厅（今罗甸县）。

图 3－91　“卷形:水平”效果

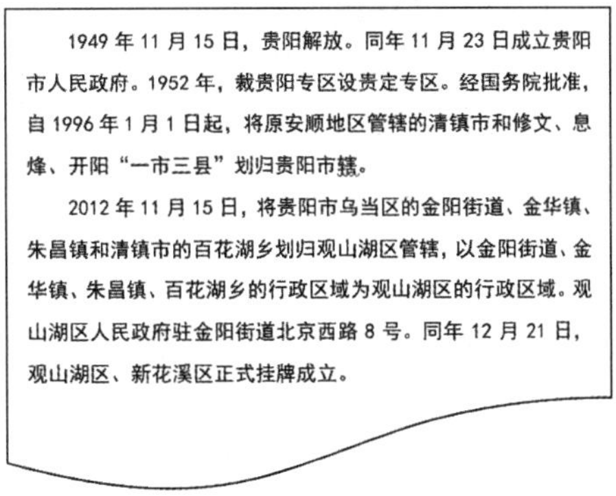

1949 年 11 月 15 日，贵阳解放。同年 11 月 23 日成立贵阳市人民政府。1952 年，裁贵阳专区设贵定专区。经国务院批准，自 1996 年 1 月 1 日起，将原安顺地区管辖的清镇市和修文、息烽、开阳“一市三县”划归贵阳市辖。

2012 年 11 月 15 日，将贵阳市乌当区的金阳街道、金华镇、朱昌镇和清镇市的百花湖乡划归观山湖区管辖，以金阳街道、金华镇、朱昌镇、百花湖乡的行政区域为观山湖区的行政区域。观山湖区人民政府驻金阳街道北京西路 8 号。同年 12 月 21 日，观山湖区、新花溪区正式挂牌成立。

图 3－92　“流程图:文档”效果

(3) 插入“文化地标”文本框。单击“插入”选项卡下“文本”功能组中的“文本框”下拉按钮中的“绘制文本框”命令，拖动鼠标，绘制一个“文本框”，并设置文本框为“无填充”和“无轮廓”。在文本框中输入内容后选中文字，设置“字体”为“黑体”，“字号”为“小五”，“首行”缩进“2 字符”。

(4) 艺术字制作的各种标题。

① 用步骤 4(1)的方法制作“历史”和“文化地标”这两个艺术字标题，效果如图 3－93 所示。

历史　文化地标

图 3－93　艺术字标题效果 2

② 插入图片进行装饰。单击“插入”选项卡下“插图”功能组中的“图片”中的“此设备”命令，在保存图片的文件夹中找到相应图片，调整图片的大小，设置图片的布局方式为“衬于文字下方”，然后把图片拖动到文档中的合适位置，装饰艺术字标题“文化地标”，如图 3－94 所示。

图 3－94　装饰艺术字标题

步骤 6:隐藏表格边框。

选择“表格工具”|“设计”选项卡下“表格样式”功能组中“边框”下拉列表中的“边框和底纹”命令，弹出“边框和底纹”对话框。“边框”选项卡中的“设置”选择“无”。

步骤 7:保存文档。

单击“文件”选项卡下“另存为”命令，分别设置保存位置和文件名。

本章小结

小节名称	知识重点	案例内容
3.1　文档的排版	字符格式、段落格式和页面格式的设置	多彩贵州——黄果树瀑布，诗词学习，书法作品展示
3.2　Word 表格的制作与编辑	Word 表格的创建与编辑	学生成绩表，批量制作邀请函，出国留学计划审批表，文字转换成表格，批量制作准考证
3.3　图文混排	图片的创建与编辑；艺术字的创建与编辑；图形的创建与编辑；文本框的创建与编辑	贵州风景，求职简历，餐厅优惠券
3.4　综合案例	素材收集与整理；文档排版、Word 表格的制作与编辑和图文混排技术的综合应用	手抄报

测一测

一、选择题

1. 下列操作中，(　　)不能关闭 Word 2016。

A. 双击标题栏左上角　　B. 单击标题栏右侧的×

C. 双击标题栏空白处　　D. 单击“文件”选项卡中的“关闭”命令

2. 在 Word 2016 窗口的编辑区，闪烁的一条竖线表示(　　)。

A. 鼠标指针　　B. 光标位置　　C. 拼写错误　　D. 按钮位置

3. 在 Word 2016 操作过程中，能够显示总页数、节号、页号、页数等信息的是(　　)。

A. 状态栏　　B. 标题栏　　C. 功能区　　D. 编辑区

4. 在 Word 2016 页面视图中，要选取一个段落，可在文本左侧(　　)。

A. 单击　　B. 双击　　C. 三击　　D. 右击

5. 在 Word 2016 的(　　)方式下，可以显示分页效果。

A. Web 版式视图　　B. 阅读视图　　C. 页面视图　　D. 大纲视图

6. 如果已有页眉或页脚，那么再次进入页眉或页脚区只需双击(　　)即可。

A. 编辑区　　B. 功能区　　C. 状态栏　　D. 页眉或页脚区

7. 文档编辑好后，在打印之前往往先要对文档进行(　　)，包括对纸张类型、纸张边距、页眉和页脚的设置等。

A. 打印　　B. 打印预览　　C. 页面设置　　D. 属性设置

8. 为防止突然断电或其他意外事故而使正在编辑的文本丢失，应设置(　　)功能。

A. 重复　　B. 撤消　　C. 自动保存　　D. 存盘

9. 下列(　　)方法能用于调整表格(没有合并或拆分单元格)同一行中单元格的高度。

A. 水平标尺

B. “表格属性”对话框中的“行”选项卡

C. “表格工具”|“布局”选项卡下“单元格大小”功能组中的“高度”命令

D. 以上方法都可以

10. Word 2016 可以显示最近使用的文档个数,其设置方法为(　　)。

A. 在“文件”选项卡下“最近”中直接设置

B. 在“另存为”对话框中进行设置

C. 在“文件”选项卡下“选项”命令中进行设置

D. 以上方法都不对,不能进行设置

11. Word 2016 应用软件(　　)。

A. 只能打开一个文件　　B. 无法同时打开多个文件

C. 可以同时打开多个文件　　D. 最多打开五个文件

12. 下列关于“打印预览”的叙述中,不正确的是(　　)。

A. 在打印预览中可以清楚观察到打印的效果

B. 可以在打印时直接编辑文本

C. 不可在打印文件的同时编辑该文本,只能回到编辑状态下才可以编辑

D. 预览时可以进行单页显示或多页显示

13. 若想打印 1,3,8,9,10 页,则应在“自定义打印范围”中输入(　　)。

A. 1,3,8—10　　B. 1、3、8—10　　C. 1—3—8—10　　D. 1、3、8、9、10

14. Word 2016 文档最大化后,在文档主窗口的右上角,可以同时显示的按钮是(　　)。

A. 最小化、向下还原和最大化　　B. 向下还原、最大化和关闭

C. 最小化、向下还原和关闭　　D. 向下还原和最大化

15. 使用标尺可以直接设置段落缩进,标尺顶部的倒三角形标记代表(　　)。

A. 首行缩进　　B. 悬挂缩进　　C. 左缩进　　D. 右缩进

16. 阿拉伯字号数字越大,表示字符越(　　);中文字号数字越小,表示字符越(　　)。

A. 大、小　　B. 小、大　　C. 不变　　D. 大、大

17. 在 Word 2016 中,当前段落格式设置时没有选定段落,则该设置(　　)。

A. 对整个文档有效　　B. 只对插入点光标所在的行有效

C. 只对插入点光标所在的段落有效　　D. 只对插入点光标所在的页有效

18. 在 Word 2016 的段落对齐方式中,分散对齐和两端对齐的区别表现在(　　)。

A. 整个段落　　B. 首行　　C. 第二行　　D. 最后一行

19. 在 Word 2016 的环境下,打开了“w1. docx”文档,把当前文档以“w2. docx”为名进行“另存为”操作,则(　　)。

A. 当前文档是“w1. docx”　　B. 当前文档是“w2. docx”,并关闭了“w1. docx”

C. 当前文档是“w1. docx”与“w2. docx”　　D. “w1. docx”与“w2. docx”全被关闭

二、填空题

1. 启动 Word 2016 之后，会自动建立一个空白文档，其名字是________。
2. 在 Word 2016 编辑状态下，可以显示页眉/页脚的是________视图。
3. 在 Word 2016 中，默认的视图方式是________。
4. 在 Word 2016 编辑状态下，为文档设置页码，可以使用________选项卡中"页码"命令。
5. 如果要使文档内容横向打印，那么在"页面设置"对话框中应选择的选项卡是________。
6. 在"页面设置"对话框中的________选项卡可以设置纸张大小。
7. 打开一个已有的 Word 文档的快捷键是________。
8. Word 2016 在保存文件时自动增加的扩展名是________。
9. 在 Word 2016 中，将整个文档选定的快捷键是________。
10. 如果设置文本某段落的首行左端起始位置在该段落其余各行左侧，那么此操作叫作________。

三、操作题

1. Word 2016 文档排版（文本见图 3－95）。

(1) 新建空白文档，输入文本。

(2) 第一段文字，设置为楷体、三号、加粗、红色，加着重号，居中；其他文字设置为中文宋体、英文(数字)Times New Roman、四号、加粗、倾斜、深蓝色；第二段文字字形缩小为 90%、加宽值为 1.5 磅、位置提升 10 磅；第三段添加波浪线下划线和着重号，添加三维、双线、深红色、1.5 磅、应用于文字的边框；第四段设置浅黄、样式为 15%、应用于段落的底纹。

(3) 第二段文字，对齐方式为左对齐，设置左侧缩进 2 字符，右侧缩进 2.5 字符，首行缩进 2 字符，段前间距为 1 行，段后间距为 1.5 行，行距为固定值 18 磅。

(4) 整篇文档设置橙色、样式为 15%、应用于文字的底纹；设置"紫色，个性色 4，淡色 40%"的页面边框。

(5) 将所有"探测"替换为"飞行"，并设置"飞行"为宋体、小五、倾斜。

(6) 将第四段分为两栏，并加分隔线。

(7) 第二段，设置首字下沉，下沉行数为 2。

(8) 纸张 A4，上、下、左、右页边距分别为 3 厘米，3 厘米，2 厘米，2 厘米，纸张方向为横向。

(9) 将文档以"WD01A.docx"为文件名保存。

"嫦娥工程"的三步走

第一步为"绕"，即发射一个月球探测器，围绕月球轨道靠近月面进行探测，包括对月球影像的拍摄，对近月表面情况（成分、月壤厚度等）的探测，以及对月地之间环境的探测等。根据国家航天局对外公布的时间表，这个探测器 2007 年前后就要发射。

第二步为"落"，即发射一个月球探测器，着陆在月球表面上，再从这个月球着陆探测器上释放出一个月球车，在月球表面上行走探测。如果申报获批，该工程预计在 2012 年前后进行。

第三步为"回"，即发射一个月球着陆器着陆在月球表面，但这个着陆器与上一期"落"阶段的月球着陆器不一样，它还带有返回的功能。这个月球着陆器落在月球表面就位探测后，再将从月球上所取的样品放回到返回器上，返回器最终把样品带回地球。等到这"三步走"走下来，我国接着就将开始中华民族千年梦想的载人登月计划，并有可能与有关国家共建月球基地。甚至还有航天专家预想，我国将在 2014~2033 年间实现无人火星探测，2040~2060 年实现载人火星探测。

图 3－95 "嫦娥工程"的三步走

2. Word 2016 表格制作。

制作如图 3－96 所示的一张课程表。

时间 \ 星期		一	二	三	四	五
上午	第一、二节					
	第三、四节					
下午	第五、六节					
	第七节					
晚上	第八、九节					

图 3－96　课程表

3. Word 2016 图文混排(文本见图 3－97)。

(1) 录入文字,设置为楷体、四号,首行缩进 2 字符。

(2) 设置艺术字标题“网络三剑客”,样式 14,“字体”为“隶书”,“字号”为“36”;利用“形状样式”和“艺术字样式”功能组为艺术字设置自己喜欢的文字效果。

(3) 插入文本框,文本框中文字内容为“博客、威客、维客你在用哪一个?”,并设置文本框文字为黑体、三号、加粗;为文本框设置自己喜欢的文字效果;调整文本框的位置及其在文档中的位置。

(4) 插入一张图片,将图片旋转 45°,高度和宽度都设置为 5 厘米;裁剪图片为泪滴形;调整图片的色彩;重设图片大小;取消前面所做的设置,使图片恢复到插入时的状态;设置图片为“浮于文字上方”;拖动控制柄调整大小到合适位置。

(5) 插入自选图形“椭圆”;设置填充颜色:预设渐变选“顶部聚光灯-个性色 5”,类型为“射线”,方向为“从中心”;根据自己喜好设置其“阴影效果”和“三维效果”;拖动控制柄调整大小到合适位置;设置图形为“紧密型环绕”。

(6) 插入页眉和页码,在页眉处输入文字“计算机教育报”,设置其“字体”为“华文楷体”;在页面底端插入页码并让页码居中。

(7) 将文档以“WD02A. docx”保存到电脑 D 盘。

博客与威客模式同起源于 BBS,博客的起源是网络日志,更注重于个人情感思想的单向抒发。博客写作的动力主要的是让更多的人了解自己,同意自己的观点。

维客从编程的角度来看也应该属于 BBS 功能的变形,而且这个变形的功能还是 BBS 很弱小的功能。传统上我们在 BBS 上发贴,只有发帖人和管理员有修改权限,而维客模式把这种修改权限扩大到所有查看该贴的用户,当然维客模式更复杂一些,它加上了电流继电器恢复机制。

威客模式是 BBS 互动问答功能的变形,它把问题和所有回答者的答案同时展现出来供求助者查看,在实现方式上威客模式比较复杂,它可以借用博客的实现技术作为知识库的基础,要借用电子商务的技术实现知识和信息的交易。

图 3－97　网络三剑客

答案与源文件

第4章　电子表格Excel 2016

学习目标

Excel 2016 提供了友好的界面、强大的数据编辑与处理功能、完备的函数运算、精美的自动绘图、方便的数据库管理等功能，主要用来管理、组织和处理各种各样的数据，并以表格、图表、统计图形等多种形式输出最终结果。Excel 2016 默认的扩展名为 xlsx，该类型的 Excel 文件更小、更可靠、更安全，与其他应用程序通信更方便。

通过本章的学习，应掌握以下内容：

⋆了解 Excel 2016 的基本功能、启动和退出。

⋆理解利用 Excel 2016 进行数据分析、处理及统计的方法。

⋆掌握工作簿和工作表的基本概念和基本操作：数据输入和编辑；公式和函数的输入、复制；工作表和单元格的选定、插入、复制、移动和删除；工作表的重命名和工作表窗口的拆分和冻结。

⋆熟练掌握工作表格式化，包括单元格格式化、条件格式化等。

⋆理解单元格绝对地址和相对地址的概念。

⋆熟练掌握图表的建立、编辑与修饰等。

⋆理解数据清单的概念与建立，数据清单内容的排序、筛选、分类汇总、数据合并。

⋆掌握工作表的页面设置、打印预览和打印，工作表中链接的建立。

⋆掌握保护和隐藏工作簿和工作表。

4.1　工作表的基础操作

案例引入

以制作如图 4－1 所示的学生成绩表为例，介绍如何进行表格内容的录入、单元格格式设置。

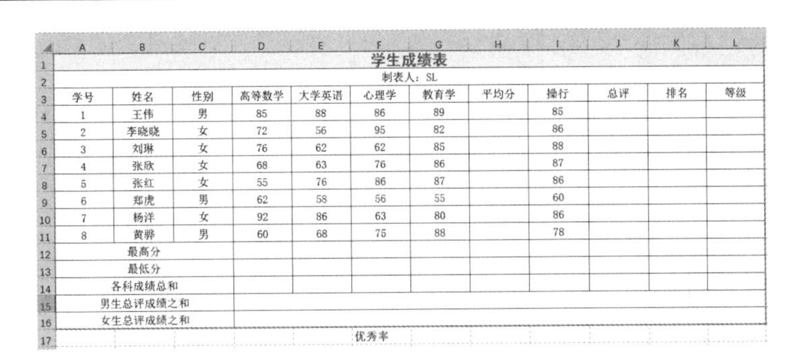

学生成绩表

制表人：SL

学号	姓名	性别	高等数学	大学英语	心理学	教育学	平均分	操行	总评	排名	等级
1	王伟	男	85	88	86	89		85			
2	李晓晓	女	72	56	95	82		86			
3	刘琳	女	76	62	62	85		88			
4	张欣	女	68	63	76	86		87			
5	张红	女	55	76	86	87		86			
6	郑虎	男	62	58	56	55		60			
7	杨洋	女	92	86	63	80		86			
8	黄骅	男	60	68	75	88		78			
最高分											
最低分											
各科成绩总和											
男生总评成绩之和											
女生总评成绩之和											
					优秀率						

工作表样例

图 4-1　工作表样例

案例分析

要完成以上数据录入及工作表的基本操作，需完成以下八项任务：

（1）输入文字与数字：在 A1∶L16 单元格区域录入以上学生成绩表的文字与数字内容。

（2）学号可用填充序列的方法来添加。

（3）设置单元格合并及居中：分别将 A1∶L1，A2∶L2，A12∶C12，A13∶C13，A14∶C14，A15∶C15，D15∶L15，A16∶C16，D16∶L16 单元格合并及居中。

（4）设置单元格格式。

① 设置字体格式：将 A1 单元格文字格式设置为黑体、16、加粗、红色；将 F17 单元格文字格式设置为宋体、12、加粗、红色；其余文字为宋体、12；将 A3∶L14 单元格区域文字格式设置为水平和垂直均居中。

② 设置数字格式：将 H4∶H11 单元格区域数字格式设置为保留小数点后 1 位；将 J4∶J11 单元格区域数字格式设置为保留小数点后 2 位。

③ 设置单元格边框和颜色：将 A1∶L16 单元格区域的外侧框线设置为蓝色双实线，内部框线设置为黑色单实线；将 A1 单元格填充颜色设置为黄色。

（5）设置行高和列宽：将 1～16 行的行高设置为 18，A～L 列的列宽设置为 10。

（6）设置数据有效性：将 A4∶A11 单元格区域的学号有效性设置为 0～100 的整数。

（7）设置条件格式：将 D4∶G11 单元格区域内小于 60 分的数字设置成红色字体。

（8）保存工作簿。

知识讲解

4.1.1 Excel 2016 的基本知识

在利用 Excel 2016 进行表格编辑之前，有必要了解一些关于 Excel 2016 的基本知识。

1. 启动 Excel 2016

（1）常规启动：单击“开始”菜单中的“Excel 2016”。

（2）快捷启动：双击桌面上的“Excel 2016”快捷方式图标。

（3）通过已有的 Excel 电子表格进入 Excel 2016。

2. 退出 Excel 2016

（1）单击“文件”选项卡中的“关闭”命令。

(2) 单击标题栏右侧的“关闭”按钮。

(3) 双击标题栏左上角。

(4) 按“Alt+F4”快捷键。

3. 保存工作簿

(1) 单击快速访问工具栏的“保存”按钮。

(2) 选择“文件”选项卡中的“保存”(或“另存为”)命令。

(3) 按“Ctrl+S”快捷键。

4. Excel 2016 的窗口

Excel 2016 的窗口与 Word 2016 的窗口大致相似,如图 4-2 所示。下面主要介绍名称框、编辑栏和工作表编辑区。

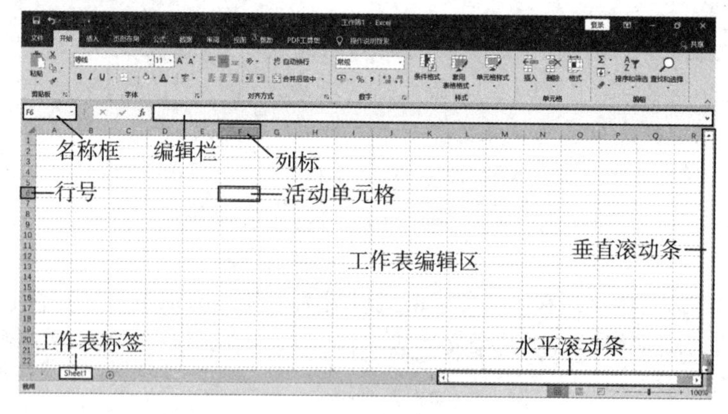

图 4-2　Excel 2016 的窗口

1) 名称框

名称框是一个下拉列表框,显示当前活动单元格的名称。用户也可直接在名称框内输入相应单元格地址,按“Enter”键后将该单元格设置为活动单元格。

2) 编辑栏

用户在活动单元格内输入或修改数据时,编辑栏中也会出现相同的内容,并且其左侧会出现“取消”“输入”和“插入函数”三个功能按钮 × ✓ fx 。用户也可将光标定位于某一单元格后,直接在编辑栏中编辑该单元格的数据。

3) 工作表编辑区

工作表编辑区是 Excel 2016 窗口的主体部分,是一个由行和列组成的二维表格,用于存放用户输入的数据或公式。工作表编辑区包括行号、列标和单元格。

5. 基本信息元素

Excel 2016 的基本信息元素主要有工作簿、工作表、单元格和单元格区域。

1) 工作簿

工作簿是在 Excel 2016 中创建的、用来存储并处理用户数据或公式的电子表格文件,其默认的文件扩展名为 xlsx(Excel 2003 以前版本所创建文件的扩展名为 xls)。工作簿文件类似于会计的活页账簿,每个工作簿可以包括一张或多张工作表,每个工作表可以有自己独立的数据。

2）工作表

一个工作表就是一个规则的二维表格，由众多的排成行和列的单元格组成（最多可有1 048 576行，16 384列），用来保存、处理用户的各类数据。当前正在被编辑的工作表称为活动工作表，一个工作簿只能有一个活动工作表。

3）单元格

单元格是 Excel 2016 的最基本单元，由横线和竖线分隔而成，其大小可任意改变。每个单元格都有名称（或称为“地址”），默认由行号和列标组成，行号用数字 1，2，3，…，1 048 576 表示，列标用字母 A，B，C，…，Z；AA，AB，AC，…，AZ；BA，BB，BC，…，BZ；…；ZA，ZB，ZC，…，ZZ；AAA，AAB，AAC，…，XFD 表示。最小单元格地址为 A1，最大单元格地址为 XFD1048576。单元格的名称可以自己重新定义，但不能和标准名称及已定义的名称重名。当前光标所处的单元格称为活动单元格，以深色方框标记。单元格可用来存放输入的文本、数值、日期和公式等各类数据。

4）单元格区域

单元格区域是指工作表内一组被选定的相邻或不相邻的单元格。对一个单元格区域操作就是对该区域内所有单元格执行相同的操作。在选定区域外单击，即可取消原选定区域。

6. 选定单元格区域

对单元格区域内的数据进行复制、移动、删除等操作之前，应先选定单元格区域。选定单元格区域的常用方法如表 4－1 所示。

表 4－1　选定单元格区域的常用方法

功能	操作
选定单个单元格	单击要选定单元格
	在名称框内输入要选定单元格的地址
	用键盘上的上、下、左、右键来选定单元格
	使用“查找和选择”功能
选定连续单元格	将鼠标指针移至要选定区域四周角上的某个单元格，单击并沿对角线拖动至区域的最后一个单元格
	选定要选定区域四周角上的某个单元格，按住“Shift”键，单击对角线方向上的另一个单元格
选定整行或整列	单行或单列：单击行号或列标即可选定一行或一列
	连续的多行或多列：单击要选定的首行或首列并拖动鼠标至要选定的末行或末列
	单击要选定的首行或首列，按住“Shift”键，再直接单击要选定的末行或末列
选定叠加区域	按“Ctrl”键，再依次选定多个子区域
选定所有单元格	按“Ctrl＋A”快捷键
	单击工作表编辑区左上角的“全选”按钮

7. 数据录入

Excel 2016 能处理多种类型的数据，如文本数据、数值数据、日期数据和逻辑数据等。输入数据的基本方法是首先单击需要输入数据的单元格，选定该单元格，然后输入数据，最后按

"Enter"键确定。若需要在一个单元格内输入多行数据,则需要按"Alt+Enter"快捷键换行。

在数据输入时,输入的数据在单元格和编辑栏内同时显示,按"Enter"键确定后,系统对所输入的数据按指定或默认格式进行格式化后再显示。由于不同类型的数据具有不同的属性,因此在用户没有明确指定数据类型的情况下,系统会根据用户输入数据的具体内容进行判别,赋予数据以默认的数据类型。

数据录入一般有以下几种方法:

(1) 直接输入数据。

① 数值数据。若输入的内容为一有效的数值串,仅包含数字(0~9)及有效的+,-,/,E,e,$(美元符号),%,.(小数点),,(千位分隔符)等字符,如在单元格输入"-123,456.789",则系统自动将其判别为数值数据,以右对齐方式显示。若要输入分数,则为避免与日期格式混淆,应先输入"0"和空格,再输入分数。例如,在单元格输入"0 1/6",按"Enter"键后显示 1/6;而直接输入"1/6",显示为"1 月 6 日"。

② 文本数据。若输入的内容为字母、数字、汉字或一些 ASCII 码等字符组合而成的字符串,而非纯数值或纯日期时间字符串,则系统将其判别为文本数据,以左对齐方式显示。若希望将纯数值或纯日期时间字符串作为文本数据,则应先输入半角的单引号,再输入纯数值或纯日期时间字符串,或者直接输入"="数值串"""="日期时间串""。例如,要输入"001",应输入"="001""。也可先选定需要输入数据的单元格,单击"开始"选项卡下"数字"功能组中"数字格式"下拉列表中的"文本"命令,指明该单元格数据的类型,再直接输入即可。

③ 日期时间数据。不同于数值数据,日期时间数据有其特殊的格式。日期的输入格式为"年-月-日"或"年/月/日"。若输入的数据不是正确的日期格式,则 Excel 2016 会将其判别为文本数据。时间的输入格式为"时:分 AM(或 PM)"(AM 表示上午,PM 表示下午),分钟数字与 AM(或 PM)间要用空格隔开。若要在同一单元格内输入日期和时间,则应在日期和时间之间用空格隔开。若要输入当天的日期,则可按"Ctrl+;(分号)"快捷键;若要输入当前时间,可按"Ctrl+Shift+:(冒号)"快捷键。

(2) 使用填充柄输入序列或重复数据。

在数据输入过程中,有时需要输入序列数据。序列数据有三类:文本序列、数值序列和日期序列。例如,学号类似 2020001,2020002,…可当作数值序列;学号类似 ZK2020001,ZK2020002,…可当作文本序列。Excel 2016 能通过填充柄的应用自动产生序列数据。

① 在选定的单元格及其相邻单元格内依次输入序列的前两项,选定这两个单元格,将鼠标指针移至该单元格区域右下角的填充柄(深色小方块)处,鼠标指针由空心的十字光标变成实心的十字光标,沿序列数据要填充的方向拖动鼠标至需要填充数据的单元格,释放鼠标即可得到所需序列数据,系统会自动判别序列数据的步长。

② 若序列数据为文本序列且步长为 1,则只需在第一个单元格内输入序列数据的首项,即可直接使用填充柄填充。但若序列数据为数值序列且步长为 1,则还需按住"Ctrl"键才能使用填充柄填充,否则只能产生重复值;而对于文本序列的数据,若填充时按住"Ctrl"键,则产生重复值。

③ 若选定的单元格区域(同行或同列内连续的一个、两个或多个单元格)内的数据不满足序列特征,则拖动填充柄会产生选定单元格区域数据的序列重复。

（3）同时在多行或多列上同步进行填充。

① 使用菜单输入序列或重复数据。在需要存放序列数据的第一个单元格内输入序列的首项，选定需要填充的单元区域，单击“开始”选项卡下“编辑”功能组中的“填充”下拉按钮，选择“序列”命令，弹出“序列”对话框。在该对话框中的“步长值”文本框内输入数值，选择相应的“类型”，再单击“确定”按钮即可填充所需数据。也可以不必选定需要填充的单元格区域，只在第一个单元格内输入第一项序列数据，再在“序列”对话框中的“步长值”文本框内输入数值，“终止值”文本框内输入数值，选择序列产生的方向和相应的“类型”，再单击“确定”按钮即可自动填充指定的序列项。

② 快速输入相同的数据。若要在选定的单元格区域内输入相同的数据，可以先选定所有要输入相同数据的单元格区域（连续或不连续均可），然后在编辑栏输入内容，再按“Ctrl+Enter”快捷键即可。

（4）其他快速输入方法。

① 记忆式输入。当输入的字符与同一列中已输入的内容相匹配时，系统将自动填写其他字符。若用户认可，则可按“Enter”键，接受提供的字符；若不认可，则可继续输入其余的字符。

② 下拉列表输入。输入数据时，同一文本数据有时可能会在不同的地方输入不一致。例如，同一个单位可能输入不同的名称，即这些名称实际上表示同一内容，但在统计时当作不同的单位。为避免此类错误的发生，可以右击选取的单元格，在快捷菜单中选择“从下拉列表中选择”命令（或按“Alt+↓”快捷键），然后在弹出的输入列表中选择所需要输入的数据即可。

③ 获取外部数据。单击“数据”选项卡下“获取外部数据”功能组中的相应命令，可以导入其他应用软件生成的不同格式的数据文件。

8. 插入工作表

插入工作表的常用方法如下：

（1）右击工作表标签，在快捷菜单中选择“插入”命令，弹出如图4-3所示的“插入”对话框。双击“常用”选项卡中的“工作表”图标，或单击“确定”按钮即可插入新的工作表。

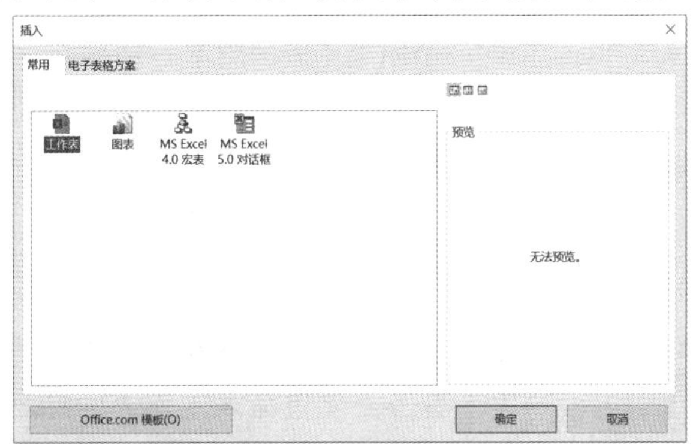

图4-3　插入工作表

（2）直接单击工作表标签右侧的“新工作表”按钮⊕即可插入新的工作表。

9. 删除工作表

删除工作表的常用方法如下：

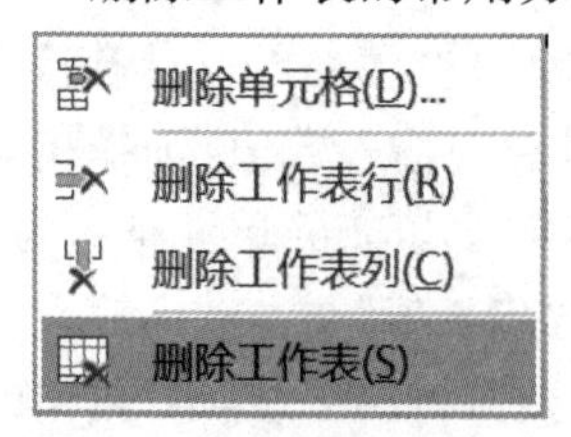

图 4-4　删除工作表 1

(1) 选中要删除的工作表，单击“开始”选项卡下“单元格”功能组中“删除”下拉列表的“删除工作表”命令，如图 4-4 所示。

(2) 右击要删除的工作表的标签，在快捷菜单中选择“删除”选项，如图 4-5(a)所示。若该工作表没有被编辑过，则直接删除；否则，会弹出如图 4-5(b)所示的提示框，单击“删除”按钮就可将选定的工作表删除。

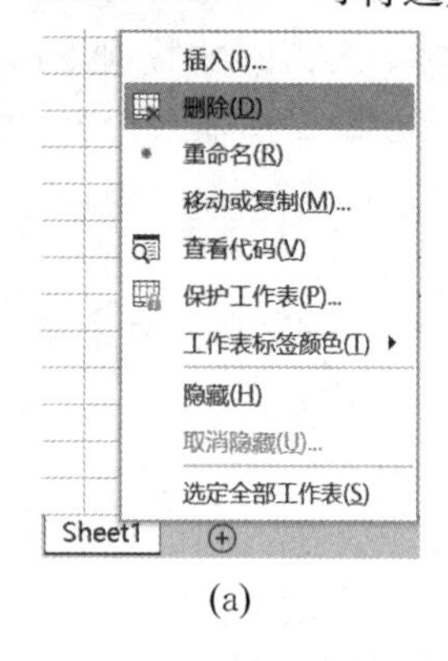

(a)

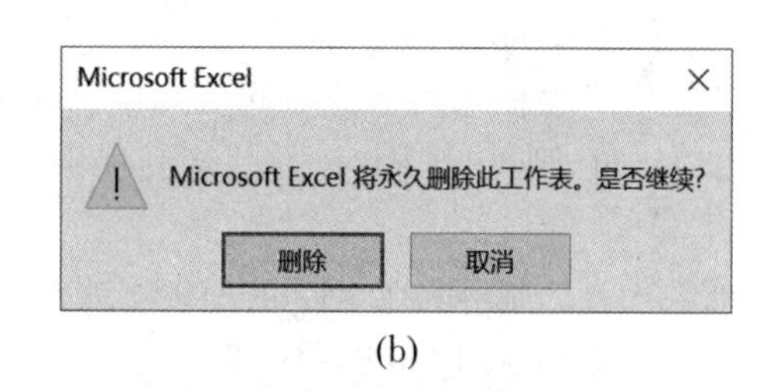

(b)

图 4-5　删除工作表 2

10. 移动工作表

将鼠标指针移至需要移动的工作表的标签上，单击并拖动鼠标，此时工作表标签上会出现一个黑色的“倒三角”图形指示工作表被拖放的位置，如图 4-6 所示，释放鼠标，即可将工作表移到指定的位置。

Sheet1　Sheet2

图 4-6　移动工作表

11. 复制工作表

复制工作表的常用方法如下：

(1) 按住“Ctrl”键，用鼠标拖动要复制的工作表标签至要增加新工作表的位置(此时，鼠标上的文档标记会增加一个“+”号)，释放鼠标和“Ctrl”键，就会创建一个原工作表的副本。

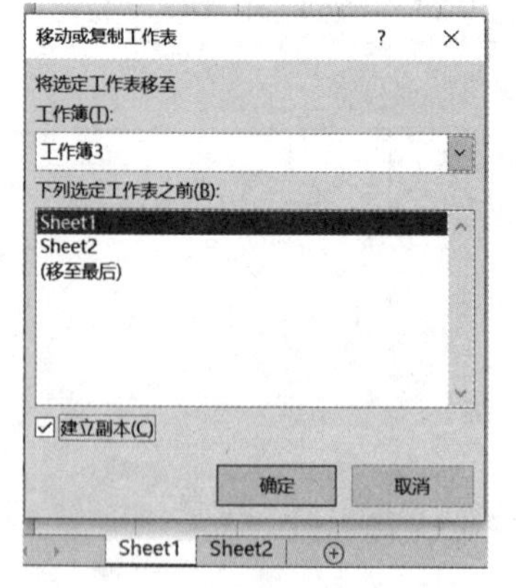

图 4-7　复制工作表

(2) 右击需复制工作表的标签，在快捷菜单中选择“移动或复制工作表”命令，在弹出的“移动或复制工作表”对话框内选择新工作表所放位置，勾选“建立副本”复选框，如图 4-7 所示，单击“确定”按钮即可。

12. 重命名工作表

重命名工作表的常用方法如下：

(1) 右击需要重命名工作表的标签，在快捷菜单中选择“重命名”命令，此时工作表标签处于可编辑状态，输入新的工作表名，按“Enter”键即可。

(2) 双击需要重命名工作表的标签，此时工作表标签处于可编辑状态，输入新的工作表名，按“Enter”键即可。

(3) 选中需要重命名的工作表，单击“开始”选项卡下“单元格”功能组中“格式”下拉按钮中的“重命名工作表”命令，此时工作表标签处于可编辑状态，输入新的工作表名，按“Enter”键即可。

案例实践 4－1　下面来完成如图 4－1 所示的案例。

步骤 1：新建工作簿。

启动“Excel 2016”，或者打开已有的 Excel 工作簿，选择“文件”选项卡中的“新建”命令，选择“空白工作簿”命令，如图 4－8 所示。

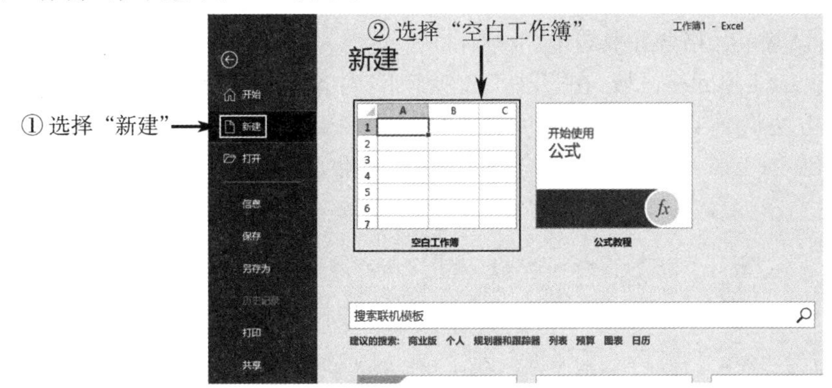

操作过程

图 4－8　新建工作簿

步骤 2：输入文字。

在 A1∶L17 单元格区域录入学生的成绩数据，如图 4－9 所示。

	A	B	C	D	E	F	G	H	I	J	K	L
1	学生成绩表											
2	制表人：SL											
3	学号	姓名	性别	高等数学	大学英语	心理学	教育学	平均分	操行	总评	排名	等级
4	1	王伟	男	85	88	86	89		85			
5		李晓晓	女	72	56	95	82		86			
6		刘琳	女	76	62	62	85		88			
7		张欣	女	68	63	76	86		87			
8		张红	女	55	76	86	87		86			
9		郑虎	男	62	58	56	55		60			
10		杨洋	女	92	86	63	80		86			
11		黄骅	男	60	68	75	88		78			
12	最高分											
13	最低分											
14	各科成绩总和											
15	男生总评成绩之和											
16	女生总评成绩之和											
17						优秀率						

图 4－9　录入数据

步骤 3：填充学号。

选中需要填充学号的单元格区域，单击“开始”选项卡下“编辑”功能组中的“填充”下拉按钮，选择“序列”命令，弹出“序列”对话框，如图 4－10 所示，用序列填充其余学号。

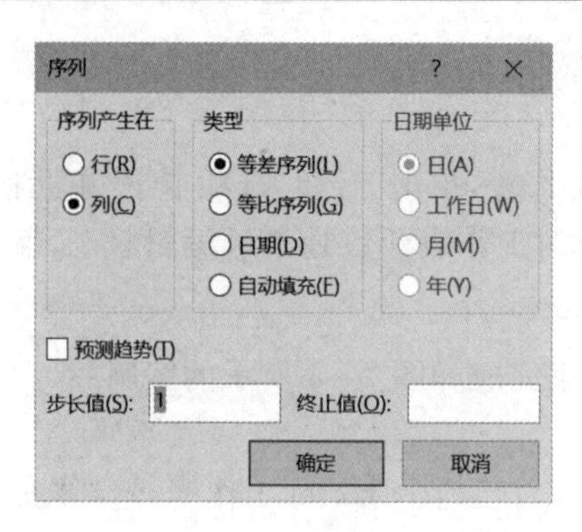

图 4-10　“序列”对话框

步骤 4:设置单元格合并及居中。

选中 A1∶L1 单元格区域,在“开始”选项卡下“对齐方式”功能组中单击“合并后居中”命令。同样的方法设置 A2∶L2,A12∶C12,A13∶C13,A14∶C14,A15∶C15,D15∶L15,A16∶C16,D16∶L16 单元格区域的合并及居中,效果如图 4-11 所示。

	A	B	C	D	E	F	G	H	I	J	K	L
1	学生成绩表											
2	制表人：SL											
3	学号	姓名	性别	高等数学	大学英语	心理学	教育学	平均分	操行	总评	排名	等级
4	1	王伟	男	85	88	86	89		85			
5	2	李晓晓	女	72	56	95	82		86			
6	3	刘琳	女	76	62	62	85		88			
7	4	张欣	女	68	63	76	86		87			
8	5	张红	女	55	76	86	87		86			
9	6	郑虎	男	62	58	56	55		60			
10	7	杨洋	女	92	86	63	80		86			
11	8	黄骅	男	60	68	75	88		78			
12	最高分											
13	最低分											
14	各科成绩总和											
15	男生总评成绩之和											
16	女生总评成绩之和											
17						优秀率						

图 4-11　单元格合并及居中

步骤 5:设置单元格格式。

(1) 设置字体格式:选中 A1 单元格,在“开始”选项卡下“字体”功能组中选择“字体”为“黑体”,“字号”为“16”,“字形”为“加粗”,“字体颜色”为“红色”。选中 A2∶L16 单元格区域,选择“字体”为“宋体”,“字号”为“12”,“字体颜色”为“黑色”。选中 F17 单元格,选择“字体”为“宋体”,“字号”为“12”,“字形”为“加粗”,“字体颜色”为“红色”。选中 A3∶L14 单元格区域,在“开始”选项卡下“对齐方式”功能组中选择“居中”命令。

(2) 设置数字格式:选中“平均分”所在单元格区域 H4∶H11,在“开始”选项卡下单击“字体”功能组右下角的“字体设置”按钮,弹出“设置单元格格式”对话框。在该对话框中的“数字”选项卡下“分类”列表中选择“数值”,在“小数位数”增量框中选择“1”,如图 4-12 所示,单击“确定”按钮。“总评”所在单元格区域 J4∶J11,“小数位数”设置成“2”,其设置方法同“平均分”。

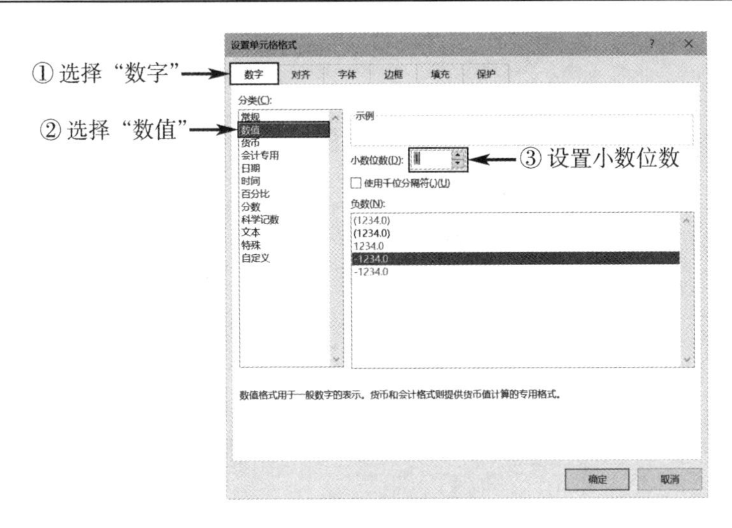

图 4－12　设置数字格式

（3）设置单元格边框和颜色。

① 设置蓝色双实线外侧框线：选中 A1：L16 单元格区域，在“开始”选项卡下单击“字体”功能组右下角的“字体设置”按钮，在弹出的“设置单元格格式”对话框中的“边框”选项卡下“直线”栏的“样式”列表中选择“双实线”，“颜色”选择“蓝色”，“预置”选择“外边框”，如图 4－13 所示。

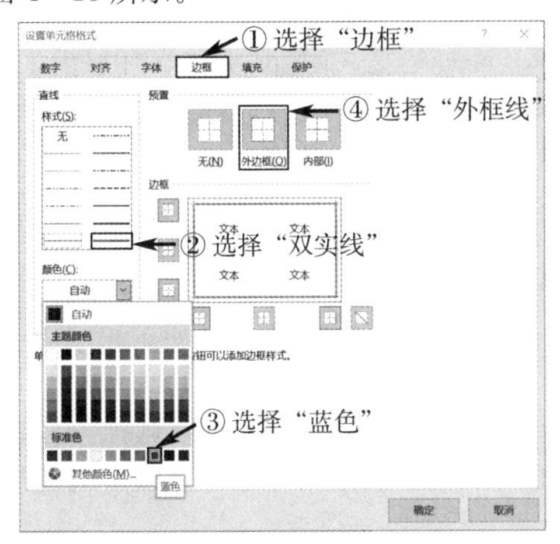

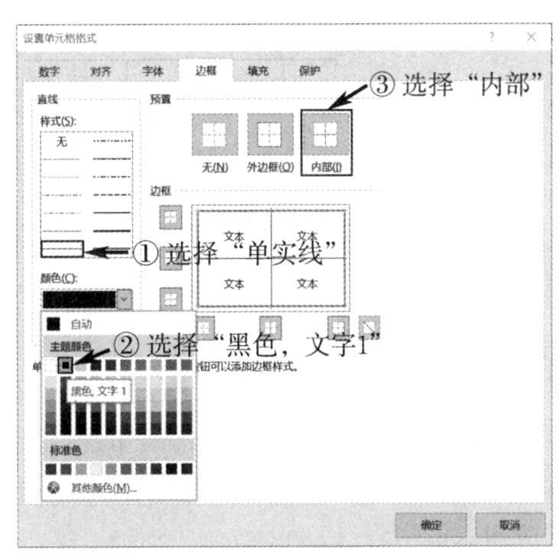

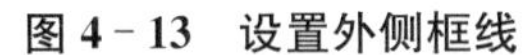

图 4－13　设置外侧框线　　　　**图 4－14　设置内部框线**

② 设置黑色单实线内部框线：在弹出的“设置单元格格式”对话框中的“边框”选项卡下“直线”栏的“样式”列表中选择“单实线”，“颜色”选择“黑色，文字 1”，“预置”选择“内部”，如图 4－14 所示。

③ 设置 A1 单元格填充颜色为黄色：选中 A1 单元格，“设置单元格格式”对话框中的“填充”选项卡下，“背景色”选择“黄色”，如图 4－15 所示。

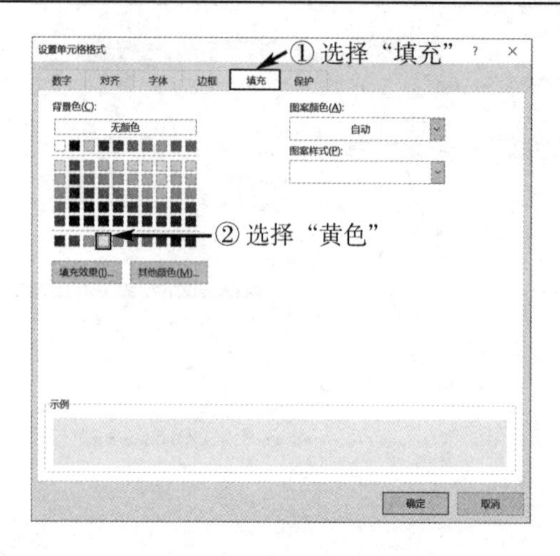

图 4 - 15　设置填充颜色

步骤 6:设置行高和列宽。

选中 A1 : L17 单元格区域,单击"开始"选项卡下"单元格"功能组中的"格式"命令,在下拉列表中选择"行高"命令,如图 4 - 16 所示。在弹出的"行高"对话框中,设置行高为"18",单击"确定"按钮;在"格式"的下拉列表中选择"列宽"命令,设置列宽为"10"。

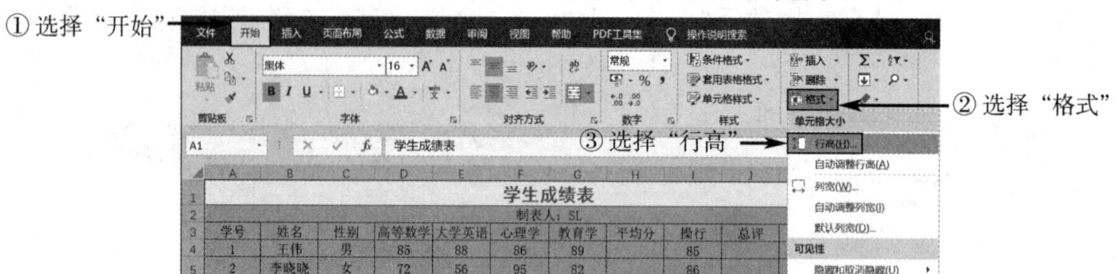

图 4 - 16　设置行高和列宽

步骤 7:设置数据有效性。

选中 A4 : A11 单元格区域,单击"数据"选项卡下"数据工具"功能组中的"数据验证"命令,在弹出的"数据验证"对话框中的"设置"选项卡下"验证条件"栏中,"允许"选择"整数","数据"选择"介于",在"最小值"文本框中输入"0",在"最大值"文本框中输入"100",单击"确定"按钮,如图 4 - 17 所示。

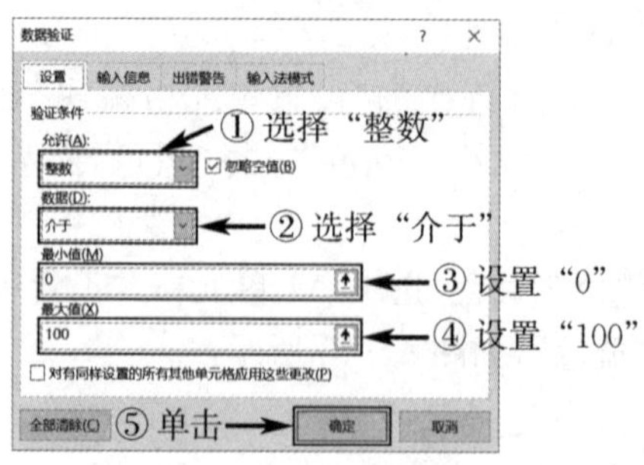

图 4 - 17　设置数据有效性

步骤8：设置条件格式。

选中 D4∶G11 单元格区域，单击“开始”选项卡下“样式”功能组中的“条件格式”命令，在下拉列表中选择“突出显示单元格规则”中的“小于”命令，弹出“小于”对话框。为小于60分数值的单元格设置格式，文本框中输入“60”，“设置为”选择“红色文本”，单击“确定”按钮，如图4-18所示。

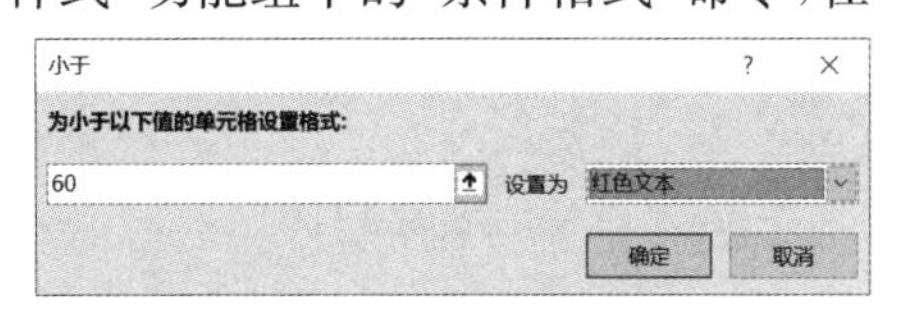

图4-18　设置条件格式

案例总结

单元格格式设置，主要包括字体、字号、字形、颜色、边框、底纹和数字的格式设置，单击“开始”选项卡下“字体”功能组中右下角的“字体设置”按钮，在弹出的“设置单元格格式”对话框中，进行相关单元格格式设置。

拓展深化

4.1.2 Excel 2016 的常用功能

1. 拆分窗口和冻结窗格

1) 拆分窗口

由于计算机屏幕的大小有限，因此当表格太大时，往往只能看到表格的部分数据。若需要将工作表中相距较远的数据关联起来，则可将窗口划分为几个部分，以便在不同的窗格内查看、编辑同一工作表的不同部分的内容。

选中需要拆分窗口的位置，在“视图”选项卡下，单击“窗口”功能组中的“拆分”命令，即可拆分窗口。再次单击“拆分”命令，可以取消拆分。

2) 冻结窗格

如果工作表的数据项较多，那么采用垂直或水平滚动条查看数据时，标题行或列将无法显示出来，造成查看数据不便。例如，有一学生成绩表，学生考试科目很多，查看右侧的总分和平均分时，左侧的学生学号、姓名会移出屏幕，此时很难将所看到的总分和平均分与学生对应起来。冻结窗格功能可以解决这个问题。冻结窗格的目的是固定窗口左侧几列或上端几行。

选定行号或列标，在“视图”选项卡下“窗口”功能组中，单击“冻结窗格”下拉按钮，选择“冻结窗格”命令，可将选定行号的上端几行或选定列标的左侧几列冻结。若只选定了某个单元格，则在冻结窗格时会在水平和垂直两个方向上将窗格冻结。

若要撤消窗格冻结，只需在“视图”选项卡下“窗口”功能组中，单击“冻结窗格”下拉按钮，选择“取消冻结窗格”即可。

2. 打印工作表

与 Word 文档比较，Excel 工作表的打印要复杂一些。在打印工作表之前，一般还需要进行页面设置、工作表设置等。

1) 页面设置

Excel 2016 页面设置包括纸张方向、纸张大小、页边距、页眉和页脚等，可以使用“页面布局”选项卡下的“页面设置”功能组完成，也可以单击“页面设置”功能组中右下角的“页面设

图 4-19　“页面设置”对话框

置”按钮，弹出如图 4-19 所示的“页面设置”对话框，在该对话框中可以设置相应的参数。

(1) 设置页面：在“页面设置”对话框的“页面”选项卡中可以设置纸张方向和打印缩放比例，在“纸张大小”下拉列表框中可以选择纸张的大小。单击“打印”按钮，打开“打印”界面，可设置打印的份数、页面范围等。

(2) 设置页边距：在“页面设置”对话框的“页边距”选项卡中，可设置页面的上、下、左、右边距及页眉、页脚的距离。勾选“居中方式”栏中“水平”和“垂直”复选框，可将表格居中打印。

(3) 设置页眉和页脚：在“页面设置”对话框的“页眉/页脚”选项卡中的“页眉”下拉列表框中预存了常用的页眉方式，选择所需页眉的形式，从上方预览框中可以看到所选页眉的效果；同样，页脚也可以这样设置。除预定义的几种页眉和页脚外，用户也可以自定义页眉和页脚。

Tips

自定义页脚的操作：单击“自定义页脚”按钮，弹出“页脚”对话框，可以看出页脚的设置分为左、中、右三个部分，插入点光标停留在“左部”的文本框中，用户可改变光标位置，在左、中、右三个文本框中输入所需的文本，或直接单击上方相应按钮，插入页码、页数、时间、日期等，如图 4-20 所示。选定输入的文本或插入的数据，单击“格式文本”按钮，弹出“字体”对话框，设置文本所需格式，单击“确定”按钮即返回到“页脚”对话框，可浏览设置效果。

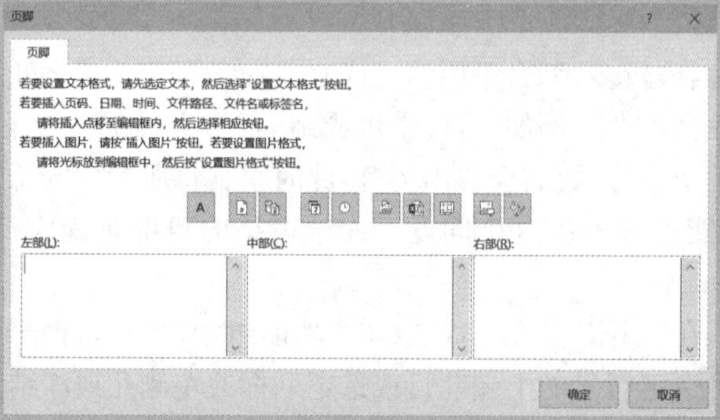

图 4-20　自定义页脚

(4) 设置工作表：Excel 2016 在处理表格时，经常在一个工作表中有很多条记录，若直接打印，则按默认的方式分页，一般只在第一页中有表的标题，其他页面中都没有，这不便于浏览。通过给工作表设置一个打印标题区即可在每页上打印出所需标题。

在“页面设置”对话框的“工作表”选项卡中，单击“顶端标题行”中的“拾取”按钮，对话框会变成一个小的输入条，在工作表中选择要作为表的标题的几行，单击输入框中的“返回”按钮，或直接在“顶端标题行”文本框中输入要作为表的标题的数据区(如需要将第一行和第二行作为每页标题,输入"＄1：＄2"即可)。另外,还可以设置打印区域、打印顺序和其他一些相关打印参数。

2) 工作表的打印

打印工作表时一般会在打印之前预览打印效果,审查工作表编排是否符合要求。若有些设置不符合要求或效果不太理想(如页边距太窄、分页位置不恰当和一些不合理的排版等),则可在预览模式下进一步调整打印效果,直到符合要求再进行打印,以免浪费时间和纸张。

(1) 打印预览:单击"文件"选项卡中的"打印"命令,或在"页面设置"对话框中单击"打印预览"按钮,打开"打印"界面,在右侧窗格中可预览打印效果。

(2) 打印:完成对工作表的文本信息格式、页边距、页眉和页脚等设置,且通过打印预览调整排版效果后,就可开始打印输出。

拓展案例

记账凭证,制作效果如图 4 - 21 所示。

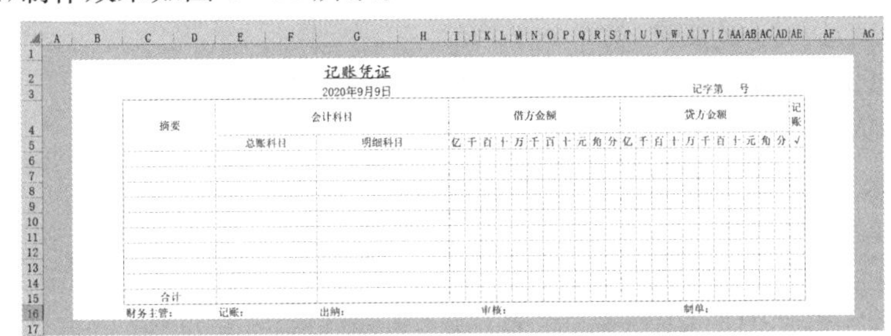

记账凭证

图 4 - 21　记账凭证

分析:

① 在对应单元格中输入记账凭证相关内容。

② 设置合适的行高和列宽,单元格合并。

③ 在对应单元格区域添加绿色内外边框和橙色以及白色底纹。

4.2　公式和函数的应用

案例引入

通过完成如图 4 - 22 所示的学生成绩表来介绍公式和函数的应用。

公式和函数的应用样例

学生成绩表

制表人：SL

学号	姓名	性别	高等数学	大学英语	心理学	教育学	平均分	操行	总评	排名	等级
1	王伟	男	85	88	86	89	87.0	85	86.40	1	优秀
2	李晓晓	女	72	56	95	82	76.3	86	79.18	3	及格
3	刘琳	女	76	62	62	85	71.3	88	76.28	6	及格
4	张欣	女	68	63	76	86	73.3	87	77.38	5	及格
5	张红	女	55	76	86	87	76.0	86	79.00	4	及格
6	郑虎	男	62	58	56	55	57.8	60	58.43	8	不及格
7	杨洋	女	92	86	63	80	80.3	86	81.98	2	及格
8	黄骅	男	60	68	75	88	72.8	78	74.33	7	及格
最高分			92	88	95	89					
最低分			55	56	56	55					
各科成绩总和			570	557	599	652					
男生总评成绩之和			219.15								
女生总评成绩之和			393.80								
					优秀率	12.50%					

图 4-22 公式和函数的应用样例

案例分析

要完成上述学生成绩表公式和函数的应用，需完成以下九项任务：

(1) 利用 AVERAGE()函数计算各科成绩的平均分。

(2) 利用公式计算总评成绩，总评=平均分×0.7+操行×0.3。

(3) 利用 RANK()函数根据总评成绩计算学生排名情况。

(4) 利用 MAX()函数计算各科成绩的最高分。

(5) 利用 MIN()函数计算各科成绩的最低分。

(6) 利用 SUM()函数计算各科成绩的总分。

(7) 利用 SUMIF()函数计算男、女生总评成绩之和。

(8) 利用 IF()函数计算等级，等级分类标准：总评≥85 分为优秀，60 分≤总评<85 分为及格，总评<60 分为不及格。

(9) 利用 COUNTIF()和 COUNT()函数计算优秀率。

知识讲解

4.2.1 公式与函数的基本知识

1. 公式的复制

复制公式的常用方法如下：

(1) 复制含有公式的单元格，鼠标指针移至目标单元格，右击后，在弹出的菜单中选择粘贴公式命令，即可完成公式复制。

(2) 选定含有公式的单元格，拖动单元格填充柄，可完成相邻单元格公式的复制。

2. 单元格地址的引用

1) 相对地址

相对地址的形式为 D3，A8 等，表示在单元格中当含有该地址的公式被复制到目标单元格时，公式不是照搬原来单元格的内容，而是根据公式原来位置和复制到的目标位置推算出公式中单元格地址相对原位置的变化，使用变化后的单元格地址的内容进行计算。

例如，D1 单元格中公式“=(A1+B1+C1)/3”，复制到 E3 单元格中，公式变为“=(B3+C3+D3)/3”。

2）绝对地址

绝对地址的形式为＄D＄3，＄A＄8 等，表示在单元格中当含有该地址的公式无论被复制到哪个单元格时，公式永远是照搬原来单元格的内容。

例如，D1 单元格中公式“=（＄A＄1+＄B＄1+＄C＄1）/3”，复制到 E3 单元格中，公式仍为“=（＄A＄1+＄B＄1+＄C＄1）/3”。

3）混合地址

混合地址的形式为 D＄3，＄A8 等，表示在单元格中当含有该地址的公式被复制到目标单元格时，相对地址会根据公式原来位置和复制到的目标位置推算出公式中单元格地址相对原位置的变化，而绝对地址永远不变，接着使用变化后的单元格地址的内容进行计算。

例如，D1 单元格中公式“=（＄A1+B＄1+C1）/3”，复制到 E3 单元格中，公式变为“=（＄A3+C＄1+D3）/3”。

3. 公式

公式的一般形式为

=表达式

表达式可以是算术表达式、关系表达式和字符串表达式等，可由运算符、常量、单元格地址、函数及括号等组成。“=”之前不能含有空格，表达式前面必须有“=”。常用的运算符如表 4－2 所示。

表 4－2　常用的运算符

运算符	功能	举例
－	负号	－6，－B1
%	百分数	5%
^	乘方	6^2，即 6^2
*，/	乘、除	6*7，3/2
+，－	加、减	7+7，7－7
&	字符串连接	"China"&"2008"，即 China2008
=，<> >，>= <，<=	等于，不等于 大于，大于或等于 小于，小于或等于	6=4 的值为假，6<>3 的值为真 6>4 的值为真，6>=3 的值为真 6<4 的值为假，6<=3 的值为假

4. 函数

Excel 2016 中的函数是系统为解决某些不能通过简单运算处理的复杂问题而预先编辑好的特殊算式。函数包括函数名、括号和参数三个要素。函数名后紧跟括号，参数位于括号中间，其形式为

函数名（参数 1，参数 2……）

不同函数的参数数目不一样，有些函数没有参数，有些函数有一个或多个参数。函数的结构如图 4－23 所示。

为方便用户处理数据，Excel 2016 提供了大量的函数，这里仅介绍一些常用函数。

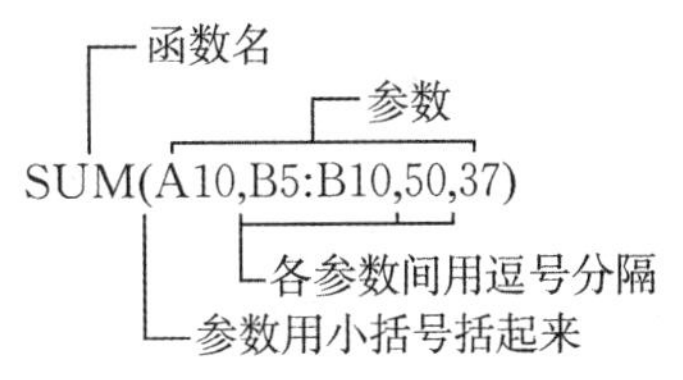

图 4－23　函数的结构

1) SUM()函数

格式:**SUM(number1,number2,…)**

功能:对参数中的数值求和,参数中的空值、逻辑值、文本或错误值将被忽略。

参数:number1,number2,…为需要求和的值,可以是具体的数值、引用单元格(区域)等。参数不超过 255 个。

实例:"=SUM(A1:F1)"是对 A1~F1 六个单元格内的数据求和;"=SUM(A1:C1,E1:F1)"是对 A1,B1,C1,E1,F1 五个单元格内的数据求和。

相关函数:SUMIF(),SUMIFS()。

Tips

SUMIF(range,criteria,sum_range)函数对区域中符合指定条件的单元格求和。range 为用于条件计算的单元格区域;criteria 为条件表达式,其形式可以为数字、表达式、引用单元格、文本或函数。需要注意的是,任何文本条件或含有逻辑或数学符号的条件都必须使用半角的双引号引起来。若条件为数字,则无须使用双引号;sum_range 为需要求和的实际单元格,若省略,则对 range 参数中指定的单元格区域求和。例如,有一工资表,员工工资存放在 F 列,职称存放在 B 列,则公式"=SUMIF(B1:B100,"中级",F1:F100)"表示统计 B1:B100 单元格区域内职称为"中级"的员工工资总额,而公式"=SUMIF(F1:F100,">=3000")"则表示统计 F1:F100 单元格区域内工资大于或等于 3000 的员工工资总额。

SUMIFS()函数可对区域中满足多个条件的单元格求和。

2) AVERAGE()函数

格式:**AVERAGE(number1,number2,…)**

功能:对参数中的数据求算术平均值。

参数:number1,number2,…为需要求平均值的数值或引用单元格(区域)。引用区域中含"0"的单元格,计算在内;而引用区域中包含空白或字符单元格,不计算在内。参数不超过 255 个。

相关函数:AVERAGEIF(),AVERAGEIFS()。

3) MIN()函数

格式:**MIN(number1,number2,…)**

功能:求出参数中的最小值。

参数:number1,number2,…为需要求最小值的数值或引用单元格(区域)。参数不超过 30 个。若参数中有文本或逻辑值,则被忽略。

相关函数:MAX()。

4) COUNT()函数

格式:**COUNT(number1,number2,…)**

功能:求出参数中含数字的单元格的个数。

参数:number1,number2,…为单元格(区域)常量,其类型不限。

相关函数:COUNTIF(),COUNTIFS()。

5) IF()函数

格式:**IF(logical_test,value_if_true,value_if_false)**

功能：根据对指定条件的逻辑值，判断其真假，返回相应的内容。

参数：logical_test 为关系表达式或逻辑表达式；value_if_true 表示当判断条件为逻辑“真(TRUE)”时的返回值，若忽略则返回“TRUE”；value_if_false 表示当判断条件为逻辑“假(FALSE)”时的返回值，若忽略则返回“FALSE”。

实例：在 D18 单元格中输入公式“=IF(C18>=60,"及格","不及格")”，表示若 C18 单元格中的数值大于或等于 60，则 D18 单元格显示“及格”，否则显示“不及格”。

6) INT()函数

格式：**INT(number)**

功能：求不大于 number 数值的最大整数。

参数：number 表示需要取整的数值或包含数值的引用单元格。

7) AND()函数

格式：**AND(logical1,logical2,…)**

功能：若所有参数值均为“TRUE”，则返回“TRUE”；否则，返回“FALSE”。

参数：logical1,logical2,…表示待测试的条件值或关系表达式。参数不超过 30 个。

相关函数：OR()。

8) RANK()函数

格式：**RANK(number,ref,order)**

功能：返回某一数值在一组数据中相对于其他数值的排位。

参数：number 为需要排序的数值；ref 为排序数值所处的单元格区域；order 为排序方式(若为“0”或者忽略，则按降序排位；若为非“0”，则按升序排位)。

注意：number 一般采取相对引用形式，而 ref 则采取绝对引用形式。

9) Now()函数

格式：**Now()**

功能：根据计算机系统设定的日期和时间返回当前的日期和时间值。

相关函数：TODAY()。

10) MID()函数

格式：**MID(text,start_num,num_chars)**

功能：返回文本字符串中从指定位置开始的特定数目的字符，该数目由用户指定。

参数：text 为包含要提取字符的文本字符串；start_num 为提取字符的起始位置；num_chars为提取字符的个数。

相关函数：LEFT(),RIGHT()。

11) VLOOKUP()函数

格式：**VLOOKUP(lookup_value,table_array,col_index_num,range_lookup)**

功能：按列查找，最终返回该列所需查询序列所对应的值。

参数：lookup_value 为要查找的值；table_array 为查找的区域；col_index_num 为返回数据在查找区域的第几列数；range_lookup 为精确(或模糊查找)。

相关函数：LOOKUP(),HLOOKUP()。

5. 公式与函数运算常见错误

在公式或函数的运算过程中，有时会因为公式或函数的设置以及人为因素造成单元格中出现错误信息。当出现错误时,Excel 会给出一些提示,以帮助用户找出错误的原因。

(1)“######”:输入到单元格的数值太长,在单元格中显示不下。

(2)“#VALUE!”:使用了错误的参数和运算对象类型。

(3)“#DIV/0!”:公式被 0 除时。

(4)“#NAME?”:公式中产生不能识别的文本。

(5)“#N/A”:函数或公式中没有可用的数值。

(6)“#REF!”:单元格引用无效。

(7)“#NUM!”:公式或函数中的某个数字有问题。

(8)“#NULL!”:为两个并不相交的区域指定交叉点。

案例实践 4-2 下面完成如图 4-22 所示的案例。

操作过程

步骤 1:利用 AVERAGE()函数计算平均分。

选中 H4 单元格,单击“公式”选项卡下“函数库”功能组中的“插入函数”命令,在弹出的“插入函数”对话框中选择函数“AVERAGE”,如图 4-24(a)所示,单击“确定”按钮,弹出“函数参数”对话框。在“AVERAGE”栏中“Number1”的文本框中拾取 D4∶G4 单元格区域,如图 4-24(b)所示,单击“确定”按钮。使用填充柄完成其余学生平均分的计算。

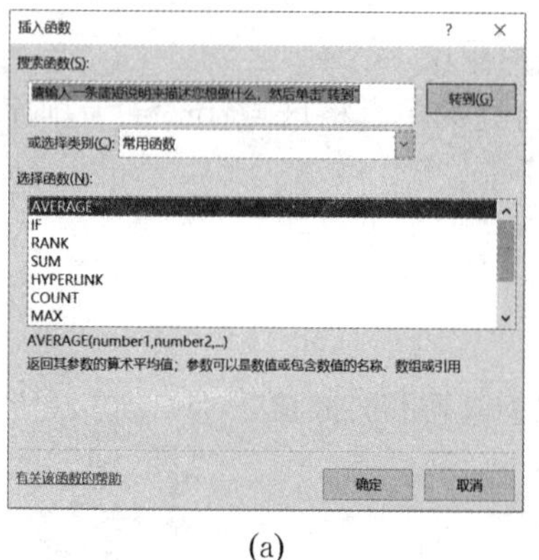

(a)

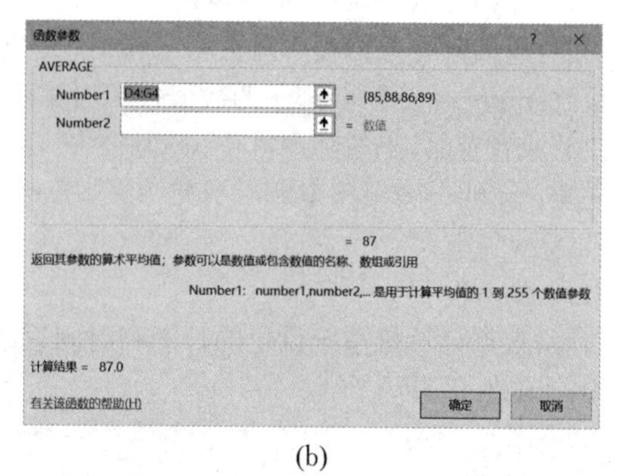

(b)

图 4-24 AVERAGE()函数的使用

步骤 2:利用公式计算总评成绩。

总评的计算公式:总评=平均分×0.7+操行×0.3。单击“王伟”同学总评成绩所在单元格 J4,在编辑栏中输入“=H4*0.7+I4*0.3”,如图 4-25 所示,按“Enter”键确定。使用填充柄完成其余学生总评成绩的计算。

=H4*0.7+I4*0.3

学生成绩表

制表人:SL

姓名	性别	高等数学	大学英语	心理学	教育学	平均分	操行	总评
王伟	男	85	88	86	89	87.0		=H4*0.7+I4*0.3
李晓晓	女	72	56	95	82	76.3	86	
刘琳	女	76	62	62	85	71.3	88	
张欣	女	68	63	76	86	73.3	87	

图 4-25 公式的使用

步骤 3：利用 RANK()函数计算学生排名。

根据总评成绩计算学生排名情况。单击“王伟”同学排名所在单元格 K4，选择函数“RANK”，在弹出的“函数参数”对话框中，在“RANK”栏“Number”文本框中拾取 J4 单元格，“Ref”文本框中输入“$J$4：$J$11”，单击“确定”按钮，如图 4－26 所示。

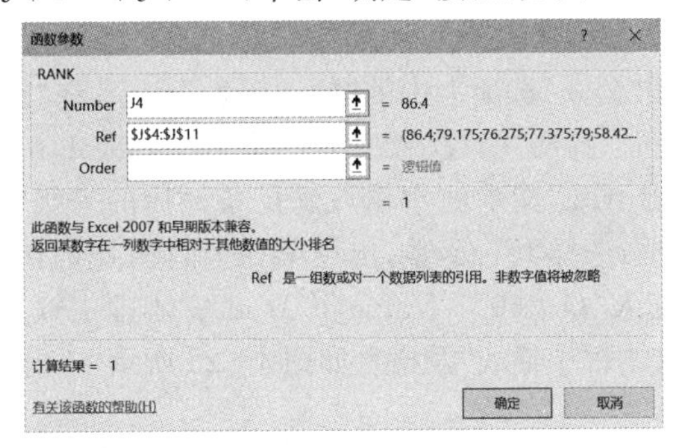

图 4－26　RANK()函数的使用

步骤 4：利用 MAX()函数计算各科成绩最高分。

单击 D12 单元格，利用“公式”选项卡下“插入函数”命令，在“插入函数”对话框中选择函数“MAX”，单击“确定”按钮。弹出“函数参数”对话框，在“Number1”文本框中拾取 D4：D11 单元格区域，单击“确定”按钮。使用填充柄完成其余课程最高分的计算。

步骤 5：利用 MIN()函数计算各科成绩最低分。

单击 D13 单元格，在编辑栏中输入“＝MIN(D4：D11)”。使用填充柄完成其余课程最低分的计算。

步骤 6：利用 SUM()函数计算各科成绩总分。

单击 D14 单元格，在编辑栏中输入“＝SUM(D4：D11)”。使用填充柄完成其余课程总分的计算。

步骤 7：利用 SUMIF()函数计算男、女生总评成绩之和。

先计算男生的总评成绩之和，单击 D15 单元格，选择函数“SUMIF”，在弹出的“函数参数”对话框中，“Range”文本框中拾取 C4：C11 单元格区域，“Criteria”文本框中输入条件“男”，“Sum_range”文本框中输入“J4：J11”，如图 4－27 所示。女生的总评成绩之和可类似计算，在“Criteria”文本框中输入条件“女”，其余参数一样。

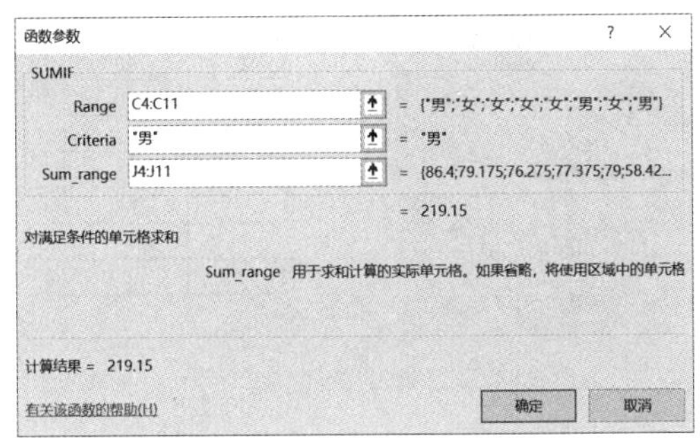

图 4－27　SUMIF()函数的使用

步骤 8:利用 IF()函数计算等级。

现利用公式对学生总评成绩进行等级分类,通过分析,常用函数“IF”能根据指定条件进行判断,返回相应内容,但是,一个 IF()函数只能判断一个条件,而本案例有两个条件。若要用 IF()函数来实现成绩等级分类,则只能采用 IF()函数嵌套,其公式为“=IF(J4>=85,"优秀",IF(J4<60,"不及格","及格"))”。

单击 L4 单元格,利用“公式”选项卡中的“插入函数”命令,在“插入函数”对话框中选择函数“IF”,单击“确定”按钮。弹出“函数参数”对话框,在“Logical_test”文本框中输入判断条件“J4>=85”,“Value_if_true”文本框中输入满足条件后的等级“优秀”,单击“Value_if_false”文本框后单击名称框,选择 IF()函数,出现第二个嵌套 IF()函数参数设置对话框。在“Logical_test”文本框中输入“J4<60”,“Value_if_true”文本框中输入满足条件后的等级“不及格”,“Value_if_false”文本框中输入“及格”,如图 4-28 所示,单击“确定”按钮。

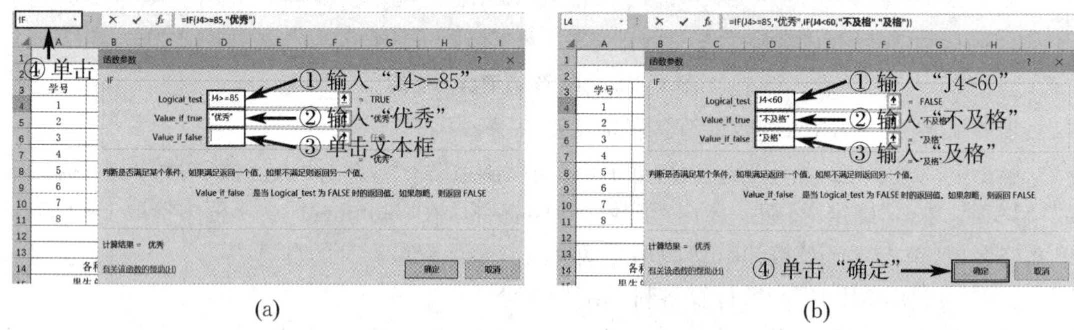

图 4-28　IF()函数的使用

步骤 9:利用 COUNTIF()和 COUNT()函数计算优秀率。

单击 G17 单元格,利用“公式”选项卡下的“插入函数”命令,在“插入函数”对话框中选择函数“COUNTIF”,单击“确定”按钮。弹出“函数参数”对话框,在“Range”文本框中拾取“等级”所在单元格区域 L4:L11,“Criteria”文本框中输入条件“优秀”,如图 4-29(a)所示,单击“确定”按钮,计算出“优秀”的个数。再利用 COUNT()函数计算学生人数,在 G17 单元格的编辑栏中接着输入“/COUNT(K4:K11)”,计算出优秀率,如图 4-29(b)所示。G17 单元格的数字格式设置为百分比,小数位数为“2”。至此,完成案例效果。

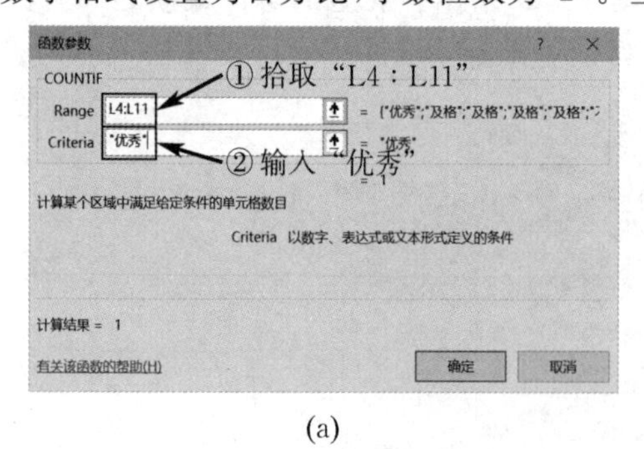

=COUNTIF(L4:L11,"优秀")/COUNT(K4:K11) ← 输入

C	D	E	F	G
女	92	86	63	80
男	60	68	75	88
	92	88	95	89
	55	56	56	55
	570	557	599	652
			优秀率	0.125

(b)

图 4-29　COUNTIF()和 COUNT()函数的使用

案例总结

(1) 公式的使用,必须先输入"=",然后根据 Excel 2016 中提供的表达式进行计算。

(2) 函数主要利用"公式"选项卡下的"插入函数"命令,选择所需的函数后,根据不同函数的参数要求按实际情况的需要进行设置。

拓展深化

4.2.2 财务函数

Excel 中的财务函数,常用的有 PV()现值函数、FV()终值函数以及基于固定利率及等额分期付款方式的一组函数(PMT()还款额函数、PPMT()本金部分函数、IPMT()利息部分函数、NPV()净现值函数和 IRR()内部报酬率函数等)。

例 1　某人在连续 5 年中,每年年初存入银行 1 000 元,存款年利率为 8%,计算第 5 年末年金终值。要求终值就用到 FV()函数。

解　格式:**FV(rate,nper,pmt,pv,type)**

参数:rate 为各期利率;nper 为总投资期;pmt 为年金,计算复利终值时可忽略;pv 为现值,计算年金终值时可忽略;type 为 0 时代表期末支付,为 1 时代表期初支付。

本题中年利率是 8%,总投资期是 5 年,每年年初存入 1 000 元,说明是年金形式的,pmt 为 1000,现值没有可忽略,年初存入说明 type 是 1,所以公式为

=FV(0.08,5,−1000,,1)

计算出来的结果是此人第 5 年末可得到 6 335.93 元。

注意:pmt 或 pv 在该函数中应用负数表示。

例 2　某公司每年年末偿还借款 12 000 元,借款期为 10 年,银行存款年利率为 10%,则该公司目前银行存款至少为多少元?要求目前的金额就用到 PV()函数。

解　格式:**PV(rate,nper,pmt,fv,type)**

参数:与 FV()函数基本相同。

本题中年利率是 10%,总投资期是 10 年,年金 12 000 元,终值没有可忽略,期末付款说明 type 是 0(当为 0 时也可忽略不写),所以公式为

=PV(0.1,10,−12000)

计算出来的结果是该公司目前的银行存款至少要有 73 734.81 元,才能满足还款条件。

例 3　某企业租用一固定资产,租金共计 36 000 元,分 5 年等额支付,年利率为 8%,每年年末支付,计算第一年支付本金及利息。用 PMT(),PPMT(),IPMT()这一组等额函数。

解　PMT()函数是基于固定利率及等额分期付款方式,返回投资或贷款的每期付款额。

格式:**PMT(rate,nper,pv,fv,type)**

PPMT()函数是基于固定利率及等额分期付款方式,返回投资在某一给定期次内的本金。

格式:**PPMT(rate,per,nper,pv,fv,type)**

参数：per 为计算本金数额的期次。

IPMT()函数是基于固定利率及等额分期付款方式，返回投资在某一给定期次内的利息。

格式：**IPMT(rate,per,nper,pv,fv,type)**

因此，每期还款额的公式为

=PMT(0.08,5,-36000)

第一年偿还本金的公式为

=PPMT(0.08,1,5,-36000)

第一年偿还利息的公式为

=IPMT(0.08,1,5,-36000)

提示　在用 Excel 做模型时，公式中的参数不要用数据表示，而是采用拾取单元格地址的方式。

拓展案例

查询业务员张雪、李乔、刘辉和王宏的销售额。工作表中的数据源为 A，B 两列，分别放置业务员姓名和对应的销售额。当需要按照业务员查找其对应的销售额时，就要用到 VLOOKUP()函数了。如图 4-30 所示，表中 E2，E3，E4，E5 单元格为公式所在位置，以 E2 单元格公式为例，输入公式"=VLOOKUP(D2，$A$2：$B$10,2,0)"，其余单元格用填充柄填充。

E2　fx　=VLOOKUP(D2,$A$2:$B$10,2,0)

	A	B	C	D	E	F
1	业务员	销售额		业务员	销售额	
2	张雪	5652		张雪	5652	
3	李乔	7235		李乔	7235	
4	雷鸣	8725		刘辉	9865	
5	王宏	8622		王宏	8622	
6	赵巧	7865				
7	莫屈	7866				
8	刘婷	6789				
9	白顺利	5876				
10	刘辉	9865				
11						

图 4-30　查询销售额

分析：

① 在 A1：B10 单元格区域中输入销售情况相关内容。

② 在 D1 单元格中输入"业务员"，在 D2：D5 单元格区域中输入需要查询的业务员姓名，在 E1 单元格中输入"销售额"，在 E2：E5 单元格区域中填充黄色底纹和黑实线边框，用于存放查询后的结果。

③ 在 E2 单元格中输入公式"=VLOOKUP(D2，$A$2：$B$10,2,0)"。

4.3 图　表

表格数据所表达的信息常常显得枯燥乏味，不易理解，若制成图表，则能一目了然，使数据更直观、形象。

案例引入

以利用如图 4-31(a)所示的学生成绩表制作成如图 4-31(b)所示图表效果来介绍如何进行图表创建及编辑。

学 生 成 绩 表

班级	姓名	性别	政治面貌	语文	高数	英语	计算机	操行	平均分	总分	总评
1	罗萧	女	群众	93	82	88	90	95	90.28	448.00	优
3	王明	男	党员	78	88	64	78	82	78.50	390.00	中
1	张大玫	女	党员	67	79	82	70	87	78.25	385.00	中
2	陈惠慧	女	团员	67	75	81	74	87	78.08	384.00	中
2	李华	男	团员	87	85	78	82	80	82.10	412.00	良
3	刘梨婷	女	党员	79	58	76	76	86	76.38	375.00	中
1	马林林	女	团员	56	57	66	60	56	58.63	295.00	不及格
2	赵鹏	男	群众	78	68	72	89	89	80.43	396.00	良
3	赵万红	女	团员	76	89	72	89	62	75.65	388.00	中
2	张风	男	群众	60	61	86	74	50	64.18	331.00	及格

图表样例

(a)

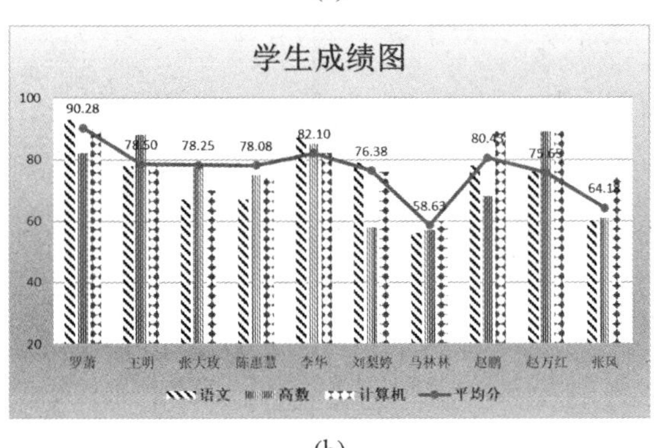

(b)

图 4-31　图表样例

案例分析

要完成以上图表制作，需完成以下五项工作：

(1) 打开工作簿“图表样例. xlsx”。

(2) 插入图表：选取数据，选择“插入”选项卡下“图表”功能组中的所需图表命令。

(3) 编辑图表：修改图表系列；改变图表类型；添加及修改图表标签。

(4) 格式化图表：设置图表标题及图例的字体；设置图表区的填充效果；更改数值轴刻度；设置各数据序列格式。

知识讲解

4.3.1 图表的基本知识

1. 图表的概念

(1) 图表类型：十几类图表，有三维、二维，每类还有子类型，如图 4－32 所示。

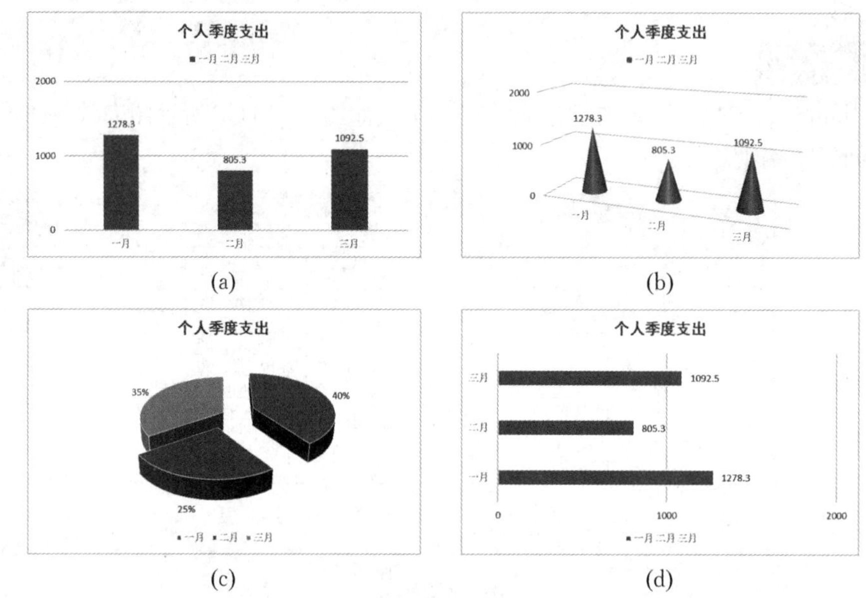

(a)　(b)　(c)　(d)

图 4－32　图表类型举例

(2) 数据源：创建图表的数据区域，可以包含说明性文字。

(3) 图表元素：图表中各个对象，有图表区、绘图区、图表标题、数据系列、坐标轴、网格线和图例等，如图 4－33 所示。

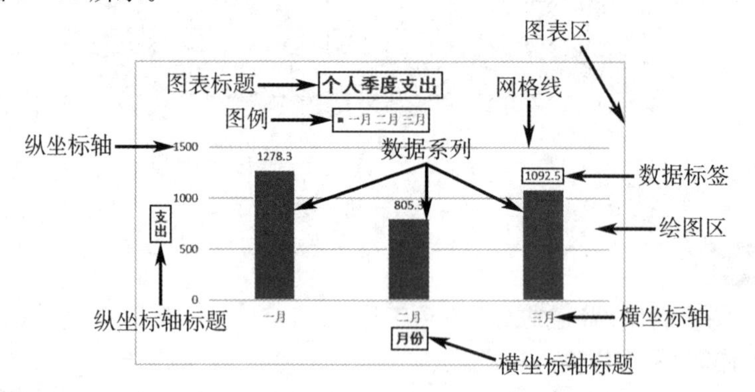

图 4－33　图表元素

① 图表区：整个图表区域。

② 绘图区：图表区中绘制图形的区域。

③ 图表标题：每一张图表都应有一个标题，标题简要地说明了图表的意义。标题应简短、明确地表示数据的含义。

④ 数据系列：每一张图表都由一个或多个数据系列组成，系列就是图形元素（如线、条形、扇区）所代表的数据集合。

⑤ 坐标轴：除饼图、圆环图、雷达图不需要坐标轴外，其他类型的图表都应有坐标轴。分类轴（横坐标轴）表示数据系列的分类，数据轴（纵坐标轴）表示度量单位。每个坐标轴通常有一个标题来表示数据的类别和度量单位。

⑥ 网格线：用来标记度量单位的线条，以便于分清各数据点的数值。

⑦ 图例：当图表表示多个数据系列时，可以用图例来区分各个系列。

(4) 图表位置：嵌入式图表和工作表图表。

Excel 2016 中可以建立两类图表，一类为嵌入式图表，另一类为工作表图表。嵌入式图表是置于工作表中而非独立的图表，工作表图表是放置于工作簿的工作表中的图表。

提示　按“F11”键可以快速创建图表类型为“簇状柱形图”的工作表图表。

2. 创建图表

在 Excel 2016 中，用户可以利用“插入”选项卡中的“图表”功能组选择需要的图表命令类型，如图 4－34 所示。或单击“图表”功能组中右下角的“查看所有图表”按钮，在弹出的“插入图表”对话框，选择“所有图表”选项卡来创建图表。

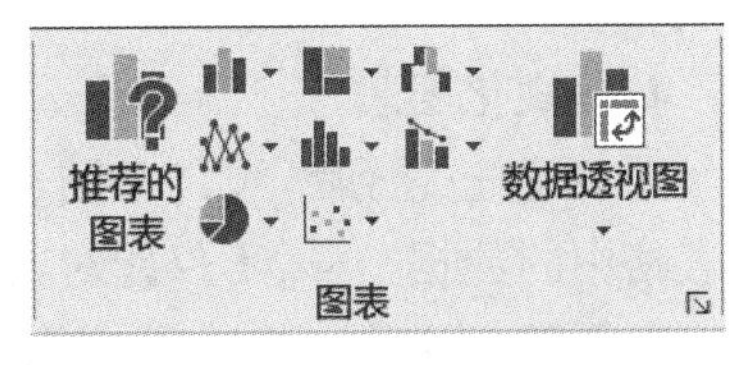

图 4－34　“图表”功能组

3. 编辑和修改图表

对于已经创建好的不符合用户要求的图表，可以对其进行编辑，单击图表可以看到“图表工具”选项卡。

1) 调整图表的位置和大小

对于嵌入式图表，可以在所在工作表上移动其位置，也可以将其移动到单独的图表工作表中。

在工作表上移动图表的位置，可用鼠标指针移到图表上，当鼠标指针变成十字光标时单击并拖动鼠标，将图表拖到新的位置。对于嵌入式图表，还可以调整其大小。

将嵌入式图表放到单独的图表工作表中的方法：单击嵌入式图表，菜单栏显示“图表工具”，单击“图表工具”|“设计”选项卡下“位置”功能组中的“移动图表”命令，在弹出的“移动图表”对话框中，单击“新工作表”单选按钮即可。

2) 更改图表类型

若图表的类型无法确切地展现工作表数据所包含的信息，就需要更改图表类型。单击“图表工具”|“设计”选项卡下“类型”功能组中的“更改图表类型”命令，在弹出的“更改图表类型”对话框中，选择所需类型即可更改。

3) 更改数据系列

Excel 2016 的工作表和图表之间存在着链接关系，即当修改任何一边的数据，另一边将随之改变。因此，当修改了工作表中的数据时，不必重新绘制图表，图表会随着工作表中的数据自动调整。

选中已经建立好的图表，单击“图表工具”|“设计”选项卡下“数据”功能组中的“选择数据”命令，在弹出的“选择数据源”对话框中做相应修改即可更改数据系列。

4）修改图表元素

选中图表，单击“图表工具”|“设计”选项卡下“图表布局”功能组中的“添加图表元素”命令，在下拉菜单中选择所需的命令，如图 4－35 所示。

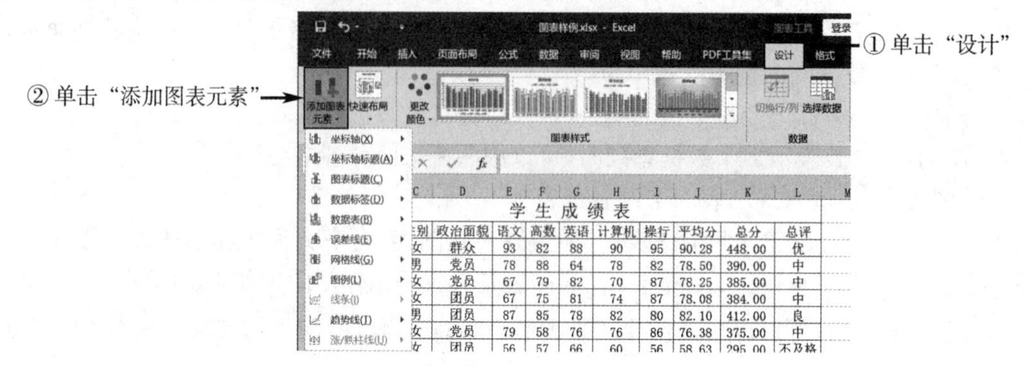

图 4－35　修改图表元素

4. 格式化图表

图表建立完成后，可以对图表进行修饰，以更好地表现工作表。图表中的组成元素同普通表格中的数据一样，不仅能对其内容进行修改，而且能够为其穿上一件“漂亮外衣”，使整个图表更加赏心悦目。格式化对象大到整个图表区、绘图区，小到一个个数据标记、坐标轴，甚至网格线。

选中图表选项，利用“图表工具”|“格式”选项卡，可以完成对图表中各对象的格式化。

案例实践 4－3　下面完成如图 4－31 所示的案例。

步骤 1：打开“图表样例. xlsx”。

步骤 2：创建各学生平均分的簇状柱形图。

（1）选定 B2∶B12 和 J2∶J12 数据区域。

（2）插入图表、选择图表类型：单击“插入”选项卡下“图表”功能组中右下角的“查看所有图表”按钮，弹出“插入图表”对话框。选择“插入图表”对话框中左侧的“柱形图”类型，接着选中右侧的“簇状柱形图”子类型，如图 4－36 所示，单击“确定”按钮。

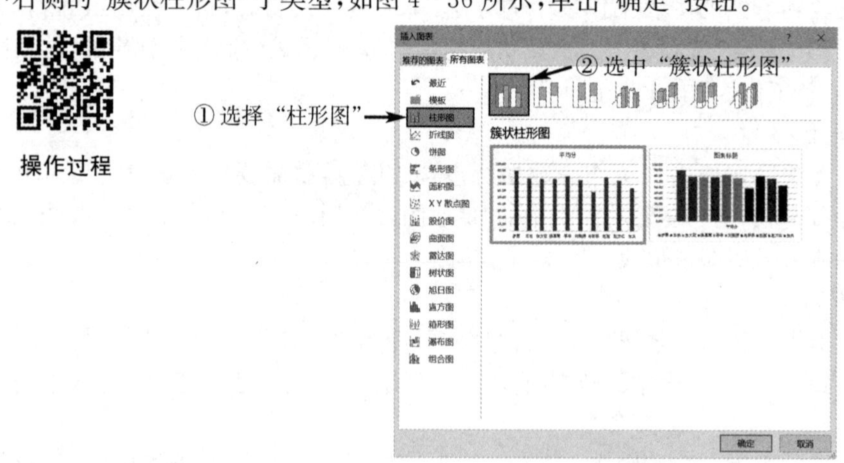

图 4－36　“插入图表”对话框

步骤 3:编辑图表。

(1) 修改图表数据系列。

① 修改数据系列:选中图表,单击“图表工具”|“设计”选项卡下“数据”功能组中的“选择数据”命令,弹出“选择数据源”对话框,如图 4－37(a)所示。重新选择图表所需的数据区域,如图 4－37(b)所示,单击“确定”按钮。生成语文、高数、英语、计算机系列成绩图表,如图 4－38 所示。

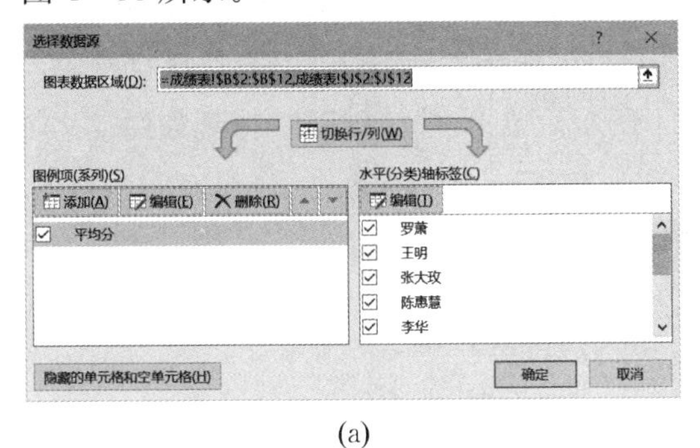

(a)

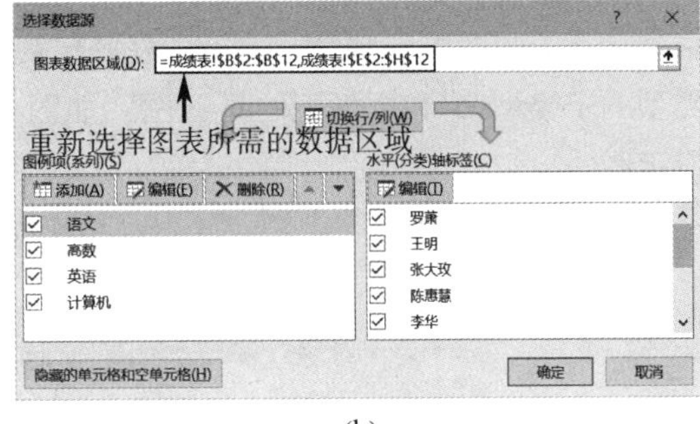

(b)

图 4－37 “选择数据源”对话框

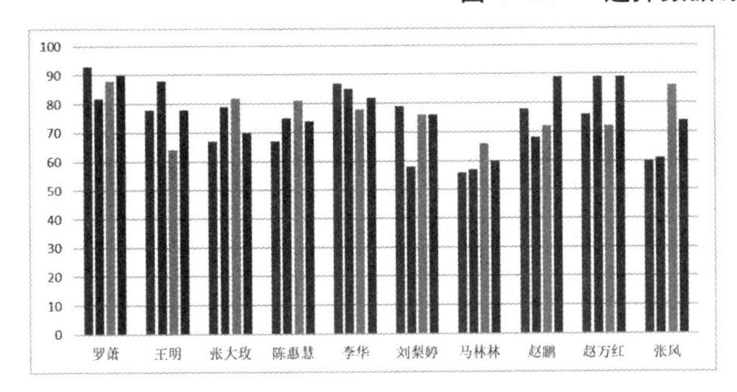

图 4－38 成绩图表

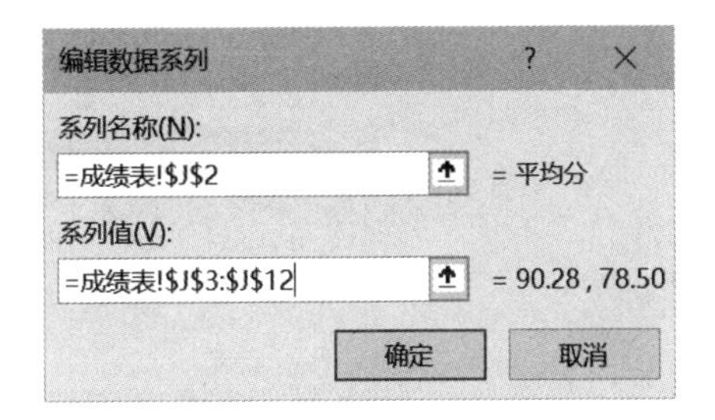

图 4－39 “编辑数据系列”对话框

② 添加数据系列:在“选择数据源”对话框中单击“图例项(系列)”栏中的“添加”按钮,切换为“编辑数据系列”对话框。在该对话框中,“系列名称”拾取单元格“J2”,“系列值”拾取 J3∶J12 单元格区域,如图 4－39 所示,单击“确定”按钮。生成语文、高数、英语、计算机、平均分成绩新图表,如图 4－40 所示。

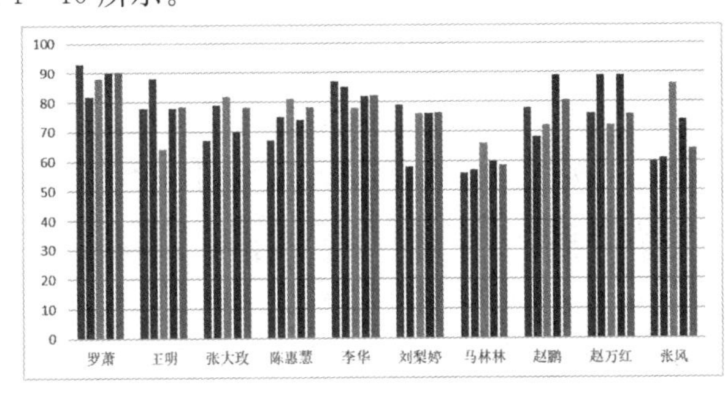

图 4－40 成绩新图表

③ 删除数据系列：单击如图 4－40 所示成绩新图表中“英语”数据系列，按“Delete”键即可删除。或选中图表，选择“图表工具”|“设计”选项卡下“数据”功能组中的“选择数据”命令，在弹出的“选择数据源”对话框中，勾选“图例项(系列)”栏中的“英语”系列复选框，单击“删除”即可。

(2) 更改图表类型：选中图表中的“平均分”数据系列，单击“图表工具”|“设计”选项卡下“类型”功能组中的“更改图表类型”命令。在弹出的“更改图表类型”对话框中的“为您的数据系列选择图表类型和轴”中，单击系列名称为“平均分”的“图表类型”下拉按钮，选择“折线图”类型的子类型“带数据标记的折线图”，如图 4－41 所示。单击“确定”按钮，得到如图 4－42 所示图表。

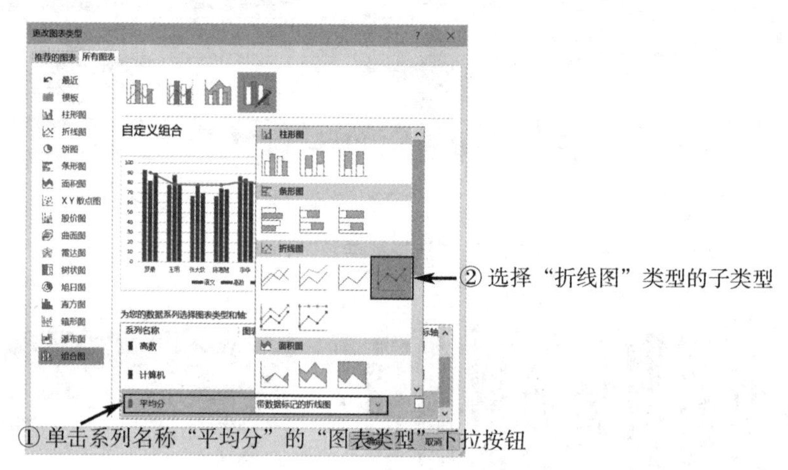

图 4－41 “更改图表类型”对话框

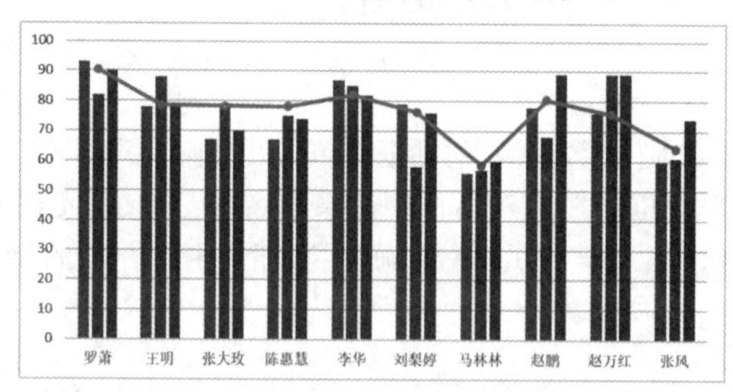

图 4－42 更改图表类型

或选中图表中的“平均分”数据系列，单击“插入”选项卡下“图表”功能组中右下角的“查看所有图表”按钮，在弹出的对话框中选择某种图表类型和子类型。

(3) 添加图表元素。

① 添加图表标题：选中图表，单击“图表工具”|“设计”选项卡下“图表布局”功能组中的“添加图表元素”命令。在下拉菜单中选取“图表标题”中的“图表上方”，将会在图表中添加“图表标题”，如图 4－43 所示。把默认标题修改为“学生成绩图”即可完成图表标题的添加。

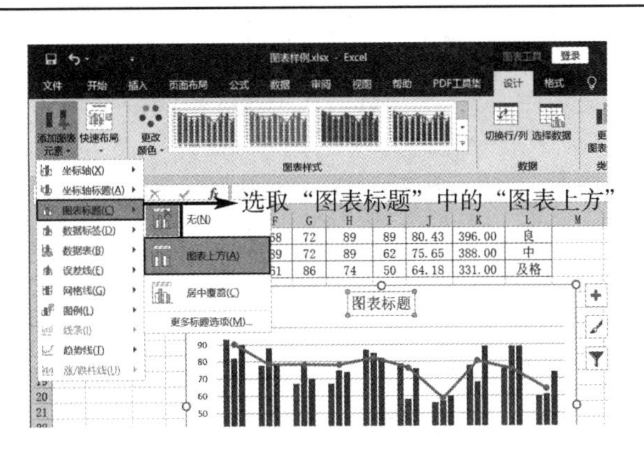

图 4－43　添加图表标题

② 添加“平均分”系列数据标签：选中图表中“平均分”系列，单击“图表工具”|“设计”选项卡下“图表布局”功能组中的“添加图表元素”命令。在下拉菜单中选取“数据标签”中的“上方”，即显示值，如图 4－44 所示。

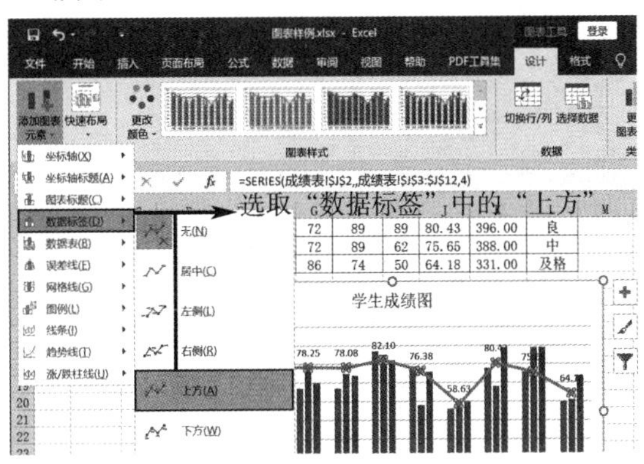

图 4－44　添加数据标签

③ 添加图例：选中图表，单击“图表工具”|“设计”选项卡下“图表布局”功能组中的“添加图表元素”命令。选取“图例”中的“底部”，即显示图例，如图 4－45 所示。

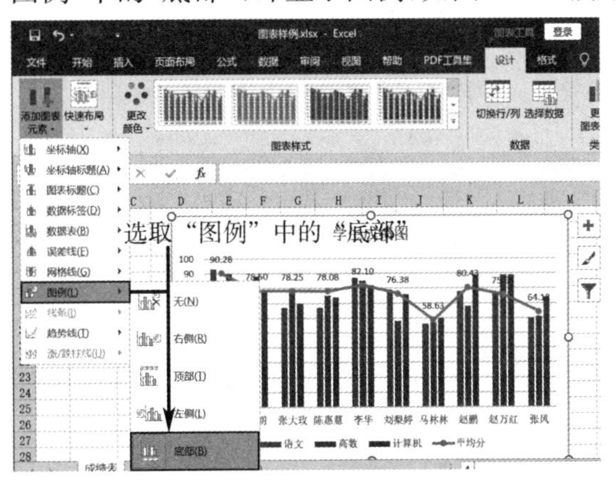

图 4－45　添加图例

步骤 4:格式化图表。

设置图表标题"学生成绩图"文字为宋体、20、加粗;图例中文字为宋体、10、加粗;图表区填充"浅色渐变-个性色 5"、"类型"为"线性"、"方向"为"线性向下"的渐变效果;设置数值轴边界最小值为"20",大单位设置为"20";为图表中各数据系列修饰不一样的效果。

(1) 设置图表标题及图例的字体:选中图表标题,在"开始"选项卡下"字体"功能组中进行设置;选中图例,在"开始"选项卡下"字体"功能组中进行设置。

(2) 设置图表区的填充效果:选中图表,单击"图表工具"|"格式"选项卡下"形状样式"功能组中右下角的"设置形状格式"按钮,打开"设置图表区格式"窗格,如图 4-46 所示。单击"图表选项"的"填充与线条"选项,展开"填充",单击"渐变填充"单选按钮。选择"预设渐变"中的"浅色渐变-个性色 5","类型"为"线性","方向"为"线性向下"。

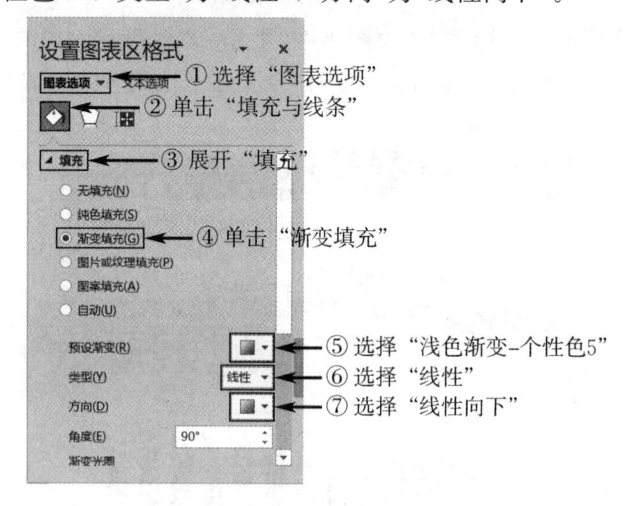

图 4-46　"设置图表区格式"窗格

(3) 更改数值轴刻度:选中图表中的数值轴(纵坐标轴),单击"图表工具"|"格式"选项卡下"形状样式"功能组中右下角的"设置形状格式"按钮,打开"设置坐标轴格式"窗格,如图 4-47 所示。选取"坐标轴选项",修改"边界"中"最小值"为"20.0","单位"中"大"为"20.0"。

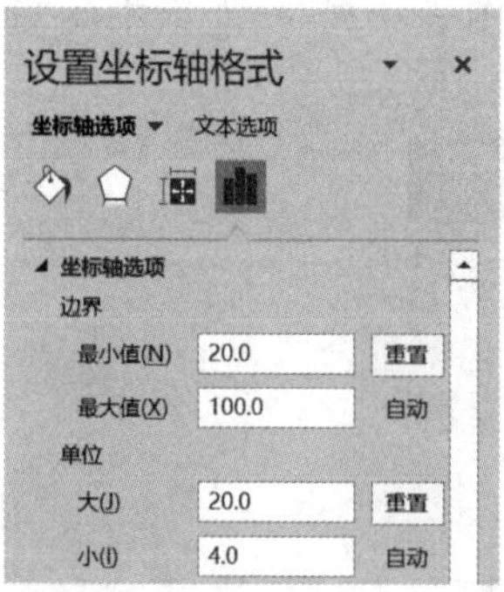

图 4-47　"设置坐标轴格式"窗格

(4) 设置各数据系列格式:右击图表中的"语文"数据系列,在快捷菜单中选择"设置数据系列格式"命令,打开"设置数据系列格式"窗格,如图 4-48 所示。单击"系列选项"的"填充与线条"选项,展开"填充",单击"图案填充"单选按钮,选择"图案"中的"对角线:宽下对角","前景"为"黑色,文字 1","背景"为"白色",即完成"语文"数据系列的格式化。

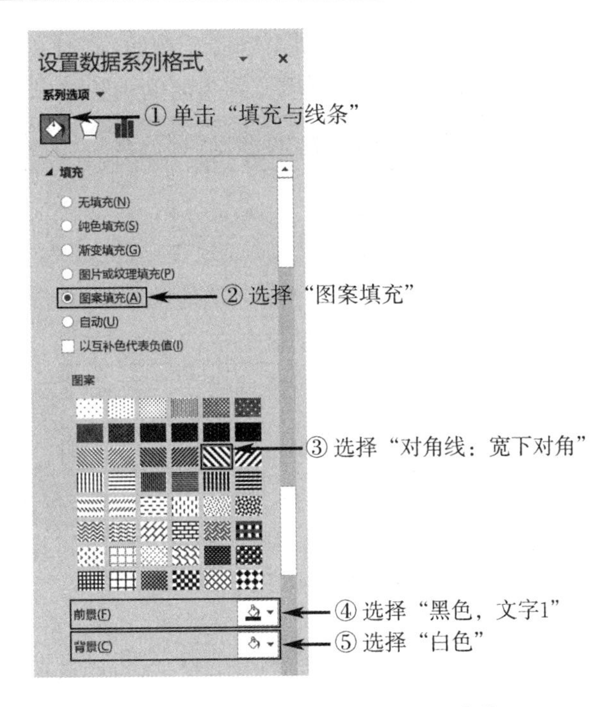

图 4-48　“设置数据系列格式”窗格

同样，设置“高数”数据系列格式为“图案”中的“竖条：窄”，“前景”为“蓝色”，“背景”为“白色”；设置“计算机”数据系列格式为“图案”中的“实心菱形网格”，“前景”为“红色”，“背景”为“白色”；设置“平均分”数据系列格式为“实线”中的“绿色”。

(5) 设置绘图区格式：选中绘图区，在“设置绘图区格式”窗格中的“填充与线条”选项下，单击“纯色填充”单选按钮，“颜色”设置为“白色”。至此，完成案例效果。

案例总结

(1) 插入图表：选择“插入”选项卡下“图表”功能组，或单击“图表”功能组中右下角的“查看所有图表”按钮，在弹出的“插入图表”对话框中选择图表类型。

(2) 编辑图表：利用“图表工具”|“设计”选项卡。

(3) 格式化图表：利用“图表工具”|“格式”选项卡。

拓展深化

4.3.2 迷你图制作

迷你图是绘制在单元格中的一个微型图表，用迷你图可以直观地反映数据系列的变化趋势。与图表不同的是，当打印工作表时，单元格中的迷你图会与数据一起被打印出来。

1. 创建迷你图

Excel 2016 提供了三种形式的迷你图，即折线图、柱形图和盈亏图。下面举一个简单的例子来说明如何创建迷你图。

选择“图表样例. xlsx”中“成绩表”，选中 M3 单元格，单击“插入”选项卡下“迷你图”功能组中的“折线”命令。弹出“创建迷你图”对话框，在“数据范围”文本框中拾取 E3：I3 单元格区域;“位置范围”为之前选中的 M3 单元格。单击“确定”按钮,此时在 M3 单元格中创建了一组“折线迷你图”。用填充柄的方法将迷你图填充到其他单元格,如图 4－49 所示。

学生成绩表

班级	姓名	性别	政治面貌	语文	高数	英语	计算机	操行	平均分	总分	总评
1	罗萧	女	群众	93	82	88	90	95	90.28	448.00	优
3	王明	男	党员	78	88	64	78	82	78.50	390.00	中
1	张大玫	女	党员	67	79	82	70	87	78.25	385.00	中
2	陈惠慧	女	团员	67	75	81	74	87	78.08	384.00	中
2	李华	男	团员	87	85	78	82	80	82.10	412.00	良
3	刘梨婷	女	党员	79	58	76	76	86	76.38	375.00	中
1	马林林	女	团员	56	57	66	60	56	58.63	295.00	不及格
2	赵鹏	男	群众	78	68	72	89	89	80.43	396.00	良
3	赵万红	女	团员	76	89	72	89	62	75.65	388.00	中
2	张风	男	群众	60	61	86	74	50	64.18	331.00	及格

图 4－49　创建迷你图

2. 编辑迷你图

当选取了有迷你图的单元格后将会出现“迷你图工具”|“设计”选项卡,如图 4－50 所示,它包含迷你图、类型、显示、样式和组合等功能。

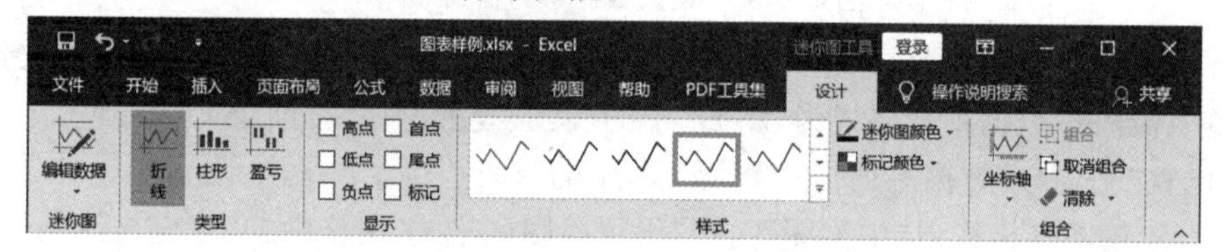

图 4－50　“迷你图工具”|“设计”选项卡

(1) 迷你图:修改迷你图图组的源数据区域或单个迷你图的源数据区域以及迷你图的存放位置。

(2) 类型:更改迷你图的类型(折线图、柱形图、盈亏图)。

(3) 显示:在迷你图中标识特殊数据。

(4) 样式:使迷你图直接应用预定义格式的图表样式。

(5) 坐标轴:控制迷你图坐标范围。

❖4.4　数据管理与分析❖

Excel 2016 提供了较强的数据库管理功能,按照数据库的管理方式对以数据清单形式存放的工作表进行各种排序、筛选、分类汇总和建立数据透视表等操作。需要特别注意的是,对工作表数据进行数据库操作,要求数据必须按“数据清单”存放。工作表的数据库操作大部分是利用“数据”选项卡下的命令完成的,可以进行获取和转换、连接、排序和筛选、数据工具、分级显示等操作。

案例引入

对"图表样例.xlsx"中"成绩表"的数据清单进行数据管理(排序、筛选、分类汇总、创建数据透视表),得到如图 4－51 所示结果,工作簿另存为"数据管理样例.xlsx"。

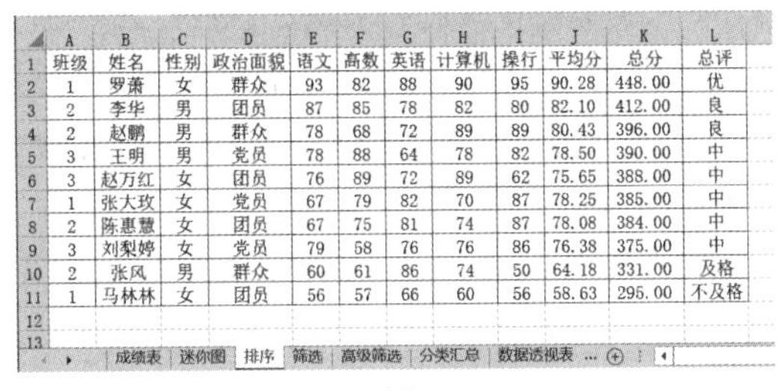

班级	姓名	性别	政治面貌	语文	高数	英语	计算机	操行	平均分	总分	总评
1	罗萧	女	群众	93	82	88	90	95	90.28	448.00	优
2	李华	男	团员	87	85	78	82	80	82.10	412.00	良
2	赵鹏	男	群众	78	68	72	89	89	80.43	396.00	良
3	王明	男	党员	78	88	64	78	82	78.50	390.00	中
3	赵万红	女	团员	76	89	72	89	62	75.65	388.00	中
1	张大玫	女	党员	67	79	82	70	87	78.25	385.00	中
2	陈惠慧	女	团员	67	75	81	74	87	78.08	384.00	中
3	刘梨婷	女	党员	79	58	76	76	86	76.38	375.00	中
2	张风	男	群众	60	61	86	74	50	64.18	331.00	及格
1	马林林	女	团员	56	57	66	60	56	58.63	295.00	不及格

成绩表　迷你图　排序　筛选　高级筛选　分类汇总　数据透视表

(a)

数据管理样例

性别	政治面貌	语文	高数	英语	计算机	操行	平均分	总分	总评
女	群众	93	82	88	90	95	90.28	448.00	优

成绩表　迷你图　排序　筛选　高级筛选　分类汇总　数据透视表

(b)

性别	高数	英语
女		>=80
男	>=80	

班级	姓名	性别	政治面貌	语文	高数	英语	计算机	操行	平均分	总分	总评
1	罗萧	女	群众	93	82	88	90	95	90.28	448.00	优
3	王明	男	党员	78	88	64	78	82	78.50	390.00	中
1	张大玫	女	党员	67	79	82	70	87	78.25	385.00	中
2	陈惠慧	女	团员	67	75	81	74	87	78.08	384.00	中
2	李华	男	团员	87	85	78	82	80	82.10	412.00	良

成绩表　迷你图　排序　筛选　高级筛选　分类汇总　数据透视表

(c)

班级	姓名	性别	政治面貌	语文	高数	英语	计算机	操行	平均分	总分	总评
1	罗萧	女	群众	93	82	88	90	95	90.28	448.00	优
1	张大玫	女	党员	67	79	82	70	87	78.25	385.00	中
1	马林林	女	团员	56	57	66	60	56	58.63	295.00	不及格
1 平均值										376.00	
2	陈惠慧	女	团员	67	75	81	74	87	78.08	384.00	中
2	李华	男	团员	87	85	78	82	80	82.10	412.00	良
2	赵鹏	男	群众	78	68	72	89	89	80.43	396.00	良
2	张风	男	群众	60	61	86	74	50	64.18	331.00	及格
2 平均值										380.75	
3	王明	男	党员	78	88	64	78	82	78.50	390.00	中
3	刘梨婷	女	党员	79	58	76	76	86	76.38	375.00	中
3	赵万红	女	团员	76	89	72	89	62	75.65	388.00	中
3 平均值										384.33	
总计平均值										380.40	

成绩表　迷你图　排序　筛选　高级筛选　分类汇总　数据透视表

(d)

A	B	C	D	E
1	张大玫	女	党员	67
2	陈惠慧	女	团员	67
2	李华	男	团员	87
3	刘梨婷	女	党员	79
1	马林林	女	团员	56
2	赵鹏	男	群众	78
3	赵万红	女	团员	76
2	张风	男	群众	60

平均值项:总分	列标签		
行标签	男	女	总计
1		376	376
2	379.6666667	384	380.75
3	390	381.5	384.3333333
总计	382.25	379.1666667	380.4

成绩表　迷你图　排序　筛选　高级筛选　分类汇总　数据透视表

(e)

图 4－51　数据管理样例

案例分析

要完成以上数据管理,需完成以下五项任务:

(1) 建立数据清单:新建工作表并重命名、复制"成绩表"工作表数据。

(2) 数据排序:

① 将"排序"工作表中的"总分"按从高到低的顺序排列;

② 数据按主要关键字"平均分"降序、次要关键字"操行"降序和"班级"升序排列;

③“总评”列按“优、良、中、及格、不及格”顺序排列。

(3) 数据筛选：

① 从“筛选”工作表中的数据筛选出平均分大于或等于80分且性别为女的记录。

② 对“高级筛选”工作表中的数据清单进行筛选。条件1：英语大于或等于80分且性别为女；条件2：高数大于或等于80分且性别为男。把筛选结果复制到A17单元格。

(4) 分类汇总：对“分类汇总”工作表中的数据清单的内容进行分类汇总，汇总计算各班级总分的平均值。汇总结果显示在数据下方。

(5) 数据透视表：对“数据透视表”工作表中的数据清单建立数据透视表，显示各班级男、女生各科成绩的平均值。

知识讲解

4.4.1 数据管理的基本知识

1. 数据清单

在Excel 2016中，用来管理数据的结构称为数据清单(又称数据列表)。数据清单是一个二维的由列标题和每一列相同类型的行数据组成的特殊工作表。

数据清单中包含多行多列，其中第一行是标题行，其他行是数据行。Excel 2016在对数据清单进行管理时，一般把数据清单看作一个数据库，行相当于数据库中的记录，行标题相当于记录名；列相当于数据库中的字段，列标题相当于字段名。在数据清单中，行和行之间不能有空行，同一列的数据具有相同的类型和含义。

2. 数据排序

Excel 2016不但具有对数据处理的能力，而且还能管理数据，具有数据库的部分功能，能建立数据清单，对数据进行快速排序、筛选、分类汇总等。

数据排序后能够更方便地进行查找和分析，提高数据处理的效率。数据排序是指对数据按某种顺序(关键字)重新排列，根据实际需求可以按升序或降序排列。

1) 排序规则

(1) 数字按照值大小排序。

(2) 英文按照字母顺序排序，升序按A～Z，降序按Z～A。

(3) 汉字可以按照拼音排序，或者按照笔画排序。

(4) 文本顺序：数字＜英文＜汉字。

(5) 日期和时间按先后顺序排序，升序按从前到后，降序按从后到前。

2) 简单排序(单一条件的快速排序)

简单、快捷的排序方法是直接选中所需排序的列，单击“数据”选项卡下“排序和筛选”功能组中的“升序”或“降序”命令，如图4-52所示，则整个表中的数据会按“升序”或“降序”重新排列。

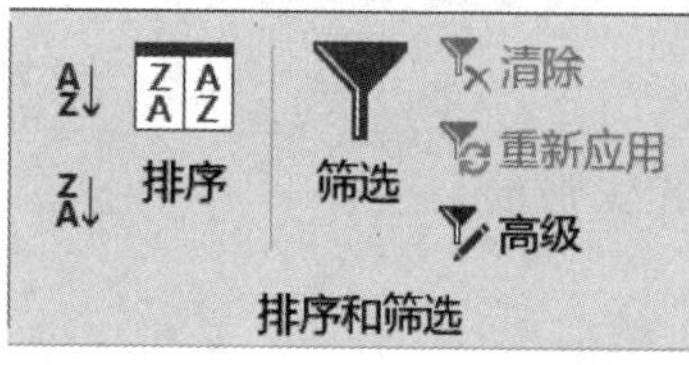

图4-52 “排序和筛选”功能组

注意：若排序对象为中文字符，则按“汉语拼音”顺序排序；若排序对象为英文字符，则按“英文字母”顺序排序。

3) 复杂排序(多重条件的排序)

在进行单列排序时，是使用工作表中的某列作为排序条件。如果该列中具有相同的数据，那么此时就需要使用多列排序。单击“排序”命令将弹出“排序”对话框，根据排序要求选择相应的“主要关键字”，单击“添加条件”按钮，可添加“次要关键字”。

若要对汉字按笔画排序，则可在“排序”对话框中单击“选项”按钮，弹出“排序选项”对话框，可选择按“笔画排序”方式进行排序，如图 4－53 所示。

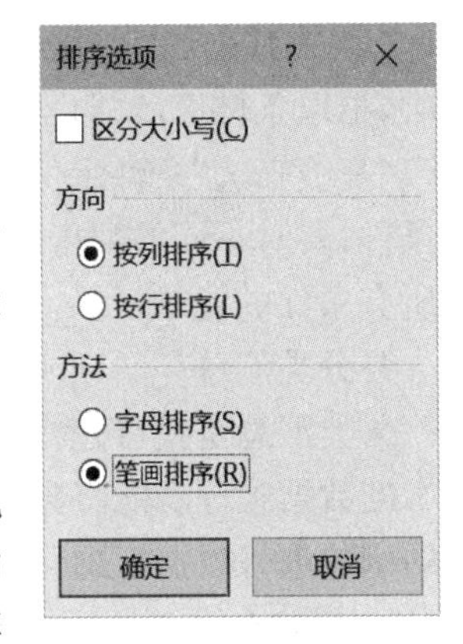

图 4－53　“排序选项”对话框

4）自定义排序

如果用户对数据的排序有特殊要求（不按字母或数值等常规排序方式），那么可以单击“排序”对话框中“次序”下拉列表中的“自定义序列”选项，在弹出的“自定义序列”对话框中完成特殊要求的设置。

3. 数据筛选

排序可按照某种顺序重新对数据进行排列便于查看。当数据较多，且用户只需查看一部分符合条件的数据时，使用“筛选”功能则更为方便。筛选是将单元格区域内满足条件的数据显示出来，不满足条件的数据暂时隐藏起来。当筛选条件删除后，隐藏的数据又会被显示出来。这样，可以让用户更方便地对数据进行查看。

数据筛选分自动筛选和高级筛选。自动筛选主要适用于简单条件的筛选，操作方便。若条件比较复杂，则可使用高级筛选。

1）自动筛选

按选定内容筛选，它适用于简单条件；“自动筛选”功能使用户能够快速地在数据清单的大量数据中提取有用的数据，隐藏暂时没用的数据。

（1）单击需要筛选的单元格区域中任一单元格。

（2）单击“数据”选项卡下“排序和筛选”功能组中的“筛选”命令，则标题单元格变成下拉列表框。

（3）单击标题的筛选下拉按钮，弹出下拉菜单，在“数字筛选”命令的子菜单中，选择需要筛选的选项，完成相应的设置即可。在设置自动筛选的自定义条件时，可以使用通配符，其中问号“?”代表任意单个字符，星号“*”代表任意多个字符。

2）高级筛选

自动筛选只能对各字段间实现“逻辑与”关系，即几个字段同时满足各自的条件。若要实现“逻辑或”关系的筛选，只能选用高级筛选。

进行高级筛选时，首先要指定一个单元格区域放置筛选条件，然后以该区域中的条件来进行筛选。

（1）在数据清单中，键入或复制要用来筛选数据清单的条件标题（字段名），这些应该与要筛选的列的标题一致。

（2）在条件标题下面的行中，键入要匹配的条件。条件值与数据清单之间至少要留一个空白行。

（3）选中数据清单中的单元格。

（4）单击“排序和筛选”功能组中的“高级”命令。

(5) 在弹出的“高级筛选”对话框中，设置“列表区域”和“条件区域”。在“条件区域”文本框中，拾取条件区域(包括条件标题)，单击“确定”按钮。

“高级筛选”条件示例：要对不同的列指定多重条件，可在条件区域的同一行中输入所有的条件；要对不同的列指定另一系列多重条件，应在不同行中输入所有的条件，将显示满足上述所有条件的记录行。

4. 分类汇总

分类汇总是指首先将数据分类(排序)，然后按类进行汇总分析处理。分类汇总是在利用基本的数据管理功能将数据清单中大量数据明确化和条理化的基础上，利用 Excel 2016 提供的函数进行数据汇总。

1) 创建分类汇总

(1) 对需要进行分类汇总的字段进行排序。

(2) 单击“数据”选项卡下“分级显示”功能组中的“分类汇总”命令，弹出“分类汇总”对话框。

(3) 在“分类字段”列表框中，选择要进行分类汇总的数据组的数据列。选择的数据列要与(1)中排序的列相同。

(4) 在“汇总方式”列表框中选择进行分类汇总的函数。

(5) 在“选定汇总项”列表框中，指定要分类汇总的列。数据列中的分类汇总是以“分类字段”框中所选择列的不同项为基础的。

(6) 要用新的分类汇总替换数据清单中已存在的所有分类汇总，应勾选“替换当前分类汇总”复选框。要在每组分类汇总数据之后自动插入分页符，应勾选“每组数据分页”复选框。要在明细数据下面插入分类汇总行和总汇总行，应勾选“汇总结果显示在数据下方”复选框。

(7) 设置完毕后，单击“确定”按钮。

2) 分级显示

要想在前面的分类汇总的基础之上再次进行分类汇总，选中数据区域中的任意单元格，单击“数据”选项卡下“分级显示”功能组中的“分类汇总”命令，在“分类汇总”对话框中勾选需要汇总的项。

对数据清单进行分类汇总后，在行号的左侧出现了分级显示符号，主要用于显示或隐藏某些明细数据。

为显示总和与列标志，应单击行级符号 1；为显示分类汇总与总和时，应单击行级符号 2。在本案例中，单击行级符号 3，会显示所有的明细数据。

单击“隐藏明细数据”按钮 - ，表示将当前级的下一级明细数据隐藏起来；单击“显示明细数据”按钮 + ，表示将当前级的下一级明细数据显示出来。

3) 删除分类汇总

如果用户在进行“分类汇总”操作后，觉得不需要进行分类汇总，那么可以选中数据区域中的任意单元格，单击“数据”选项卡下“分级显示”功能组中的“分类汇总”命令，在弹出的“分类汇总”对话框中单击“全部删除”按钮即可。

5. 数据透视表

分类汇总适合按一个字段进行分类，对一个或多个字段进行汇总。如果要对多个字段进行分类并汇总，那么需要利用数据透视表。

数据透视表实际上是一种交互式表格，能够方便地对大量数据进行快速汇总，并建立交叉列表。使用数据透视表，不仅能够通过转换行和列来显示源数据的不同汇总结果，也能显示不同页面用以筛选数据，同时还能根据用户的需要显示区域中的明细数据。

1) 创建数据透视表

在 Excel 2016 工作表中创建数据透视表的步骤大致分为两步，第一步是选择数据来源，第二步是设置数据透视表的布局。

2) 设置数据透视表选项

默认情况下，数据透视表中的值字段是以求和作为汇总方式的。要修改值字段的汇总方式，一般有三种方法：

(1) 在数据透视表中直接进行修改；

(2) 在“数据透视表字段”窗格中进行设置；

(3) 在“数据透视表工具”|“分析”选项卡中进行设置。

案例实践 4-4　下面来完成如图 4-51 所示的案例。

步骤 1：建立数据清单。

操作过程

(1) 插入工作表并重命名：打开“图表样例. xlsx”，插入五个新工作表，分别重命名为排序、筛选、高级筛选、分类汇总、数据透视表。

(2) 复制工作表数据：选中“成绩表”工作表中 A2 ∶ L12 单元格区域，将其复制并分别粘贴到新建的五个工作表中。

步骤 2：数据排序。

(1) 将“排序”工作表中的“总分”按从高到低的顺序排列：打开“排序”工作表，选取数据清单中“总分”列的任一单元格，单击“数据”选项卡下“排序和筛选”功能组中的“降序”命令，即完成排序。

(2) 对“排序”工作表中数据清单的内容按主要关键字“平均分”降序、次要关键字“操行”降序和“班级”升序排列：选中数据清单中任一单元格，单击“数据”选项卡下“排序和筛选”功能组中的“排序”命令，弹出“排序”对话框。在“排序”对话框中，设置主要关键字为“平均分”，排序依据为“单元格值”及次序为“降序”，单击“添加条件”按钮，新增次要条件，设置次要关键字为“操行”，排序依据为“单元格值”及次序为“降序”，再次单击“添加条件”按钮，设置次要关键字为“班级”，排序依据为“单元格值”及次序为“升序”，如图 4-54 所示，单击“确定”按钮。

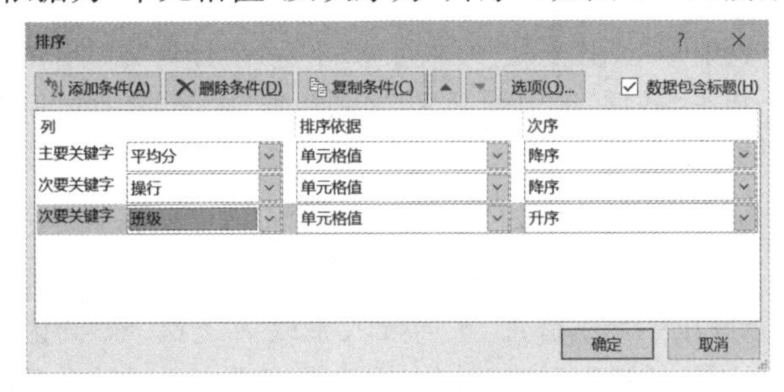

图 4-54　复杂排序

(3) 对“排序”工作表中数据清单的“总评”列按“优、良、中、及格、不及格”顺序排列：选中数据清单中任一单元格，单击“数据”选项卡下“排序和筛选”功能组中的“排序”命令，弹出“排序”对话框。在“排序”对话框中，设置主要关键字为“总评”，排序依据为“单元格值”，选择“次序”为“自定义序列”，如图 4－55(a)所示，弹出“自定义序列”对话框。在“自定义序列”对话框中，选中“自定义序列”列表框中的“新序列”，在“输入序列”框中输入“优、良、中、及格、不及格”序列，单击“添加”按钮，即可创建自定义序列，如图 4－55(b)所示。单击“确定”按钮，返回“排序”对话框，再单击“确定”按钮完成自定义排序。

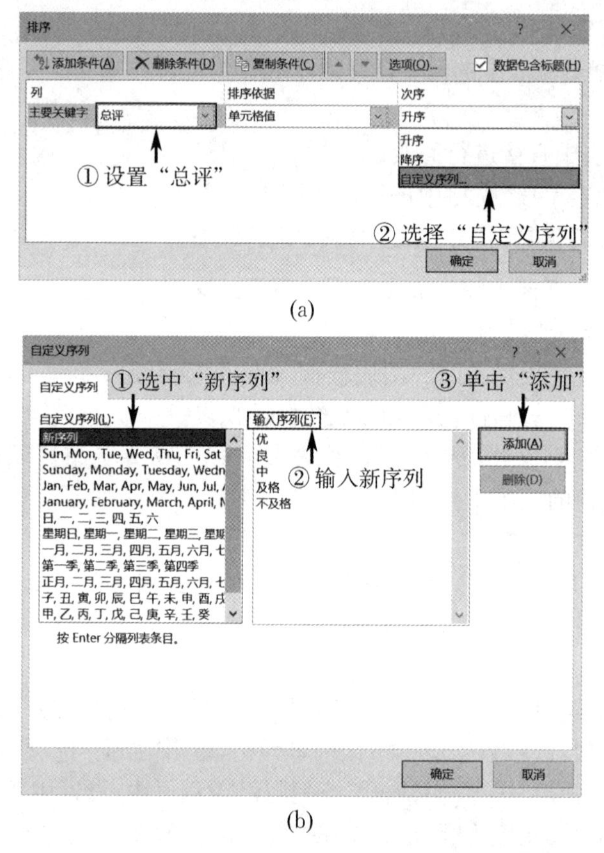

图 4－55　自定义排序

步骤 3：数据筛选。

(1) 在“筛选”工作表中筛选出“平均分”大于或等于 80 分且“性别”为“女”的记录：选中“筛选”工作表的数据清单，单击“数据”选项卡下“排序和筛选”功能组中的“筛选”命令，标题单元格变成下拉列表框。单击“平均分”下拉按钮，在下拉列表框中选取“数字筛选”中的“大于或等于”，如图 4－56(a)所示，将弹出“自定义自动筛选方式”对话框。在“自定义自动筛选方式”对话框中，“平均分”栏第一个“大于或等于”下拉列表右侧框中输入“80”，如图 4－56(b)所示。单击“确定”按钮，则在原数据清单中显示符合“平均分大于或等于 80 分”的记录。在“性别”下拉列表中，只勾选“女”复选框，单击“确定”按钮，则在原数据清单中显示符合条件的记录。

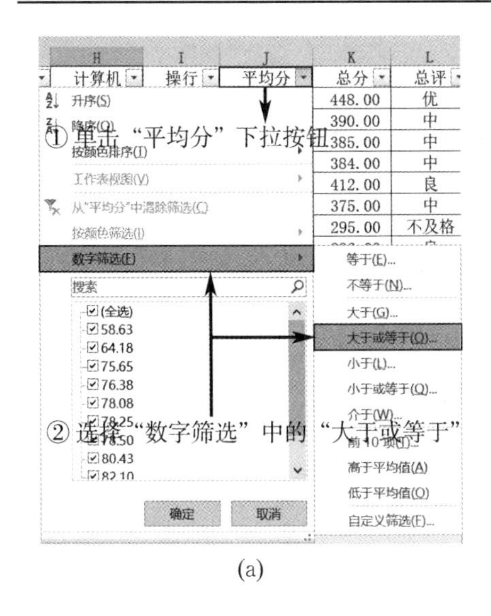

(a)

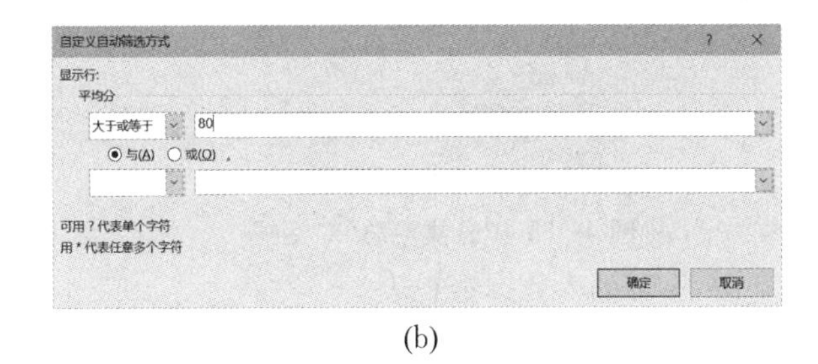

(b)

图 4－56　自动筛选

(2) 对“高级筛选”工作表中的数据清单进行筛选：选取“高级筛选”工作表，在 A13∶C15 单元格区域中输入筛选条件，单击“数据”选项卡下“排序和筛选”功能组中的“高级”命令，如图 4－57(a)所示，弹出“高级筛选”对话框。在“高级筛选”对话框中，选择“方式”为“将筛选结果复制到其他位置”，拾取“列表区域”为 A1∶L11 单元格区域，拾取“条件区域”为 A13∶C15 单元格区域，拾取“复制到”为 A17 单元格，如图 4－57(b)所示，单击“确定”按钮即可。

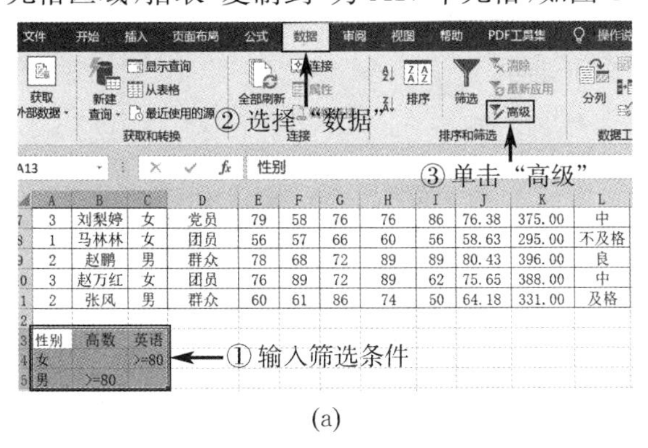

(a)

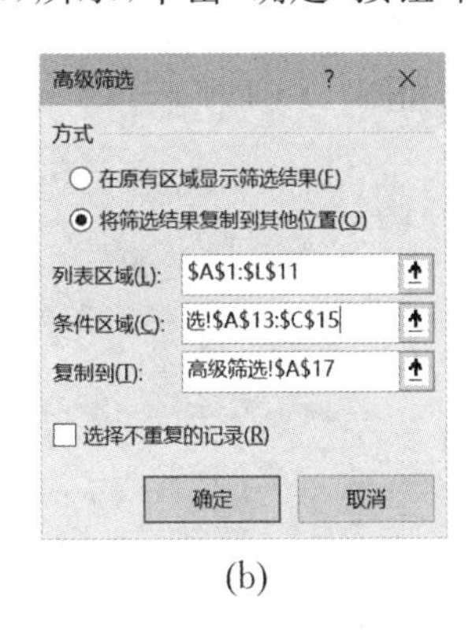

(b)

图 4－57　高级筛选

步骤 4：分类汇总。

选取“分类汇总”工作表，对“班级”列进行排序。选中数据清单，单击“数据”选项卡下“分级显示”功能组中的“分类汇总”命令，弹出“分类汇总”对话框，如图 4－58 所示。在“分类汇总”对话框中，选择“分类字段”为“班级”、“汇总方式”为“平均值”、“选定汇总项”为“总分”，勾选“汇总结果显示在数据下方”复选框，单击“确定”按钮，即得分类汇总结果。

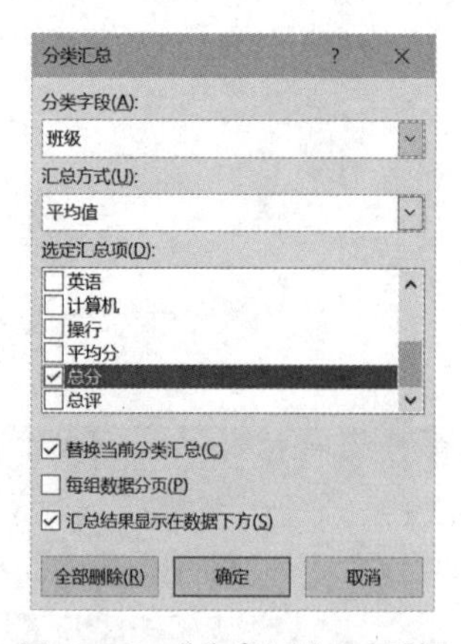

图 4－58　“分类汇总”对话框

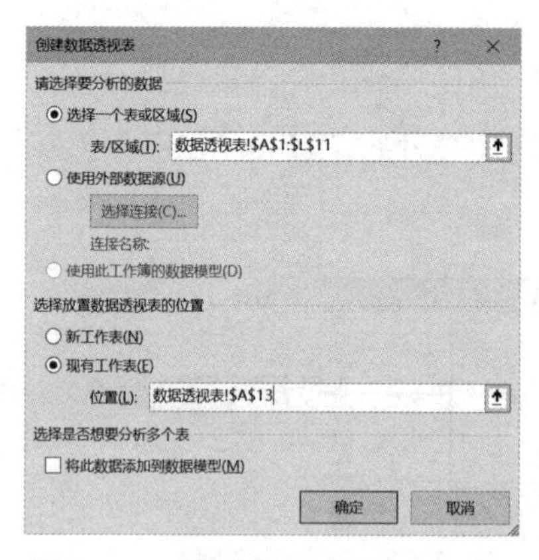

图 4－59　“创建数据透视表”对话框

步骤 5：插入数据透视表。

选中“数据透视表”工作表中的数据清单，单击“插入”选项卡下“表格”功能组中的“数据透视表”命令，弹出“创建数据透视表”对话框。在对话框中，“选择一个表或区域”的“表/区域”，文本框已选定“数据透视表！＄A＄1：＄L＄11”，在“选择放置数据透视表的位置”栏中单击“现有工作表”，在其“位置”文本框中拾取 A13 单元格，如图 4－59 所示，单击“确定”按钮，打开“数据透视表字段”窗格。

把“选择要添加到报表的字段”列表框中的“班级”“性别”“总分”分别拖入“行”“列”和“值”区域中，如图 4－60 所示。单击“值”框中“求和项：总分”下拉按钮，选择“值字段设置”命令，弹出“值字段设置”对话框。选择“值汇总方式”计算类型为“平均值”，即改变“总分”的汇总方式，如图 4－61 所示。单击“确定”按钮即可。

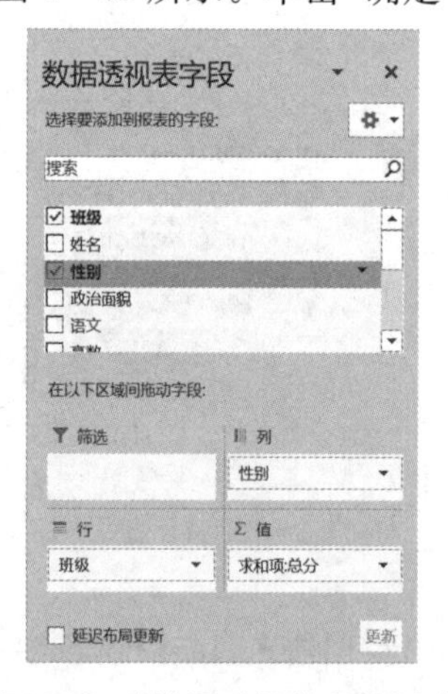

图 4－60　“数据透视表字段”窗格

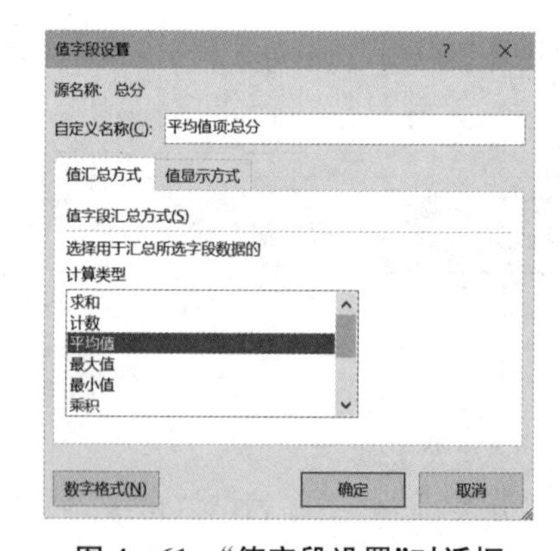

图 4－61　“值字段设置”对话框

案例总结

(1) 排序。

① 简单排序：选择“数据”选项卡下“排序和筛选”功能组中的“升序”(或“降序”)命令。

② 复杂排序：选择“数据”选项卡下“排序和筛选”功能组中的“排序”命令。

(2) 筛选。

① 自动筛选：选择“数据”选项卡下“排序和筛选”功能组中的“筛选”命令。

② 高级筛选：选择“数据”选项卡下“排序和筛选”功能组中的“高级”命令。

(3) 分类汇总：选择“数据”选项卡下“分级显示”功能组中的“分类汇总”命令。

(4) 数据透视表：选择“插入”选项卡下“表格”功能组中的“数据透视表”命令。

拓展深化

4.4.2 数据管理的进一步认识

1. 数据透视图

数据透视图以图形的形式表示数据透视表中的数据。数据透视图通常有一个使用相应布局的相关联的数据，数据透视图和数据透视表中的字段相互对应，如果更改了某一报表的某个字段位置，那么另一报表中的相应字段位置也会改变。

创建数据透视图：首先选择单元格区域中的一个单元格并确保单元格区域具有列标题，或者选中任意一个单元格，再单击“插入”选项卡下“图表”功能组中的“数据透视图”命令。

与标准图表一样，数据透视图也具有系列、分类、数据标签和坐标轴等元素。除此之外，数据透视图还有一些与数据透视表对应的特殊元素。由于数据透视图与数据透视表的操作基本一致，这里不做详细介绍。如图 4-62 所示为创建的统计不同班级的男、女生总分平均值的数据透视图。

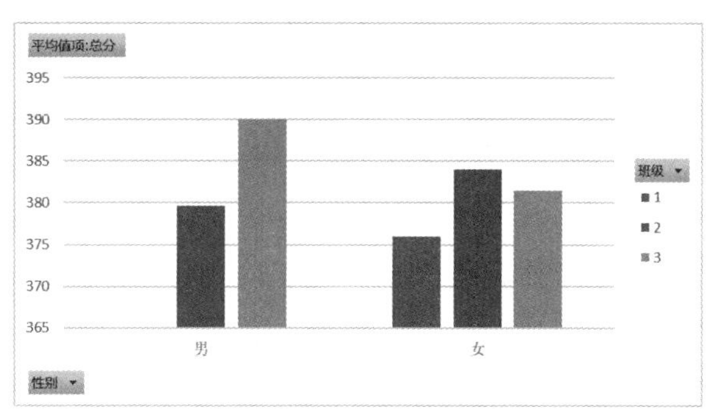

图 4-62　数据透视图

2. 数据合并

合并计算，就是将不相邻的多个相似格式的工作表或数据区域，按指定的方式进行自动匹配计算，其计算方式有求和、计数、平均值、乘积等。

拓展案例

“销售统计表.xlsx”工作簿中有“销售单 1”“销售单 2”和“合计销售单”三张工作表。将“销售单 1”和“销售单 2”工作表中的数据合并，结果放在“合计销售单”中的 B3∶D6 单元格区域，制作效果如图 4-63 所示。

销售统计表

合计销售数量统计表			
型号	一月	二月	三月
A001	202	155	183
A002	144	174	166
A003	159	147	159
A004	185	170	191

销售单1　销售单2　合计销售单

图 4-63　合计销售单

分析：

① 选取“销售统计表.xlsx”工作簿中的“合计销售单”工作表。

② 选中 B3 单元格，单击“数据”选项卡下“数据工具”功能组中的“合并计算”命令，弹出“合并计算”对话框。

③ 在“合并计算”对话框的“函数”下拉列表框中选择“求和”。

④ 在“引用位置”列表框中添加“销售单 1”中的 B3∶D6 单元格区域和“销售单 2”中的 B3∶D6 单元格区域。

⑤ 勾选“创建指向源数据的链接”复选框。

⑥ 单击“确定”按钮即可在“合计销售单”工作表中得到合计销售统计结果。

4.5　综合案例

案例引入

Excel 制作的学生成绩表几乎在所有学校都得到广泛使用，它可以有效地进行成绩的统计和分析，如学生成绩计算、排名、等级或奖学金的评定等。以如图 4-64 所示的学生成绩表制作效果为例，总结合理应用 Excel 2016。

学生成绩表样例

学生成绩表

制表人：LW

学号	姓名	性别	政治面貌	高数	大学英语	计算机文化基础	普通话	总分	平均分	总评	排名
1	王大伟	男	党员	78	80	90	65	313	78.25	及格	6
2	李鹏	男	团员	89	95	80	72	336	84.00	及格	3
3	程小小	女	党员	79	75	86	75	315	78.75	及格	5
4	马军	男	团员	90	92	88	65	335	83.75	及格	4
5	李红平	男	党员	96	95	97	85	373	93.25	优秀	1
6	段娟	女	团员	88	78	90	85	341	85.25	优秀	2
7	丁亚	女	党员	50	74	79	70	273	68.25	及格	8
8	杨柳	女	团员	60	68	75	77	280	70.00	及格	7

成绩表　图表　排序　自动筛选　高级筛选　分类汇总　数据透视...

(a)

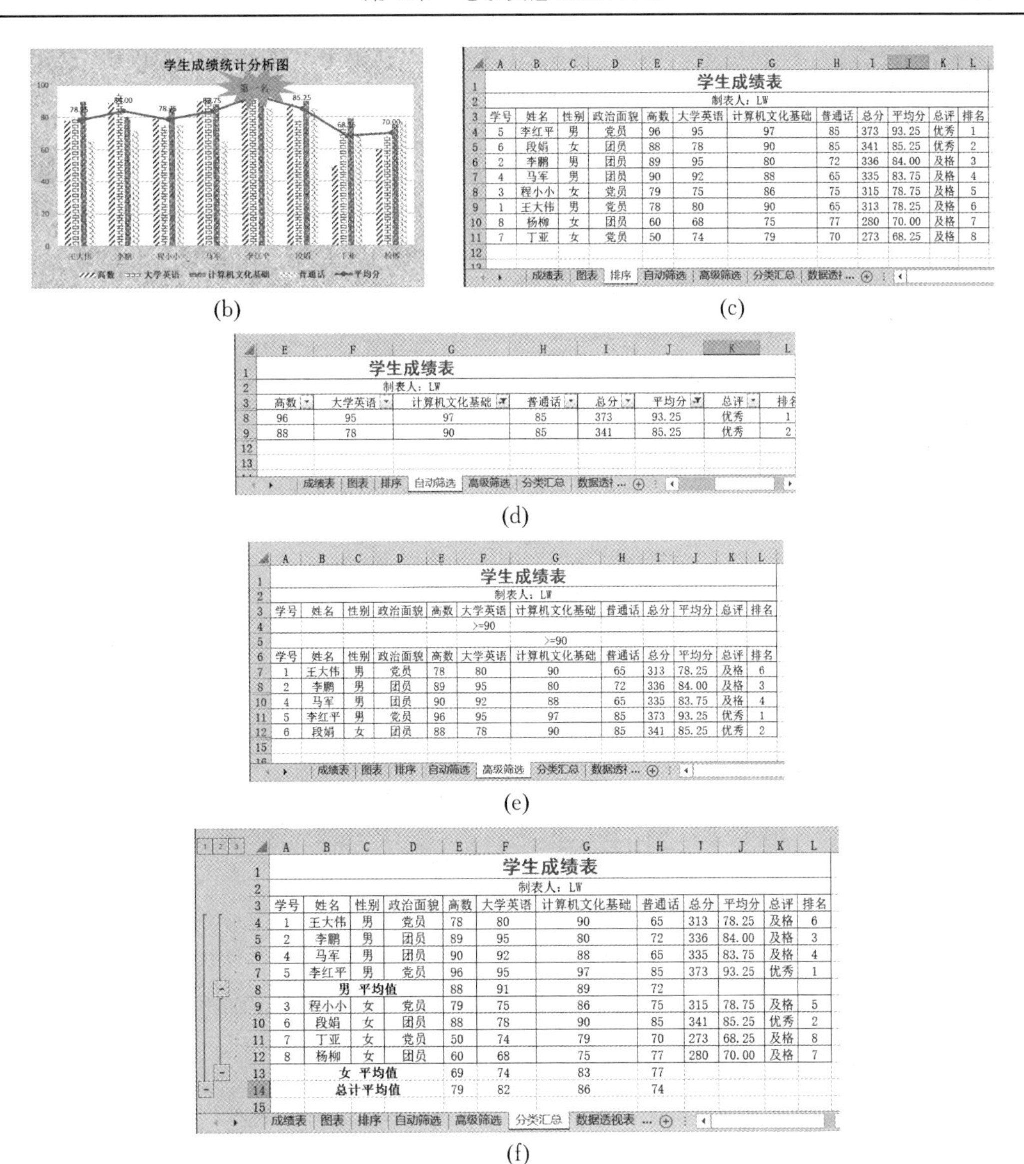

(b)　　(c)

(d)

(e)

(f)

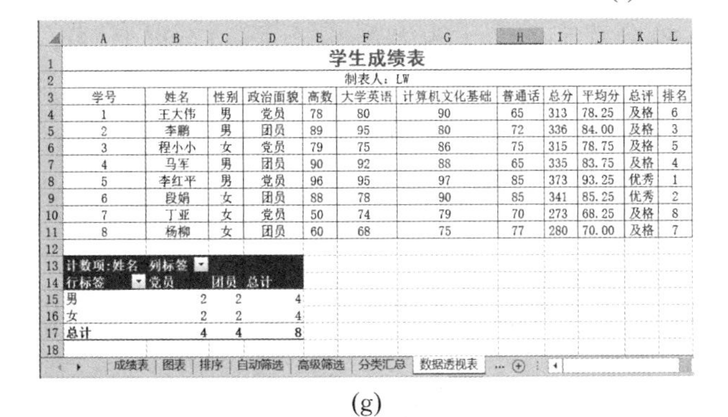

(g)

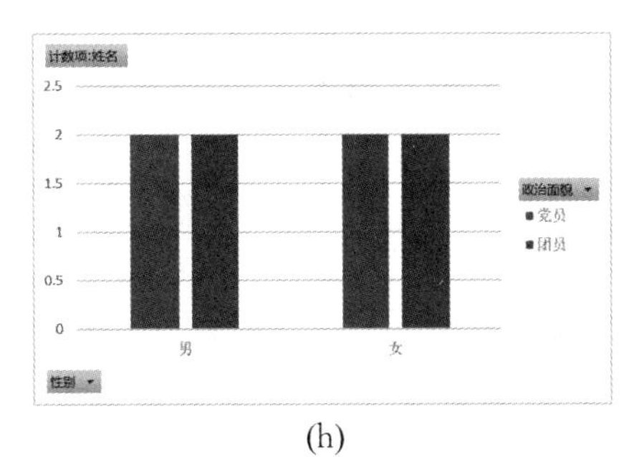

(h)

图 4-64　学生成绩表样例

案例分析

要完成以上学生成绩表的制作，需完成以下七项任务：

(1) 利用公式或者函数计算各科成绩的平均分、总分、总评，按总评成绩从高到低排名。

(2) 选择学生姓名、各科成绩、平均分生成学生成绩统计分析图，平均分变换成折线图。

(3) 数据按主关键字“总分”降序、次关键字“计算机文化基础”课程分数升序排列。

(4) 用自动筛选筛选出“平均分”大于或等于 80 分并且“计算机文化基础”大于或等于 90 分的学生。

(5) 用高级筛选筛选出“大学英语”大于或等于 90 分或者“计算机文化基础”大于或等于 90 分的学生。

(6) 按“性别”分类汇总各科成绩的“平均分”。

(7) 用数据透视表或数据透视图统计分析男、女生党员和团员的人数。

案例实践

步骤 1：在“Sheet1”工作表的基础上插入七张工作表，一共八张工作表，分别重命名为成绩表、图表、排序、自动筛选、高级筛选、分类汇总、数据透视表和数据透视图，在“成绩表”中输入原始数据，文本均为居中对齐，如图 4－65 所示。

操作过程

	A	B	C	D	E	F	G	H	I	J	K	L
1	学生成绩表											
2	制表人：LW											
3	学号	姓名	性别	政治面貌	高数	大学英语	计算机文化基础	普通话	总分	平均分	总评	排名
4	1	王大伟	男	党员	78	80	90	65				
5	2	李鹏	男	团员	89	95	80	72				
6	3	程小小	女	党员	79	75	86	75				
7	4	马军	男	团员	90	92	88	65				
8	5	李红平	男	党员	96	95	97	85				
9	6	段娟	女	团员	88	78	90	85				
10	7	丁亚	女	党员	50	74	79	70				
11	8	杨柳	女	团员	60	68	75	77				
12												
13												

成绩表 | 图表 | 排序 | 自动筛选 | 高级筛选 | 分类汇总 | 数据透视表 | 数据透视图

图 4－65 “成绩表”工作表

步骤 2：在“成绩表”中利用 SUM()函数计算总分，在 I4 单元格中输入“＝SUM(E4：H4)”；利用 AVERAGE()函数计算平均分，在 J4 单元格中输入“＝AVERAGE(E4：H4)”；利用 IF()函数计算总评(总评的计算规则为：平均分 85 分及 85 分以上为优秀，60 分及 60 分以上、85 分以下为及格，60 分以下为不及格)，在 K4 单元格输入“＝IF(J4＞＝85,"优秀",IF(J4＜60,"不及格","及格"))”；利用 RANK()函数计算排名，在 L4 单元格输入“＝RANK(J4,$J$4：$J$11)”。其余填充柄填充。复制 A1：L11 单元格区域数据到其余工作表中。

步骤 3：生成学生成绩统计分析图。

在“图表”工作表中，选中学生姓名、高数、大学英语、计算机文化基础、普通话、平均分六列，插入簇状柱形图。再右击图表中的“平均分”数据系列，在弹出的快捷菜单中选择“更改系列图表类型”为“带数据标记的折线图”。

将高数、大学英语、计算机文化基础、普通话的数据系列选择不同的图案填充效果；给“平均分”数据系列添加数据标签；给图表区添加图表标题“学生成绩统计分析图”；设置纵坐标轴格式，边界最大值设置为“100”，大单位设置为“20”；图例放在底部；绘制“爆炸形”形状，添加

“第一名”标志，即可生成如图 4－66 所示的学生成绩统计分析图。之后给图表区和绘图区填充所需颜色即完成效果制作。

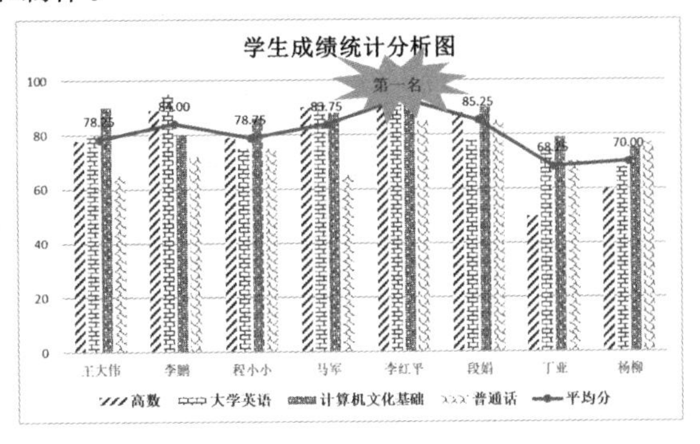

图 4－66　学生成绩统计分析图

步骤 4：在“排序”工作表中，选中 A3：L11 单元格区域，单击“数据”选项卡下“排序和筛选”功能组中的“排序”命令，按主关键字“总分”降序、次关键字“计算机文化基础”升序排列。

步骤 5：在“自动筛选”工作表中，选中 A3：L11 单元格区域，单击“数据”选项卡下“排序和筛选”功能组中的“筛选”命令。在“平均分”下拉列表中选择“数字筛选”下的“大于或等于”，设置“平均分”大于或等于“80”；在“计算机文化基础”下拉列表中选择“数字筛选”下的“大于或等于”，设置“计算机文化基础”大于或等于“90”，即完成效果。

步骤 6：在“高级筛选”工作表中，第三行上方插入三个空行，第三行复制列标题，F4 和 G5 单元格均输入“＞＝90”，如图 4－67 所示；设置筛选区域，选中 A6：L14 单元格区域，单击“数据”选项卡下“排序和筛选”功能组中的“高级”命令，拾取 F3：G5 单元格区域，筛选结果即可显示。

	A	B	C	D	E	F	G	H	I	J	K	L
1	学生成绩表											
2	制表人：LW											
3	学号	姓名	性别	政治面貌	高数	大学英语	计算机文化基础	普通话	总分	平均分	总评	排名
4						>=90						
5							>=90					
6	学号	姓名	性别	政治面貌	高数	大学英语	计算机文化基础	普通话	总分	平均分	总评	排名
7	1	王大伟	男	党员	78	80	90	65	313	78.25	及格	6
8	2	李鹏	男	团员	89	95	80	72	336	84.00	及格	3
9	3	程小小	女	党员	79	75	86	75	315	78.75	及格	5
10	4	马军	男	团员	90	92	88	65	335	83.75	及格	4
11	5	李红平	男	党员	96	95	97	85	373	93.25	优秀	1
12	6	段娟	女	团员	88	78	90	85	341	85.25	优秀	2
13	7	丁亚	女	党员	50	74	79	70	273	68.25	及格	8
14	8	杨柳	女	团员	60	68	75	77	280	70.00	及格	7
15												

成绩表 | 图表 | 排序 | 自动筛选 | 高级筛选 | 分类汇总 | 数据透视...

图 4－67　“高级筛选”工作表

步骤 7：在“分类汇总”工作表中，选择 A3：L11 单元格区域，先按“性别”升序排列，再单击“数据”选项卡下“分级显示”功能组中的“分类汇总”命令，设置分类字段为“性别”，汇总方式为“平均值”，汇总项去掉“排名”，勾选高数、大学英语、计算机文化基础、普通话四项，如图 4－68 所示，单击“确定”按钮。

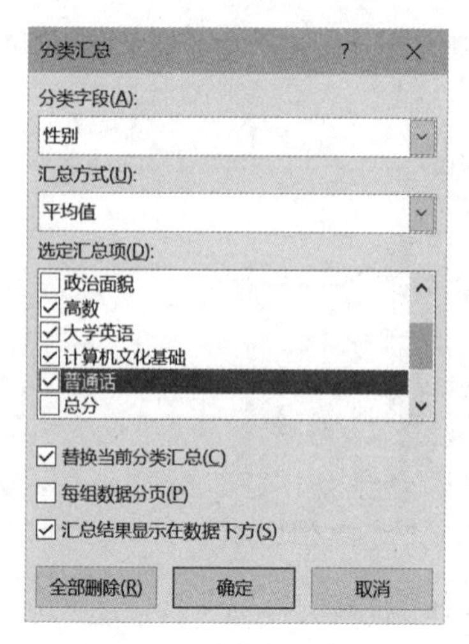

图 4-68 按“性别”分类汇总

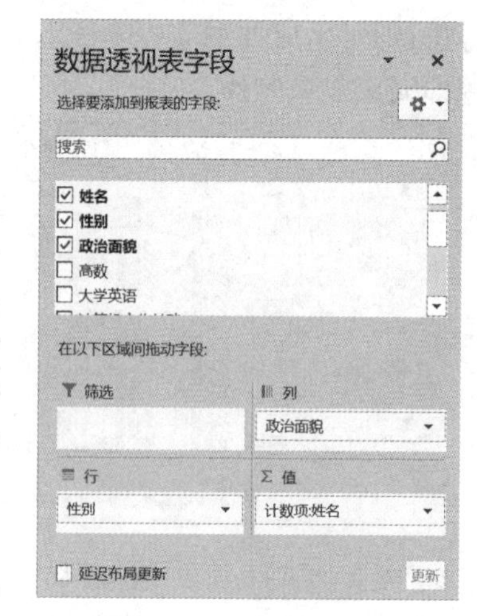

图 4-69 计数项:姓名

步骤 8:在“数据透视表”工作表中,选中 A3∶L11 单元格区域,单击“插入”选项卡下“表格”功能组中的“数据透视表”,选择现有工作表,在位置框中拾取 A13 单元格;单击“确定”按钮,在打开的“数据透视表字段”窗格中,将“性别”字段拖到“行”区域,将“政治面貌”字段拖到“列”区域,将“姓名”字段拖到“∑值”区域,如图 4-69 所示,即可通过统计表分析男、女生党员和团员的人数。

步骤 9:在“数据透视图”工作表中,选中 A3∶L11 单元格区域,单击“插入”选项卡下“图表”功能组中的“数据透视图”,选择现有工作表,在位置框中拾取 A13 单元格;单击“确定”按钮,在打开“数据透视图字段”窗格中,将“性别”字段拖到“轴”区域,将“政治面貌”字段拖到“图例”区域,将“姓名”字段拖到“∑值”区域,即可完成数据透视图制作。

本章小结

小节名称	知识重点	案例内容
4.1 工作表的基础操作	格式化工作表	SL 制作的学生成绩表的录入和格式化,记账凭证
4.2 公式和函数的应用	公式和函数	SL 制作的学生成绩表的计算,查询业务员的销售额
4.3 图表	格式化图表	成绩图表,迷你图
4.4 数据管理与分析	数据排序、筛选、分类汇总及数据透视表	数据管理,销售统计表
4.5 综合案例	录入数据;单元格格式化设置;公式与函数的应用;图表的生成、排序、筛选、分类汇总等	LW 制作的学生成绩表

测一测

一、选择题

1. 下列(　　)是 Excel 2016 的基本存储单位。

A. 幻灯片　B. 单元格　C. 工作表　D. 工作簿

2. 下列说法中,不正确的是(　　)。

A. Excel 2016 具有绘图、文档处理等功能

B. Excel 2016 具有以数据库管理方式管理表格数据功能

C. Excel 2016 能生成立体统计图形

D. Excel 2016 是电子表格软件

3. 设置单元格区域的数字格式可通过(　　)进行。

A. “数据”选项卡　B. “视图”选项卡　C. “开始”选项卡　D. “常用”工具栏

4. 在选定的一行位置上插入一行,可以通过(　　)。

A. 选择“插入”选项卡中的“行”命令

B. 选择“数据”选项卡中的“行”命令

C. 选择“开始”选项卡中的“插入”命令

D. 选择“数据”选项卡中的“插入”命令

5. 使用填充柄不可在单元格区域中填充(　　)。

A. 相同数据　B. 没有关系的数据

C. 已定义的序列数据　D. 递增或递减的数据序列

6. 在单元格中输入数据后,按(　　)快捷键,能实现在当前活动单元格内换行。

A. “Ctrl+Enter”　B. “Alt+Enter”　C. “Delete+Enter”　D. “Shift+Enter”

7. 若在单元格中输入数值 1/2,应(　　)。

A. 直接输入 1/2　B. 输入'1/2

C. 输入 0 和空格后输入 1/2　D. 输入空格和 0 后输入 1/2

8. 使用公式或函数的自动填充功能,若想填充公式或函数中引用的单元格地址随着单元格的填充发生行列地址的相应变化,则应该使用(　　)。

A. 绝对引用　B. 相对引用　C. 混合引用　D. 不能引用

9. 已知 B3 和 B4 单元格中的内容分别为“祖国”和“你好”,要在 B1 单元格中显示“祖国你好”,可在 B1 单元格中输入公式(　　)。

A. =B3+B4　B. =B3-B4　C. =B3&B4　D. =B3$B4

10. 要求 A1,A2,A3 单元格数据的平均值,并在 B1 单元格中显示结果,则在 B1 单元格输入的下列公式中,错误的是(　　)。

A. =(A1+A2+A3)/3　B. =SUM(A1:A3)/3

C. =AVERAGE(A1:A3)　D. =AVERAGE(A1:A2:A3)

11. 在 Excel 2016 中进行排序操作时,最多选择的排序关键字的个数为(　　)。

A. 一个　B. 两个　C. 多个　D. 三个

12. 下列说法中，正确的是(　　)。

A. 图表既可以嵌入在工作表，也可以单独占据一个工作表

B. 当工作表数据改变时，图表不能自动更新

C. 当图表数据改变时，工作表数据不能自动更新

D. 图表标题不能编辑

13. 图表建立好后，可以通过鼠标(　　)。

A. 添加图表向导以外的内容　　B. 改变图表类型

C. 调整图表大小和位置　　D. 改变行标题和列标题

14. 下列说法中，正确的是(　　)。

A. 图表大小不能缩放　　B. 图例只能位于图的底部

C. 图例可以不显示　　D. 图表位置不可以移动

15. 在 Excel 2016 中，能够进行条件格式设置的区域(　　)。

A. 只能是一行　　B. 只能是一列

C. 只能是一个单元格　　D. 可以是任意选定区域

16. 最适合反映某个数据在所有数据构成的总和中所占比例的一种图表类型是(　　)。

A. 散点图　　B. 折线图　　C. 柱形图　　D. 饼图

17. 创建图表时，在弹出的“选择数据源”对话框中拾取图表的数据区域后，若图表数据区域发生变化，则相应的图表(　　)。

A. 自动发生变化　　B. 不会发生变化

C. 提示出错　　D. 需手动操作后才发生变化

18. 下列说法中，不正确的是(　　)。

A. 当需要利用复杂的条件筛选数据清单时可以使用“高级筛选”

B. 执行“高级筛选”之前必须为之指定一个条件区域

C. 筛选的条件可以自定义

D. 在筛选命令执行之后，筛选结果一定和原数据清单一起显示在屏幕上

19. 对表格中的数据进行排序可通过(　　)选项卡。

A. “文件”　　B. “开始”　　C. “数据”　　D. “公式”

20. 下列关于分类汇总的叙述中，错误的是(　　)。

A. 分类汇总的关键字只能是一个字段

B. 分类汇总前数据必须按关键字字段排序

C. 分类汇总不能删除

D. 汇总方式只有求和

二、填空题

1. 电子表格由行、列组成的________构成，行与列交叉形成的格子称为单元格，单元格是 Excel 2016 中最基本的存储单位，可以存放数值、变量、字符、公式等数据。

2. 系统默认一个工作簿包含________个工作表，一个工作簿内最多可以有________个工作表。

3. 每个存储单元有一个地址，由________与________组成，如 A2 表示第 A 列第二行的单元格。

4. 在单元格区域输入相同的数据可使用________。

5. 填充单元格区域中的底纹可通过________选项卡进行。

6. 在 Excel 2016 中,公式要以________开头。

7. 在 Excel 2016 的数据操作中,统计个数的函数是________。

8. Excel 2016 中可以实现仅清除内容保留格式的操作是按________键。

9. 进行分类汇总前,必须先对表格中需进行分类汇总的列________。

三、操作题

Excel 的基本操作与计算。

(1) 启动“Excel 2016”,在“Sheet1”工作表中输入如图 4 - 70 所示的数据。将工作簿保存为“测一测源文件. xlsx”。

	A	B	C	D	E	F	G	H
1	成绩表							
2	制表日期: 2020/9/24							
3	姓名	高数	大学英语	计算机基础	普通话	总分	总评	
4	王大伟	78	80	90	65			
5	李鹏	89	95	80	72			
6	程小小	79	75	86	75			
7	马军	90	92	88	66			
8	李红平	96	95	97	85			
9	丁亚	50	74	79	70			
10	杨柳	60	68	75	77			
11	平均分							
12								
13					不及格率		优秀率	
14								

Sheet1

图 4 - 70　输入数据

(2) 在“姓名”列左侧添加新的一列,并在 A3 单元格中输入“班级”,将 A4∶A10 单元格区域的班级有效性设置为 0～10 的整数,并依次输入班级号“3,3,1,3,2,2,1”,如图 4 - 71 所示。

	A	B	C	D	E	F	G	H	I
1		成绩表							
2		制表日期: 2020/9/24							
3	班级	姓名	高数	大学英语	计算机基础	普通话	总分	总评	
4	3	王大伟	78	80	90	65			
5	3	李鹏	89	95	80	72			
6	1	程小小	79	75	86	75			
7	3	马军	90	92	88	66			
8	2	李红平	96	95	97	85			
9	2	丁亚	50	74	79	70			
10	1	杨柳	60	68	75	77			
11		平均分							
12									
13						不及格率		优秀率	
14									
15									

Sheet1

图 4 - 71　插入“班级”

(3) 在第九行上面插入一空行,并在各单元格中依次输入数据“1,段娟,88,78,90,80”。

(4) 选定 A1∶H1 单元格区域,合并单元格且标题“成绩表”居中对齐,设置“字体”为“黑体”,“字号”为“16”,“字形”为“加粗”,“字体颜色”为“红色”。

(5) 将“Sheet1”工作表重命名为“成绩表”。

(6) 选定 A2∶H2 单元格区域,合并单元格,设置文本靠右对齐。

(7) 选定 A3∶H12 单元格区域,设置文本水平和垂直均居中。

(8) 选定 C4∶G11 单元格区域,设置“数值”类、小数位数“2”。

(9) 选定 A1∶H12 单元格区域,添加框线:外侧框线粗,内部框线细,颜色自定。

(10) 选定 C4∶F11 单元格区域,设置当单元格数值小于 60 时,数据格式为红色、加粗。至此,效果如图 4-72 所示。

	A	B	C	D	E	F	G	H	I
1	成绩表								
2							制表日期:	2020/9/24	
3	班级	姓名	高数	大学英语	计算机基础	普通话	总分	总评	
4	3	王大伟	78.00	80.00	90.00	65.00			
5	3	李鹏	89.00	95.00	80.00	72.00			
6	1	程小小	79.00	75.00	86.00	75.00			
7	3	马军	90.00	92.00	88.00	66.00			
8	2	李红平	96.00	95.00	97.00	85.00			
9	1	段娟	88.00	78.00	90.00	80.00			
10	2	丁亚	**50.00**	74.00	79.00	70.00			
11	1	杨柳	60.00	68.00	75.00	77.00			
12		平均分							
13									
14						不及格率		优秀率	

成绩表

图 4-72 "成绩表"的格式化

(11) 利用 SUM()函数计算各学生的总分;在"总分"列右侧添加新的一列,并在 H3 单元格中输入"分数","分数"列和"平均分"行均用 AVERAGE()函数计算。

(12) "总评"列的计算规则:如果该学生"分数"值小于 60,那么"总评"成绩为"不及格";如果该学生"分数"值大于或等于 85,那么"总评"成绩为"优秀";中间则为"及格"。

(13) 使用条件计数函数组成公式计算不及格率和优秀率。

说明:不及格率参考计算公式:G14=COUNTIF(I4∶I11,"不及格")/COUNT(A4∶A11),并设置结果为百分比格式,保留两位小数。至此,效果如图 4-73 所示。

	A	B	C	D	E	F	G	H	I	J
1	成绩表									
2								制表日期:	2020/9/24	
3	班级	姓名	高数	大学英语	计算机基础	普通话	总分	分数	总评	
4	3	王大伟	78.00	80.00	90.00	65.00	313.00	78.25	及格	
5	3	李鹏	89.00	95.00	80.00	72.00	336.00	84.00	及格	
6	1	程小小	79.00	75.00	86.00	75.00	315.00	78.75	及格	
7	3	马军	90.00	92.00	88.00	66.00	336.00	84.00	及格	
8	2	李红平	96.00	95.00	97.00	85.00	373.00	93.25	优秀	
9	1	段娟	88.00	78.00	90.00	80.00	336.00	84.00	及格	
10	2	丁亚	**50.00**	74.00	79.00	70.00	273.00	68.25	及格	
11	1	杨柳	60.00	68.00	75.00	77.00	280.00	70.00	及格	
12		平均分	78.75	82.13	85.63	73.75				
13										
14						不及格率	0.00%		优秀率	12.50%

成绩表

图 4-73 "成绩表"的计算

答案与源文件

第5章 演示文稿PowerPoint 2016

学习目标

通过本章的学习，应掌握以下内容：

* 熟悉 PowerPoint 2016 窗口的组成；熟练演示文稿的创建与保存。
* 掌握幻灯片的添加、删除等基本操作，插入并编辑文本、图片、视频等对象。
* 理解幻灯片版式、母版、主题等概念；能使用母版对幻灯片的格式、外观进行设定。
* 掌握超链接的设置；熟悉幻灯片的放映方法；能设置动画效果。
* 能根据需要播放幻灯片，打包演示文稿，并打印输出演示文稿。

5.1 编辑与设计幻灯片

案例引入

在大一新生的主题班会上，辅导员要求大家介绍自己家乡，学生王磊利用 PowerPoint 2016 制作了演示文稿，通过大屏幕向同学们展示了遵义的人文风韵，生动形象、一目了然，使大家对这座城市有了更多的了解和更深的认识。其效果如图 5-1 所示。

演示文稿样例

图 5-1 演示文稿样例

· 案例分析

在制作本案例的过程中，首先要创建演示文稿，然后对演示文稿中的幻灯片进行编辑，最后保存演示文稿。具体制作步骤可分解为以下六步：

(1) 创建演示文稿。

(2) 设置幻灯片主题风格，包括主题字体、主题颜色等，并根据演示设备合理调整幻灯片大小。

(3) 添加并编辑幻灯片内容，插入文字、图片、视频等对象，丰富幻灯片页面效果。

(4) 使用幻灯片母版，对幻灯片的整体格式、外观进行设置。

(5) 插入超链接，控制幻灯片的播放。

(6) 保存演示文稿。

· 知识讲解

5.1.1 PowerPoint 2016 的基本知识

PowerPoint 2016 是 Office 2016 办公系列软件的重要组成部分，主要用于幻灯片的制作，简称 PPT。一套完整的 PPT 文件一般包含片头动画、PPT 封面、前言、目录、过渡页、图表页、图片页、文字页、封底、片尾动画等，所采用的素材有文字、图片、图表、动画、声音、影片等。

利用 PowerPoint 2016 制作的文件称为演示文稿，演示文稿中的每一页称为幻灯片，每张幻灯片都是演示文稿中既相互独立又相互联系的内容。对演示文稿的制作，就是对各页幻灯片的编辑与设计；而各幻灯片中的内容、顺序及展示方式，构建成一个完整的演示文稿。

1. 启动 PowerPoint 2016

(1) 单击"开始"菜单中的"PowerPoint 2016"。

(2) 快捷启动：双击桌面上的"PowerPoint 2016"快捷方式图标。

(3) 通过已有的演示文稿进入 PowerPoint 2016。

2. 退出 PowerPoint 2016

(1) 单击"文件"选项卡中的"关闭"命令。

(2) 单击标题栏右侧的"关闭"按钮。

(3) 双击标题栏左上角。

(4) 按"Alt+F4"快捷键。

3. 新建演示文稿

1) 创建空白演示文稿

启动"PowerPoint 2016"，在"开始"界面，单击"空白演示文稿"，创建一个新的演示文稿，如图 5-2 所示。

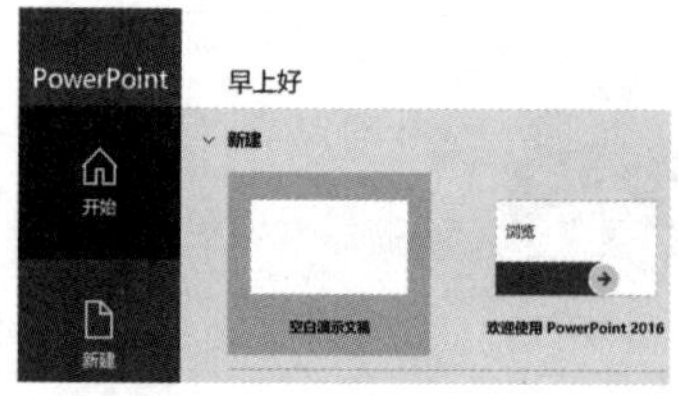

图 5-2 创建空白演示文稿

2) 使用模板创建演示文稿

模板是指包含初始设置(有的包含初始内容)的文件。Office 2016 提供了许多联机模板和主题。通过模板创建演示文稿，不需要用户完全地从头开始制作，从而节省了时间，也提高了工作效率。根据模板创建演示文稿的具体步骤如下：

(1) 选择“文件”选项卡中的“新建”命令，切换“新建”界面。在“搜索联机模板和主题”文本框中输入文字“培训”，然后单击需要的模板。

(2) 在弹出的对话框中，单击“创建”按钮，创建一个演示文稿，如图5-3所示。

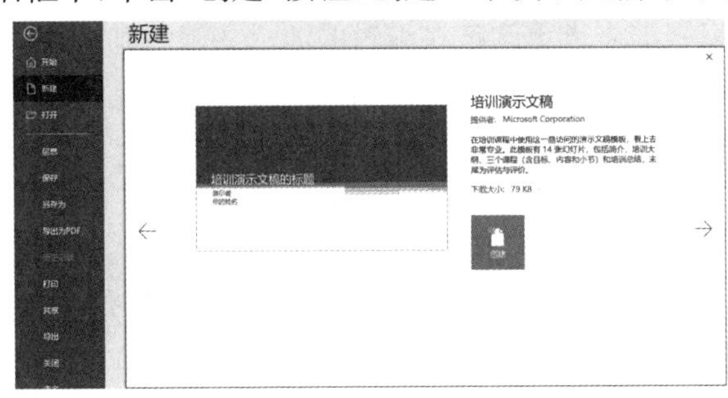

图5-3 使用模板创建演示文稿

4. 保存演示文稿

(1) 单击快速访问工具栏的“保存”按钮。

(2) 选择“文件”选项卡中的“保存”(或“另存为”)命令。

(3) 按“Ctrl+S”快捷键。

5. 打开演示文稿

启动 PowerPoint 2016 后，选择“文件”中的“打开”命令或按“Ctrl+O”快捷键，切换成“打开”界面，在其中选择需要打开的演示文稿即可。

6. PowerPoint 2016 的窗口

PowerPoint 2016 窗口组成如图5-4所示。

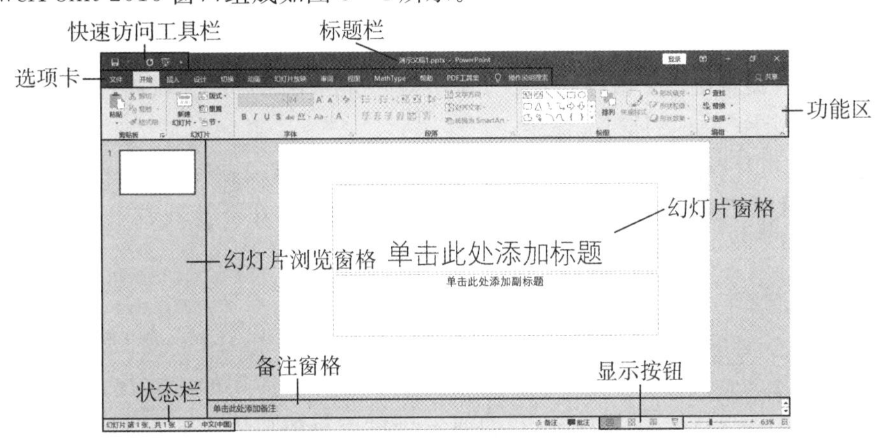

图5-4 PowerPoint 2016 的窗口

(1) 标题栏：显示正在编辑的演示文稿的文件名以及所使用的软件名。

(2) “文件”选项卡：基本命令位于此处，如“新建”“打开”“关闭”“另存为”和“打印”。

(3) 快速访问工具栏：常用命令位于此处，如“保存”和“撤消”。

(4) 功能区：工作时需要用到的命令位于此处。

(5) 幻灯片窗格：可以查看每张幻灯片中的文本外观，还可以在单张幻灯片中添加图片、影片和声音，并创建超链接以及向其中添加动画。

（6）备注窗格：为幻灯片添加备注内容。

（7）幻灯片浏览窗格：幻灯片浏览窗格用来浏览或编辑幻灯片各级标题或浏览整个演示文稿中的各页幻灯片的缩略图。

（8）显示按钮：可以根据需求更改正在编辑的演示文稿的显示模式。

（9）状态栏：显示正在编辑的演示文稿的相关信息。

7. 演示文稿视图模式

PowerPoint 2016 提供了五种视图模式，分别为普通视图、大纲视图、幻灯片浏览视图、备注页视图和阅读视图模式。用户可根据自己的阅读需要选择不同的视图模式。

（1）普通视图是 PowerPoint 2016 的默认视图模式，包含幻灯片浏览窗格、幻灯片窗格和备注窗格三种窗格。拖动窗格边框可调整各窗格的大小。

（2）在大纲视图下编辑演示文稿，可以调整各幻灯片的前后顺序；在一张幻灯片内可以调整标题的层次级别和前后次序；可以将某幻灯片的文本复制或移动到其他幻灯片中。

（3）在幻灯片浏览视图中，可以在屏幕上同时看到演示文稿中的所有幻灯片。这些幻灯片以缩略图的方式整齐地显示在同一窗口中。在该视图中也可以很容易地在幻灯片之间添加、删除和移动幻灯片的前后顺序以及选择幻灯片之间的动画切换。

（4）备注页视图主要用于为演示文稿中的幻灯片添加备注内容或对备注内容进行编辑修改。在该视图模式下无法对幻灯片的内容进行编辑。

（5）阅读视图在幻灯片放映视图中并不是显示单个的静止画面，而是以动态的形式显示演示文稿中的幻灯片。阅读视图是演示文稿的最后效果，所以当演示文稿创建到一个段落时，可以利用该视图来检查，从而可以对不满意的地方及时进行修改。

8. 新建幻灯片

新建幻灯片的常用方法如下：

（1）在幻灯片浏览窗格中新建：右击幻灯片浏览窗格中的空白区域或已有幻灯片，在弹出的快捷菜单中选择“新建幻灯片”命令。

（2）通过“幻灯片”功能组新建：在普通视图或幻灯片浏览视图中选中一张幻灯片，在“开始”选项卡下“幻灯片”功能组中单击“新建幻灯片”下拉按钮，在下拉列表中选择一种幻灯片版式即可。

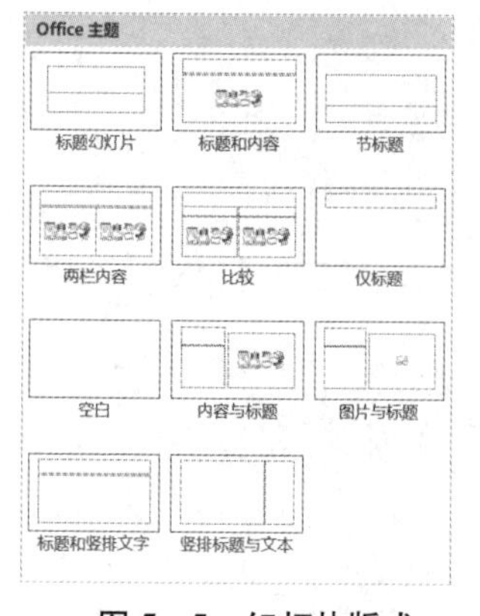

图 5-5　幻灯片版式

9. 幻灯片版式

幻灯片版式是 PowerPoint 2016 中的一种常规排版的格式，或者说是一种定位模板。幻灯片使用的版式决定了显示哪些内容占位符以及如何安排占位符的位置。通过幻灯片版式的应用可以对文字、图片等更加合理简洁地完成布局。Office 主题中有“标题幻灯片”“标题和内容”等 11 种幻灯片版式，如图 5-5 所示。

若对新建的幻灯片版式不满意，也可进行更改，选中需更改的幻灯片，在“开始”选项卡下“幻灯片”功能组中单击“版式”下拉按钮，在下拉列表中选择一种幻灯片版式，即可将其应用于当前幻灯片。

10. 选择幻灯片

（1）选择单张幻灯片：在幻灯片浏览窗格中单击幻灯片缩略图即可选择当前幻灯片。

（2）选择多张幻灯片：在幻灯片浏览视图或幻灯片浏览窗格中按住"Shift"键并单击幻灯片可选择多张连续的幻灯片；按住"Ctrl"键并单击幻灯片可选择多张不连续的幻灯片。

（3）选择全部幻灯片：在幻灯片浏览视图或幻灯片浏览窗格中按"Ctrl＋A"快捷键。

11. 移动或复制幻灯片

（1）通过拖动鼠标：选中需移动的幻灯片，单击并拖动到目标位置后释放鼠标，完成移动操作；选中需复制幻灯片，按住"Ctrl"键并拖动到目标位置，完成幻灯片的复制操作。

（2）通过菜单命令：右击需移动或复制的幻灯片，在弹出的快捷菜单中选择"剪切"或"复制"命令，粘贴到目标位置，完成幻灯片的移动或复制。

（3）通过快捷键：选中需移动或复制的幻灯片，按"Ctrl＋X"快捷键或"Ctrl＋C"快捷键，然后在目标位置按"Ctrl＋V"快捷键进行粘贴，完成移动或复制操作。

12. 删除幻灯片

（1）右击要删除的幻灯片，在弹出的快捷菜单中选择"删除幻灯片"命令。

（2）选中要删除的幻灯片，按"Delete"键。

13. 幻灯片母版

幻灯片母版是由用户自己设定的在每一张幻灯片上显示的固定内容，如幻灯片的页码、作者、单位、徽标、固定词组等。母版是样本幻灯片，并不是常规演示文稿的一部分。它仅存在于幕后，为幻灯片提供设置。演示文稿的所有幻灯片的共有设置都保存在幻灯片母版中。PowerPoint 2016 设置了"主母版"，并为每个版式单独设置"版式母版"。例如，Office 主题的母版包含了 11 个版式。

（1）"主母版"设计："主母版"能影响所有"版式母版"。例如，直接在"主母版"中设置统一的内容、图片、背景和格式，其他"版式母版"会自动与之一致。

（2）"版式母版"设计：包括标题版式、图表、文字幻灯片等，可单独控制配色、文字和格式。

14. 幻灯片主题

主题是一组预定义的颜色、字体和视觉效果，以实现统一、专业的外观。通过使用主题，可以轻松赋予演示文稿和谐的外观。如图 5－6 所示的就是不同主题的同一张幻灯片。

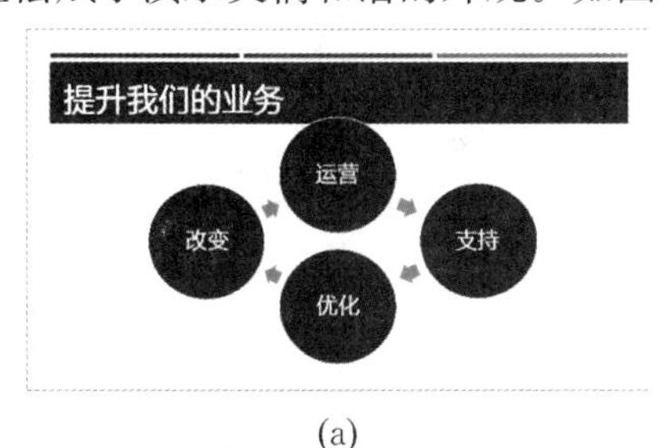

(a)

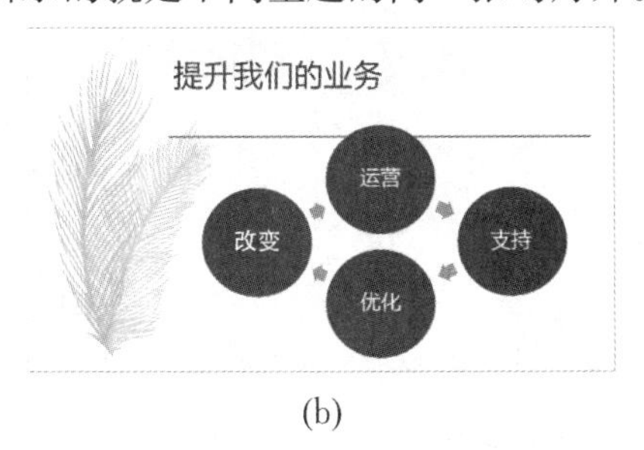

(b)

图 5－6 幻灯片主题

15. 演示文稿模板

模板是主题以及用于特定用途(如销售演示文稿、商业计划或课堂课程)的一些内容。或者说,主题中只包含外观和格式,而模板中包含了主题和内容。因此,模板具有协同工作的设计元素(颜色、字体、背景、效果)和幻灯片的版式内容。

用户可以创建、存储、重复使用以及与他人共享自己的自定义模板。

幻灯片母版保存主题的设置,并将其应用于演示文稿中的一张或多张幻灯片。主题只能向演示文稿提供字体、颜色、效果和背景设置。主题通常保存在模板中。

16. 占位符

"占位符"表现为一个虚框,虚框内往往有"单击此处添加标题"之类的提示语。单击虚框,提示语会自动消失。占位符内可以放置文字、图表、图片等对象。

17. 超链接

一般情况下,幻灯片是按照从前至后的顺序进行展示的,但是在某些时候需要根据讲解流程在不同的幻灯片间切换、跳转或反复查看。这时就需要为幻灯片添加超链接。当幻灯片播放时,通过单击超链接可以跳转到演示文稿中指定的另一位置。超链接也可以打开另一个程序、文件或网页。超链接需要有依附的对象,它可以是幻灯片中的文本或图片。

案例实践 5-1　下面来完成如图 5-1 所示的案例。

操作过程

步骤 1:创建演示文稿。

打开"PowerPoint 2016",新建一个空白演示文稿并将其另存为"演示文稿样例. pptx"。

步骤 2:设置幻灯片主题风格。

(1) 设置主题:根据演示文稿的内容,使用 Office 提供的内置主题或联机主题,可以快速地为演示文稿设置外观。选择"设计"选项卡下"主题"功能组的下拉菜单中名为"木材纹理"的主题,如图 5-7 所示。

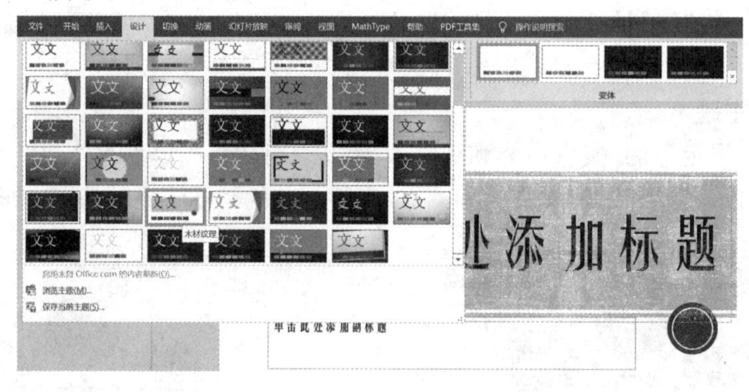

图 5-7　设置主题

(2) 设置主题字体:单击"设计"选项卡下"变体"功能组的下拉按钮,选择"字体"命令,在弹出的快捷菜单中,选择"自定义字体"命令,如图 5-8 所示。在弹出的"新建主题字体"对话框中,做如图 5-9 所示的设置。

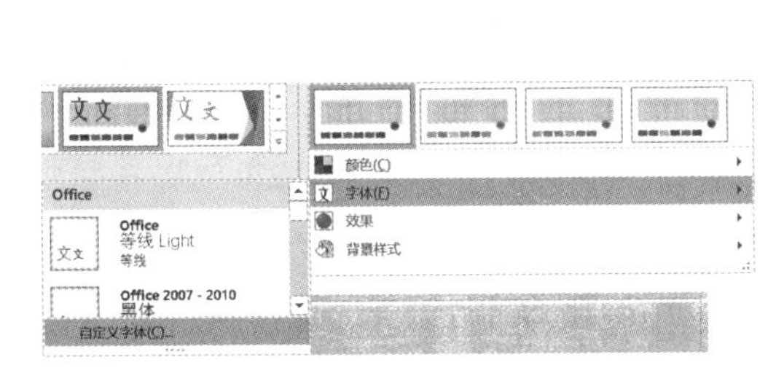

图 5-8　自定义字体

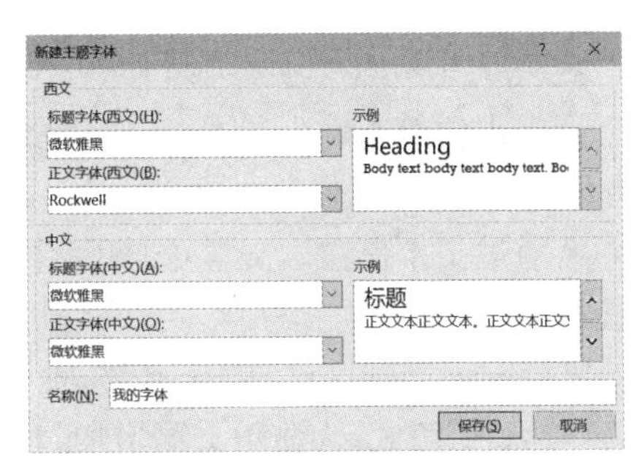

图 5-9　设置主题字体

提示　右击已建好的自定义字体，在弹出的快捷菜单中，可对自定义字体进行修改、删除等操作。

(3) 设置幻灯片大小：选择“设计”选项卡下“自定义”功能组中的“幻灯片大小”下拉列表中的“自定义幻灯片大小”命令，在弹出的“幻灯片大小”对话框中，设置“幻灯片大小”为“宽屏”，如图 5-10 所示。

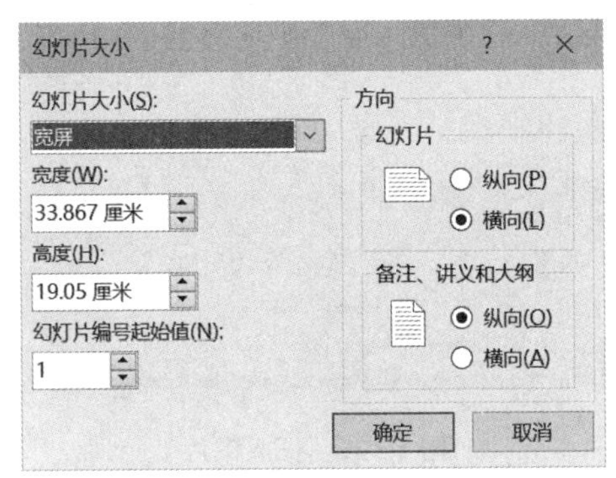

图 5-10　设置幻灯片大小

步骤 3：编辑幻灯片。

(1) 输入文本：在幻灯片 1 的标题占位符中输入文本“遵道行义　醉美遵义”，设置“字体”为“华文行楷”，“字号”为“90”，如图 5-11 所示。

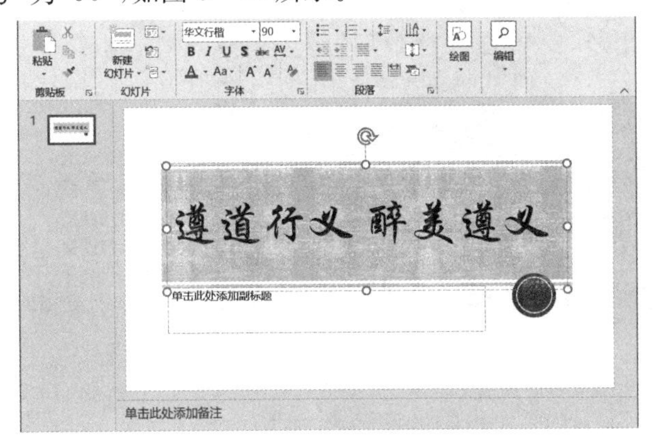

图 5-11　输入文本

提示　幻灯片中输入文本的方式有两种：

① 在占位符中输入文本：新建演示文稿或插入新幻灯片后，幻灯片中的虚线文本框，即为占位符，可以在占位符中输入文本。

② 通过文本框输入文本：幻灯片中除可在占位符中输入文本外，还可在空白位置绘制文本框来输入文本。

（2）添加幻灯片：选择“开始”选项卡下“幻灯片”功能组中的“新建幻灯片”下拉列表中的“内容与标题”版式，为演示文稿增加幻灯片2和5；幻灯片3和8设置版式为“标题和内容”；幻灯片4设置版式为“两栏内容”；幻灯片6和7设置版式为“比较”；幻灯片9设置版式为“标题幻灯片”。

（3）插入图片。

① 在幻灯片2中单击项目占位符中的“图片”按钮，如图5-12所示，插入收集好的图片，并调整图片的大小和位置。

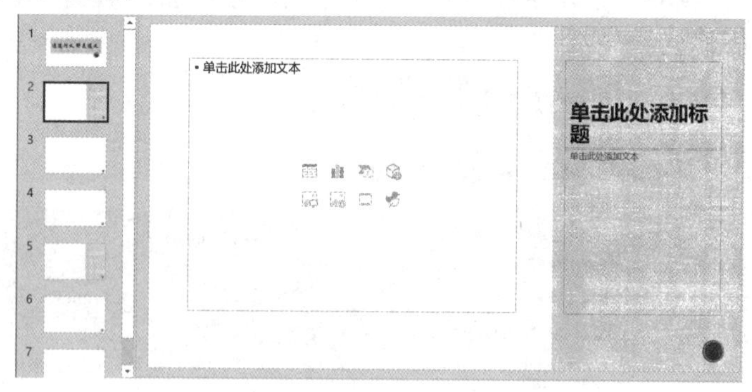

图5-12　插入图片

② 在文本占位符中输入文字，设置“字号”为“28”，“字形”为“加粗”，“字体颜色”为“橙色，个性色1，深色25%”，添加项目符号；删除不需要的标题占位符，使用“插入”选项卡下“图像”功能组中的“图片”命令，插入图片，并调整移动到相应的位置，如图5-13所示。

图5-13　幻灯片2效果

③ 为之后的几张幻灯片插入相应的图片和文本。

（4）插入SmartArt图形：在幻灯片4的项目占位符处插入SmartArt图形，设置成需要的效果，如图5-14所示。

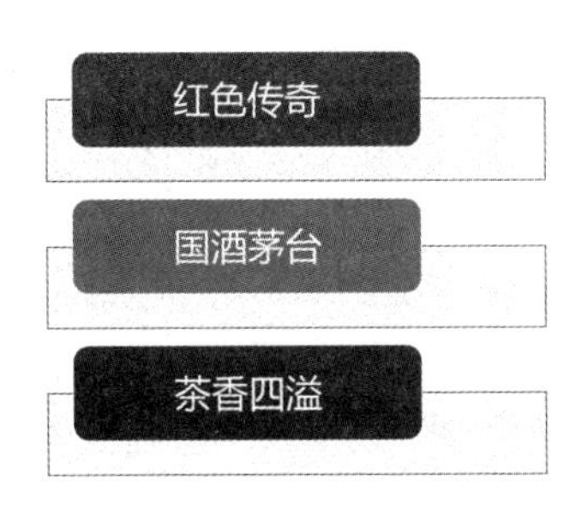

图 5-14　插入 SmartArt 图形

(5) 插入视频：在幻灯片 7 中单击左边的项目占位符中的“插入视频文件”按钮，插入视频。

(6) 分栏：选中幻灯片 3 的文本，使用“开始”选项卡下“段落”功能组中的“添加或删除栏”命令，将文字设置为“两栏”显示，如图 5-15 所示。

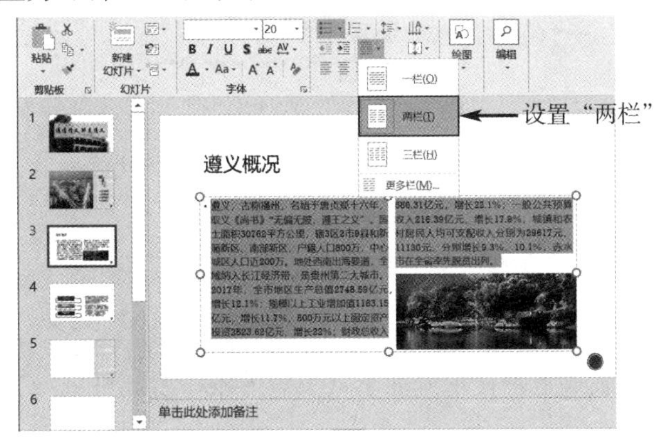

图 5-15　分栏设置

步骤 4：使用幻灯片母版，对幻灯片的整体格式和外观进行设置。

(1) 为“标题幻灯片”版式添加背景：单击“视图”选项卡下“母版视图”功能组中的“幻灯片母版”命令，打开母版编辑视图。选中“幻灯片母版”中的“标题幻灯片”版式，单击“背景”功能组右下角“设置背景格式”按钮，在“标题幻灯片”版式中插入图片，如图 5-16 所示。

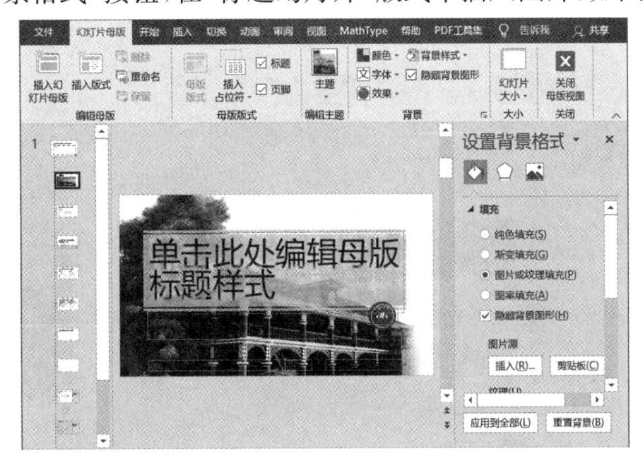

图 5-16　为“标题幻灯片”版式添加背景

(2) 设置“幻灯片母版”格式。

① 选择“幻灯片母版”，为“母版标题样式”设置“字号”为“40”；选择“母版文本样式”，设置“行”为“1.2”。

② 选择“插入”选项卡下“插图”功能组中的“形状”命令，在“幻灯片母版”中绘制一个长为 23.5 厘米，宽为 0.2 厘米的矩形；在“绘图工具”|“格式”选项卡中设置该矩形的格式，“形状轮廓”为“无轮廓”，“形状填充”选择“图片”命令，在“插入图片”对话框中选择图片，效果如图 5-17 所示。

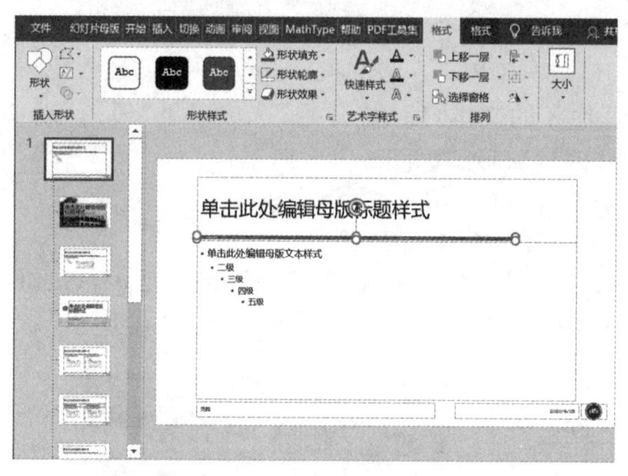

图 5-17　为“幻灯片母版”添加矩形

绘制完成后，在其他版式上均显示添加了这个矩形条。由此可见“幻灯片母版”的设置是对所有版式的共性设置。

提示　如果不想在某一个版式上显示“幻灯片母版”上的图片、文字等内容，可以选中这个“版式母版”，勾选“背景”功能组中的“隐藏背景图形”复选框来设置。

步骤 5：设置超链接。

(1) 选中幻灯片 4 内的文字“红色传奇”，单击“插入”选项卡下“链接”功能组中的“链接”命令，弹出“插入超链接”对话框，选择“本文档中的位置”命令，设置链接到幻灯片 5“娄山关”，如图 5-18 所示。

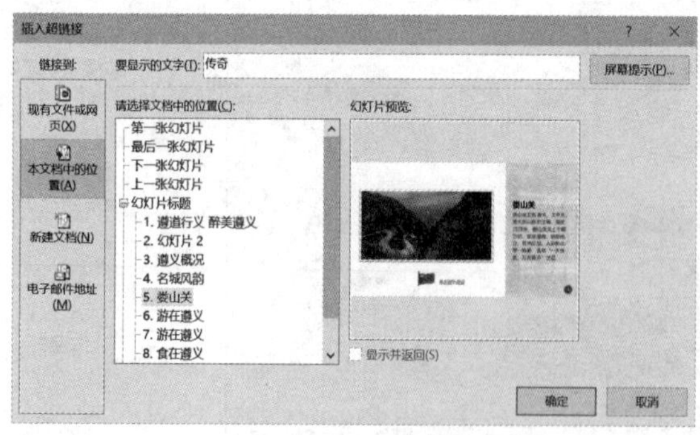

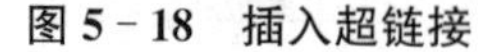

图 5-18　插入超链接

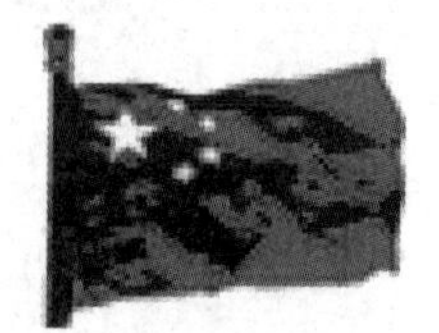

图 5-19　图片超链接

(2) 选择幻灯片 5 中的如图 5-19 所示的图片，为图片设置超链接，链接到幻灯片 4。

(3) 右击幻灯片 5，在弹出的快捷菜单中选择“隐藏幻灯片”命令，如图 5-20 所示，将幻灯片 5 设置为顺序放映时隐藏，但可以通过超链接后播放。

图 5－20　隐藏幻灯片

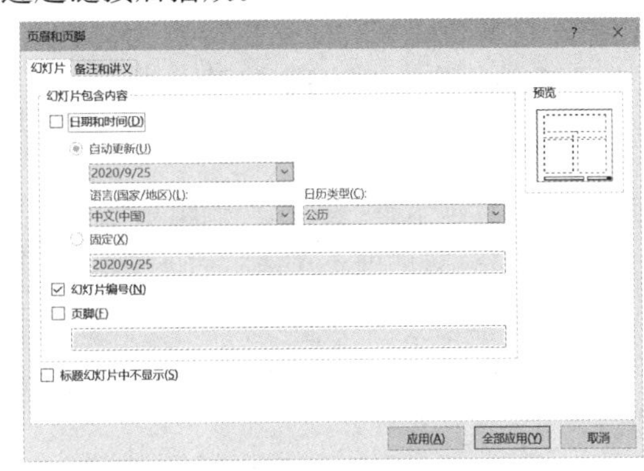

图 5－21　设置编号

步骤 6：为幻灯片设置编号。

单击“插入”选项卡下“文本”功能组中的“页眉和页脚”命令，弹出“页眉和页脚”对话框。在该对话框中，勾选“幻灯片编号”复选按钮，如图 5－21 所示。

步骤 7：保存演示文稿。

不论是新建的演示文稿还是对已存在的演示文稿进行了编辑修改，都要将其进行保存。单击快速访问工具栏上的“保存”按钮，或在“文件”选项卡中选择“保存”命令，保存演示文稿。

案例总结

利用 PowerPoint 2016 制作幻灯片的基本流程如图 5－22 所示。

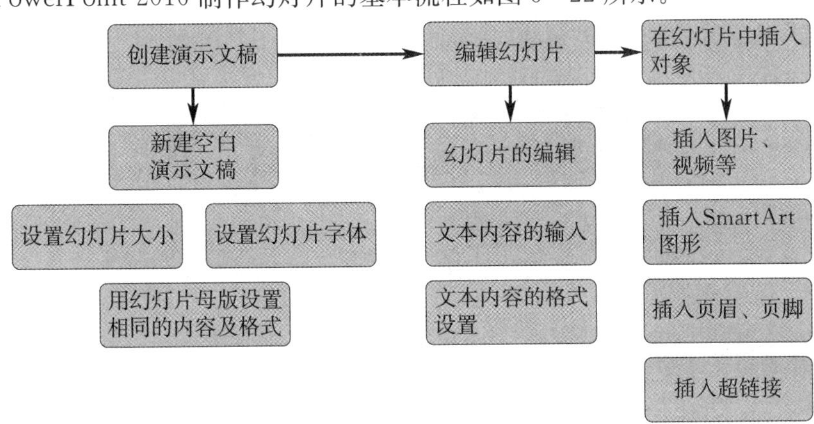

图 5－22　演示文稿制作的基本流程

(1) 新建空白演示文稿，或利用 Office 主题或模板创建演示文稿。

(2) 根据幻灯片要展示的主题和内容，设计主题字体及主题颜色，也可以直接应用 Office 主题。根据投影设备的要求设置幻灯片的大小。

(3) 幻灯片中出现的共同内容或格式，可使用母版进行设置。

(4) 利用占位符和文本框输入文本内容，文本格式设置(字体格式设置、段落格式设置)。

(5) 为丰富幻灯片中的内容，可以在幻灯片中插入文字、图片、视频等。

拓展深化

5.1.2 PowerPoint 2016 的其他操作

1. 在幻灯片中应用表格

选择“插入”选项卡下“表格”功能组中的“表格”命令，在下拉菜单中单击“插入表格”选项，弹出“插入表格”对话框。在该对话框中输入列数和行数，单击“确定”按钮即可。

2. 在幻灯片中插入与编辑音频

在幻灯片中不仅能添加图片、视频文件，还可以添加音频文件。

1) 插入 PC 上的音频

在 PowerPoint 2016 中，用户可以插入“PC 上的音频”和“录制音频”。下面以插入“PC 上的音频”为例进行介绍。

图 5-23　PC 上的音频

选中要插入音频的幻灯片，单击“插入”选项卡下“媒体”功能组中的“音频”命令，在下拉列表中单击“PC 上的音频”选项，如图 5-23 所示。弹出“插入音频”对话框，选择要插入的音频文件，单击“插入”按钮即可。

注意： PowerPoint 2016 中支持 MP3，WMA，WAV，MID 等音频格式。

2) 设置音频选项

选中插入音频的幻灯片中的音频文件，选择“音频工具”|“播放”选项卡，在“音频选项”功能组中，勾选“跨幻灯片播放”和“放映时隐藏”复选框，如图 5-24 所示。当播放演示文稿时，音频将设置为背景音乐，并且隐藏音频文件的图标。

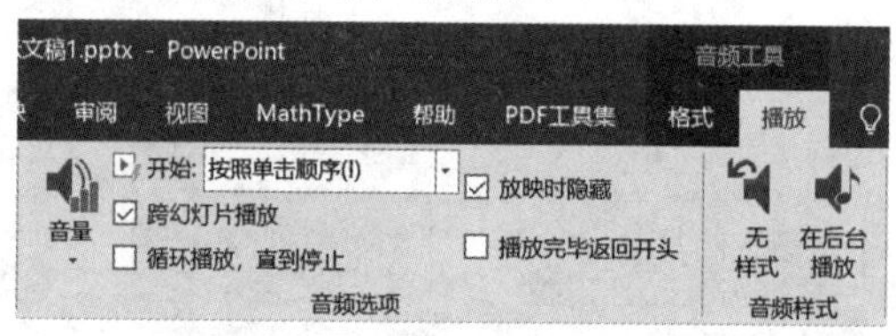

图 5-24　设置音频选项

3. 插入并编辑艺术字

(1) 插入艺术字：在“插入”选项卡下“文本”功能组中单击“艺术字”命令，在下拉列表中选择所需的艺术字样式，然后在显示的提示文本框中输入文本即可。

(2) 编辑艺术字：在幻灯片中插入艺术字文本后，将自动激活“绘图工具”|“格式”选项卡，在其中可以通过不同的功能组对插入的艺术字进行编辑。

4. 插入图表

(1) 创建图表：在“插入”选项卡下“插图”功能组中单击“图表”命令或在项目占位符中单击“插入图表”按钮，弹出“插入图表”对话框，在对话框左侧选择图表类型，如柱形图，在对话框右侧的列表框中选择柱形图类型下的子类型，然后单击“确定”按钮。此时，将打开“Microsoft PowerPoint 中的图表”电子表格，在其中输入表格数据，然后关闭电子表格，即可完成图表的插入，如图 5-25 所示。

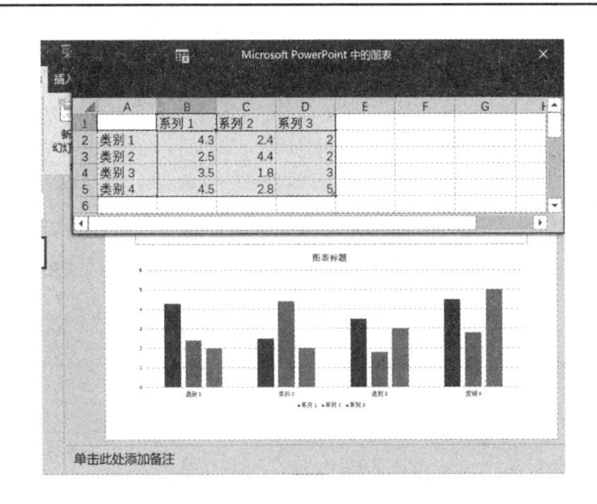

图 5 - 25　插入图表

(2) 编辑图表:在 PowerPoint 2016 中直接插入的图表,其大小、样式、位置等都是默认的,用户可根据需要在“图表工具”|“格式”中进行调整和更改,可以用图表右上角的图表元素菜单进行图表元素的修改。

(3) 美化图表:选中图表,在“图表工具”|“设计”选项卡下“图表样式”功能组中单击“其他”下拉按钮,打开样式列表,在其中选择需要的样式即可。

5. 插入相册

PowerPoint 2016 为用户提供了批量插入图片和制作相册的功能,通过该功能可以在幻灯片中创建电子相册并对其进行设置。单击“插入”选项卡下“图像”功能组中的“相册”下拉列表中的“新建相册”,弹出“相册”对话框,如图 5 - 26 所示。通过该对话框可以对插入图片进行设置。

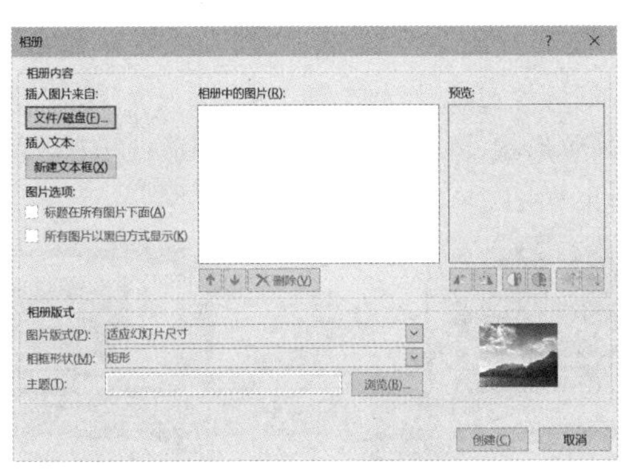

图 5 - 26　插入相册

6. 更改效果方案

在“设计”选项卡下“变体”功能组中单击“其他”下拉按钮,在打开的下拉列表中选择“效果”选项,在下级菜单中选择一种效果,可以快速更改图表、SmartArt 图形、形状、图片、表格和艺术字等幻灯片对象的外观。

拓展案例

(1) 新产品推广策划,制作效果如图 5 - 27 所示。

此推广策划针对的是一款即将上市的化妆品，从而在背景和版式上要体现产品本身的特点。另外，策划的受众是公司管理人员，因此不用设置过多的动画，只需将策划内容展示清楚即可。在内容制作时，应避免文字堆积，数据用图表表示会更加直观。

新产品推广策划

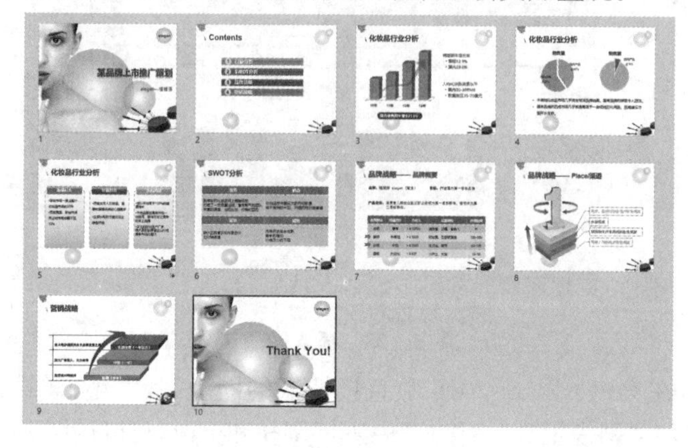

图 5-27　新产品推广策划 PPT 效果

分析：

① 新建演示文稿并保存。

② 设置母版：为"标题幻灯片"版式设置背景，插入背景素材图片背景，调整图片的大小和位置；制作圆形气泡，使用"插入"选项卡下"插图"功能组中的"形状"命令，在下拉列表中，选择"椭圆"，绘制圆形，并设置"形状填充"为"渐变"|"从中心"；复制上一步的圆形气泡，打开"设置形状格式"窗格，将填充的颜色进行修改，得到新的气泡，调整大小及位置，让背景美观；选择"主母版"和"版式母版"，设置背景效果；退出"母版视图"。

注意：新插入图片应调整叠放次序为"置于底层"。

③ 输入内容，并编辑各幻灯片：在幻灯片 1 和 2 中，输入文字；在幻灯片 3 和 4 中，插入图表；在幻灯片 5,8 和 9 中，绘制简单形状，将其组合成需要的图形；在幻灯片 6 和 7 中，插入表格。

(2) 学校简介，制作效果如图 5-28 所示。

学校简介

图 5-28　学校简介 PPT 效果

分析：

① 新建空白演示文稿，并设置演示文稿的大小：设置“幻灯片大小”为“全屏显示(16∶10)”。

② 设置演示文稿的主题字体：新建“自定义字体”，将西文的“标题字体”和“正文字体”都设置为“Arial”；将中文的“标题字体”和“正文字体”都设置为“隶书”。

③ 设置母版：在“标题幻灯片”版式中插入图片背景，设置叠放次序为“置于底层”；在“幻灯片母版”中插入另一张图片背景，设置叠放次序为“置于底层”。母版视图效果如图 5－29 所示。

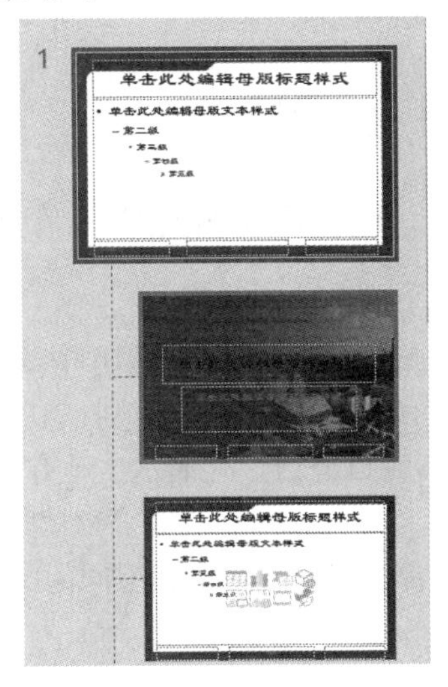

图 5－29　母版视图效果

④ 为封面页添加标题：在标题占位符中输入文本“遵义师范学院”，设置“字体”为“华文行楷”，“字号”为“80”；在副标题占位符中输入文本“ZUNYI NORMAL UNIVERSITY”，设置“字体”为“Arial Black”，“字号”为“28”；设置“字体颜色”均为“白色”。

⑤ 插入校徽图片，调整图片大小和位置。

⑥ 编辑其他幻灯片，丰富幻灯片页面内容：在幻灯片 5 中，应用 SmartArt 图形，设置“交替六边形”；在幻灯片 6 中，应用“子母饼图”，编辑 Excel 数据表；在幻灯片 7 中，插入表格。

⑦ 为幻灯片添加幻灯片编号和页脚文字“遵义师范学院”。

⑧ 选中幻灯片 2，为每一个目录项设置超链接，并链接到对应内容的幻灯片。

⑨ 保存演示文稿。

5.2　动画设置与放映

· 案例引入

编辑演示文稿可以将想要表达的内容元素放入幻灯片中，但是静态的内容展示在某些情况，如产品演示、课件制作、功能展示等应用中，很难将制作者的意图表达得淋漓尽致。小王大学毕业后在一家智能产品公司的销售部工作，为做好这次新产品的推广，他使用 PowerPoint 2016 提供的动画设置功能，为产品展示制作了开场动画，如图 5－30 所示，让演示文稿在放映时具有动态效果，从而使幻灯片更加生动，更吸引观众的眼球。

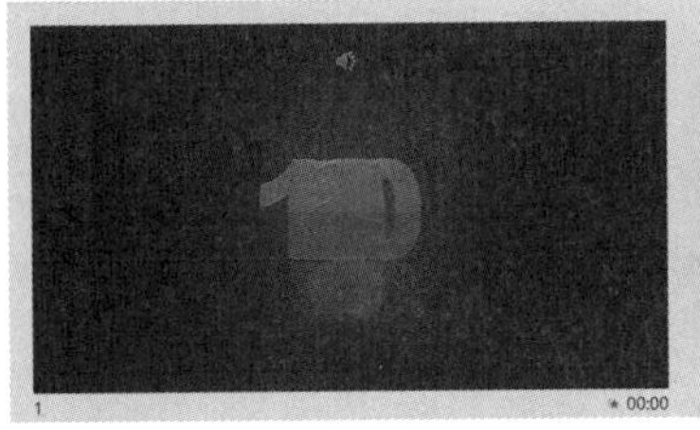

动画样例

图 5－30　动画样例

案例分析

在制作本案例的过程中，需完成以下三项任务：

(1) 设置幻灯片背景。

(2) 为幻灯片添加对象，并为对象设置动画效果及幻灯片切换效果。

(3) 放映幻灯片。

知识讲解

5.2.1 动画设置与放映的基本操作

1. 自定义动画

在 PowerPoint 2016 中，动画是指单个对象进入或退出幻灯片的方式。如果幻灯片上的所有对象都没有动画，则在显示该幻灯片时所有对象会同时出现在屏幕上。通过定义对象动画，可以使幻灯片演示生动有趣。

PowerPoint 2016 为幻灯片对象提供了四种类型的自定义动画，如图 5－31 所示，每个效果都有特定的用途和不同的图标颜色：

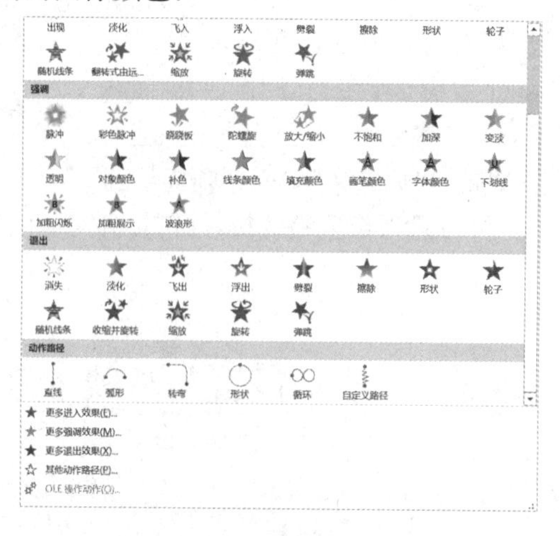

图 5－31　自定义动画

“进入”动画(绿色)——在幻灯片放映时文本及对象进入放映界面时的动画效果。

“强调”动画(黄色)——在演示过程中需要强调部分的动画效果。

“退出”动画(红色)——在幻灯片放映过程中文本及其他对象退出时的动画效果。

“动作路径”动画(灰色)——用于指定幻灯片中某个对象在放映过程中动画所通过的轨迹。

“动画”选项卡下的常用功能：

(1) “动画”功能组：单击列表中的动画图标，为所选对象设置动画。

(2) 效果选项：用于对当前所选的动画效果进行修改。

(3) 添加动画：用于对同一个对象添加新的动画。

(4) 动画窗格：打开右侧的动画窗格。

(5) 开始：设置动画的开始方式。“单击时”指单击后动画开始播放；“与上一动画同时”

指当前动画与前一动画同时播放;“上一动画之后”指当前动画在上一动画播完后播放。

(6) 持续时间:指动画播放持续的时间。

(7) 延迟:设置动画开始延迟的时间。

2. 幻灯片切换

幻灯片切换是指整张幻灯片进入的方式。PowerPoint 2016 内置了多种幻灯片切换效果,如图 5-32 所示。默认的切换效果为“无”。

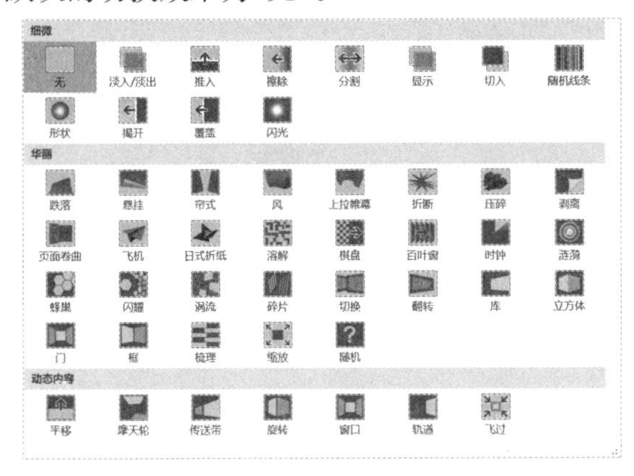

图 5-32　幻灯片切换效果

用户可通过“切换”选项卡下“切换到此幻灯片”功能组来进行设定效果。“切换”选项卡下的常用功能:

(1) 效果选项:用于修改幻灯片的切换效果。

(2) 单击鼠标时:单击后切换幻灯片。

(3) 设置自动换片时间:在指定时间后,自动切换幻灯片。

(4) 声音:设定幻灯片切换时的声音。

(5) 应用到全部:PowerPoint 2016 默认幻灯片切换方式需要对每张幻灯片单独设定,若所有幻灯片切换方式一样,则可通过此按钮设定。

3. 幻灯片放映

演示文稿编辑完成后,通过幻灯片放映才能播放。幻灯片最常用的放映方法有:

(1) 从头开始:单击“幻灯片放映”选项卡下“开始放映幻灯片”功能组中的“从头开始”命令,演示文稿会从第一张幻灯片开始播放。也可以通过直接按“F5”键实现。

(2) 从当前幻灯片开始:单击“幻灯片放映”选项卡下“开始放映幻灯片”功能组中的“从当前幻灯片开始”命令,演示文稿会从当前编辑的幻灯片开始播放。也可以通过直接按“Shift+F5”快捷键实现。还可以单击 PowerPoint 窗口右下方的“幻灯片放映”按钮来实现。

其他的放映方法还有联机演示和自定义幻灯片放映:

(1) 联机演示:是一种允许他人在 Web 浏览器中查看你的幻灯片放映的服务。例如,播放幻灯片时,如果有相关人员无法到场参加,那么可以使用 PowerPoint 2016 联机演示功能来进行远程教学或培训。

(2) 自定义幻灯片放映:通过自定义放映可以根据需要为同一个演示文稿设置多种不同

的放映组合。单击“幻灯片放映”选项卡下“开始放映幻灯片”功能组中的“自定义幻灯片放映”命令，弹出“自定义放映”对话框。单击“新建”按钮，弹出“定义自定义放映”对话框。在对话框左侧窗格中选择要播放的幻灯片，通过“添加”按钮加入右侧的窗格中，从而实现与演示文稿不同的放映组合，如图 5-33 所示。

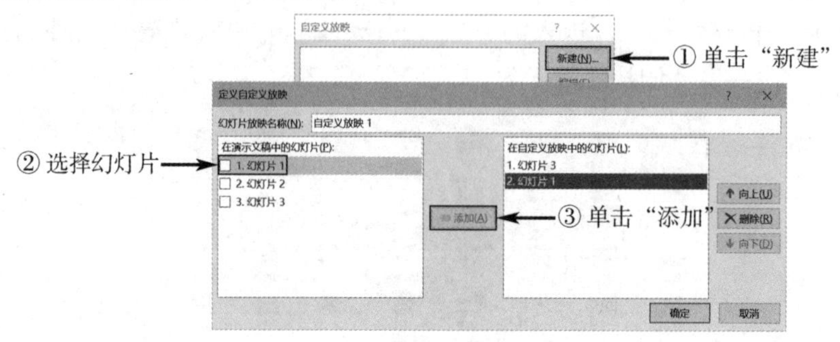

图 5-33　自定义幻灯片放映

4. 幻灯片放映设置

用户通过单击“幻灯片放映”选项卡下“设置”功能组中的“设置幻灯片放映”命令，在弹出的“设置放映方式”对话框中对幻灯片放映进行设置，如图 5-34 所示。

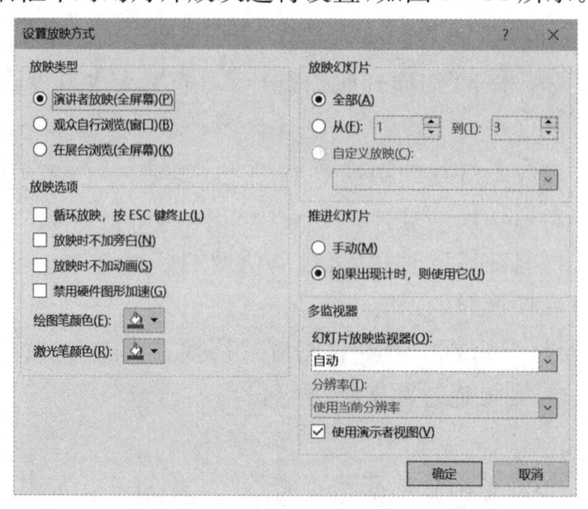

图 5-34　幻灯片放映设置

(1) 放映类型，决定幻灯片放映的形式：

①“演讲者放映”：通常用于演讲者亲自播放，演讲者可以控制播放的节奏。

②“观众自行浏览”：将演示文稿在窗口中显示，提供一些放映的操作命令给观看的人。

③“在展台浏览”：用于自动运行演示文稿，通常在无人管理的幻灯片放映时使用。

(2) 放映幻灯片，可以选择当前演示文稿中需要放映的幻灯片。

(3) 放映选项，用来设置是否循环放映，是否添加旁白等附加选项。

5. 打印演示文稿

演示文稿制作完成后，既可以通过放映来演示，也可以打印出来以备使用。使用“文件”选项卡中的“打印”命令，可以打开演示文稿打印界面。

在“份数”栏内填入打印份数；在“设置”栏中设置要打印的幻灯片范围；在“幻灯片”框中可输入要打印的幻灯片编号，下拉列表框中可设定打印的方式，包括“打印版式”“讲义”等。设置完成后，单击“打印”按钮即可打印。

6. 导出演示文稿

使用“文件”选项卡中的“导出”命令可将演示文稿更改为其他格式，如 PDF 文档、视频或基于 Word 的讲义。

(1) 创建 PDF/XPS 文档。单击“创建 PDF/XPS 文档”命令，可以将演示文稿保存为 PDF 格式：

① 如果要在保存文件后以选定格式打开该文件，那么勾选“发布后打开文件”复选框。

② 如果文档要求高打印质量，那么单击“标准(联机发布和打印)”。

③ 如果文件的大小比打印质量更重要，那么单击“最小文件大小(联机发布)”。

(2) 创建视频。单击“创建视频”命令，可以将演示文稿转换为视频文件，PowerPoint 2016 可以导出 WMV 和 MP4 格式的视频文件。

(3) 将演示文稿打包成 CD，为演示文稿创建程序包，并将其保存到 CD 或 USB 驱动器，以便他人可以在大多数计算机上观看你的演示文稿。

(4) 创建讲义。将幻灯片导出到 Word 中，以便使用 Word 编辑内容和设置内容格式。

案例实践 5－2　下面来完成如图 5－30 所示的案例效果。

步骤 1：创建演示文稿。

操作过程

启动“PowerPoint 2016”创建新的演示文稿，使用“开始”选项卡下“幻灯片”功能组中的“版式”命令，将幻灯片 1 的版式设置为“空白”，然后保存为“动画样例. pptx”。

步骤 2：设置幻灯片背景。

使用“设计”选项卡下“自定义”功能组中的“设置背景格式”命令，打开“设置背景格式”窗格。设置要求如图 5－35 所示。

(1) 在“填充”中选择“渐变填充”，“类型”中选择“射线”，“方向”中选择“从中心”。

(2) 使用“删除渐变光圈”按钮或“添加渐变光圈”按钮设置渐变光圈停止点的数量，对三个停止点做如下设置：停止点 1，位置“0%”，颜色“黑色，文字 1，淡色 35%”；停止点 2，位置“50%”，颜色“黑色，文字 1”；停止点 3，位置“100%”，颜色“黑色，文字 1”。

(3) 单击“应用到全部”按钮，为所有幻灯片应用这个背景。

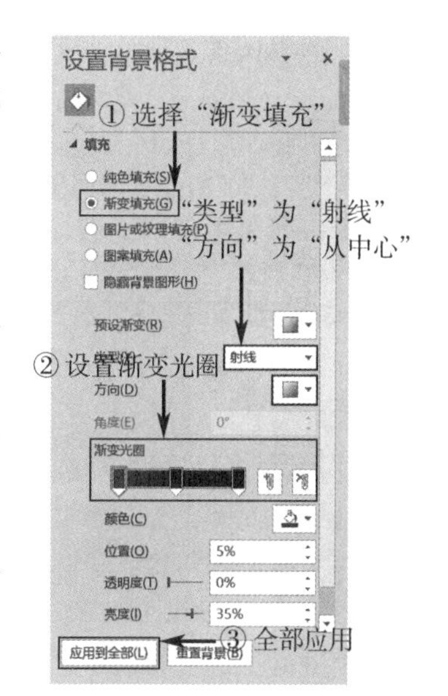

图 5－35　设置幻灯片背景

步骤 3：为幻灯片 1 的对象设置自定义动画。

(1) 插入图片“光晕. png”，并设置动画效果。

① 使用“插入”选项卡下“图像”功能组中的“图片”命令，插入图片“光晕. png”。

② 选中图片，将其拖动到幻灯片左边外侧，如图 5 - 36(a)所示。单击“动画”选项卡下“动画”功能组中“动画”的“其他”按钮，在下拉列表框中，选择“动作路径”类型中的“直线”效果，设置“方向”为“右”，如图 5 - 36(b)所示。

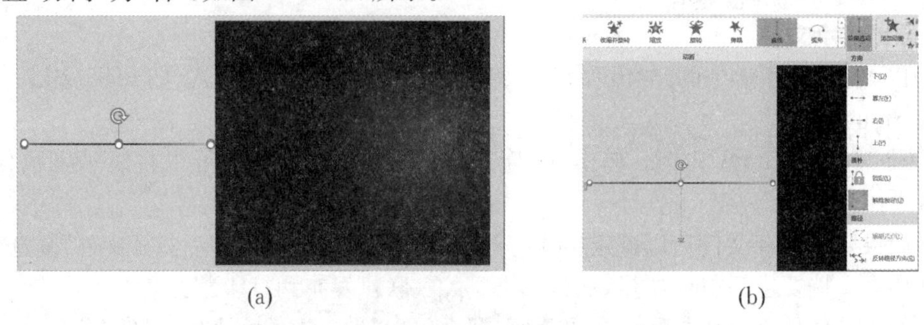

图 5 - 36　设置“动作路径”|“直线”动画效果

③ 调整“直线”动画的路径结束端点到幻灯片的右侧边缘，如图 5 - 37 所示。

图 5 - 37　路径的设置

④ 单击“动画窗格”命令，打开动画窗格。在动画窗格列表中，可以看到上一步中设置的动画。选中这个动画，在“计时”功能组中设置“开始”为“与上一动画同时”，“持续时间”为“00. 75”。

(2) 插入图片“10. png”，并设置动画效果。

① 选中插入的图片“10. png”，在动画列表框中为它设置“进入”类型中的“出现”效果。动画窗格列表中新增动画项。在“计时”功能组中设置“开始”为“与上一动画同时”，“持续时间”为“01. 00”。

② 选中“10. png”，单击“高级动画”功能组中的“添加动画”命令，为“10. png”增加一个“强调”类型中的“脉冲”效果。在“计时”功能组中设置“开始”为“上一动画之后”，“持续时间”为“00. 50”。

③ 继续使用“高级动画”功能组中的“添加动画”命令，为“10. png”增加一个“退出”类型中的“消失”效果。在“计时”功能组中设置“开始”为“上一动画之后”，“持续时间”为“00. 50”。

(3) 为 9 到 1 的数字设置动画效果。

因为从 10 到 1 每个数字的倒计时动画效果是一样的，因此只需依次插入不同的图片，重复动画的过程，就可完成想要的倒计时效果。但是这样做，在图片多时，会比较费时。下面使用一个小技巧来完成数字 9 到 1 的动画设置。

① 设置“光晕”重复飞过。选中“光晕”，使用“添加动画”命令为光晕添加“动作路径”类型中的“直线”效果，“方向”为“右”；设置“开始”为“与上一动画同时”，“持续时间”为“00. 75”。

② 选中图片“10. png”，复制并粘贴该图片，右击复制出来图片“10. png”(叠放次序在上)，在弹出的快捷菜单中选择“更改图片”命令，将其更改为图片“9. png”。同时在动画列表窗格中，新增三个动画项。

③ 重复上面的步骤，为“光晕”添加路径动画，复制最上层的数字图片，并更改为下一个数字的图片，就可以完成倒计时的动画了。完成效果如图 5－38 所示。

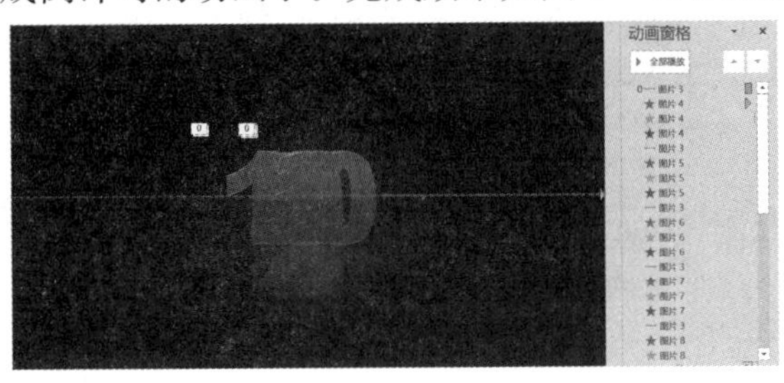

图 5－38　幻灯片 1 完成效果

步骤 4：设置幻灯片切换效果。

(1) 使用“新建幻灯片”命令，增加一张幻灯片。

(2) 选中幻灯片 2，选择“切换”选项卡下“切换到此幻灯片”功能组，在切换效果列表框中选择“华丽”类型中的“涡流”效果，“效果选项”设为“自左侧”；“计时”功能组中的换片方式设置为“单击鼠标时”，如图 5－39 所示。

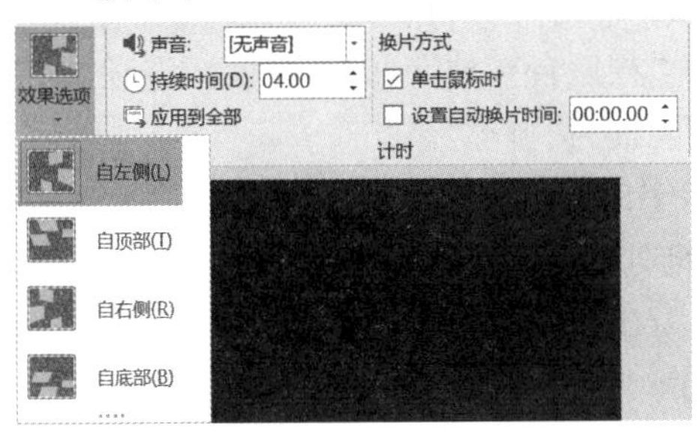

图 5－39　设置幻灯片切换效果

(3) 选中幻灯片 1，只将“计时”功能组中的换片方式设置为自动换片。

步骤 5：为幻灯片 2 的对象设置自定义动画。

(1) 选中幻灯片 2，使用“插入”选项卡下“文本”功能组中的“文本框”命令，绘制两个文本框，分别输入文字“HURRICANE”“新品发布”(微软雅黑、54)。在“绘图工具”|“格式”选项卡下“艺术字样式”组中，设置“文本填充”为“渐变”|“线性向上”。

(2) 单击“插入”选项卡下“插图”功能组中的“形状”命令，选择“直线”工具绘制两条装饰线，“形状轮廓”为“白色，背景 1”，“形状高度”为“0 厘米”，“形状宽度”为“16 厘米”，如图 5－40 所示。选中两条装饰线和两个文本框，将它们组合成一个对象。

图 5－40　绘制装饰线

(3) 选中组合对象，设置动画为“进入”类型中的“浮入”效果，“效果选项”为“上浮”，在“计时”功能组中设置“开始”为“与上一动画同时”，“持续时间”为“02. 00”。

(4) 插入图片“文字.png”,适当调整大小及位置,设置动画为“进入”类型中的“淡化”效果,在“计时”功能组中设置“开始”为“上一动画之后”,“持续时间”为“03.00”。在动画窗格中双击该动画,弹出“淡化”对话框,在“计时”选项中设置“重复”为“直到下一次单击”,如图 5-41 所示。

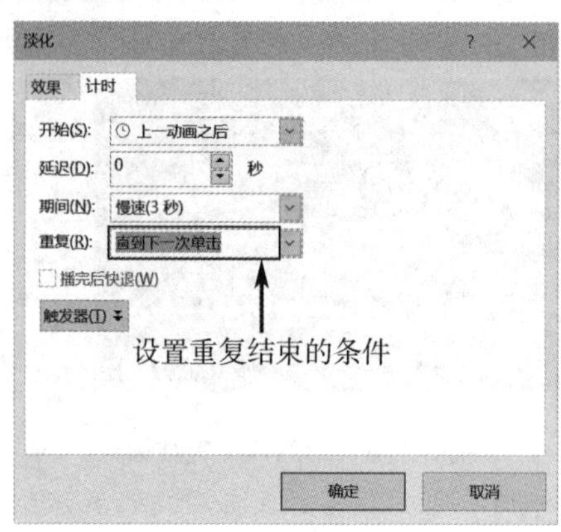

图 5-41 “重复”选项的设置

步骤 6:设置背景音乐。

(1) 选中幻灯片 1,使用“插入”选项卡下“媒体”功能组中的“音频”命令,选择“PC 中的音频”,在幻灯片 1 中插入“音效 1.mp3”文件。选中“喇叭”图标,在“音频工具”|“播放”选项卡下“音频样式”功能组中设置“在后台播放”,并勾选“音频选项”功能组中的“放映时隐藏”复选按钮,此时“开始”会被直接设置为“自动”。

(2) 单击“动画”选项卡中的“动画窗格”命令,打开“动画窗格”,会看到通过上一步的设置,“音效 1”被排到动画窗格列表的第一个。双击“音效 1”,在弹出的“播放音频”对话框中,将在“999”张幻灯片后修改为在“1”张幻灯片后,如图 5-42(a)所示,单击“确定”按钮。这样设置的目的是使“音效 1”在幻灯片 1 放映结束时也停止播放。将“音效 1”设置“延迟”为“00.75”,如图 5-42(b)所示。

(a)

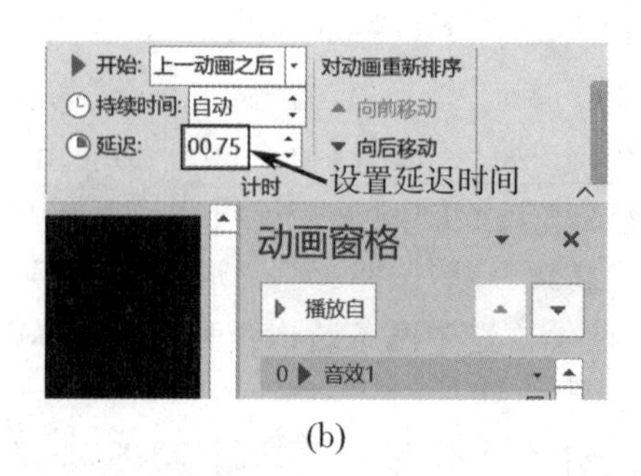

(b)

图 5-42 调整“音效 1”的播放

(3) 选中幻灯片 2,为其设置切换音效。单击“切换”选项卡下“计时”功能组中的“声音”列表框,在下拉列表中选择“其他声音”,如图 5-43 所示,插入“音效 2. wav”文件。

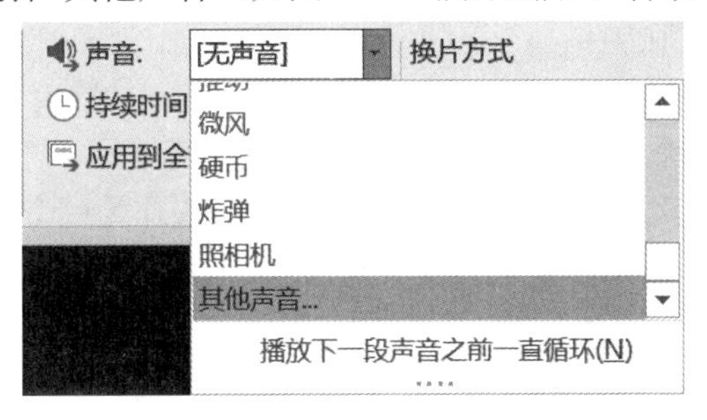

图 5-43　为幻灯片 2 设置切换音效

提示　PowerPoint 2016 中,幻灯片中可以插入使用 MP3 音频格式文件,但在设置幻灯片的切换声音时,只能使用 Windows 默认的 WAV 格式文件。

(4) 在幻灯片 2 中插入“音效 3. mp3”文件。选中“喇叭”图标,在“音频工具”|“播放”选项卡下“音频样式”功能组中设置“在后台播放”,并勾选“音频选项”功能组中的“放映时隐藏”复选按钮。

步骤 7:放映幻灯片。

(1) 设置放映方式:单击“幻灯片放映”选项卡下“设置”功能组中的“设置幻灯片放映”命令,在弹出的“设置放映方式”对话框中,设置“放映类型”为“在展台浏览”。

(2) 放映幻灯片:单击“幻灯片放映”选项卡下“开始放映幻灯片”功能组中的“从头开始”命令,就可以从第一张幻灯片开始播放演示文稿。

案例总结

(1) 给一张或多张幻灯片添加切换效果,设置换片时间。

(2) 根据需要,确定是通过单击还是自动播放幻灯片。

(3) 给对象创建动画效果,通过“计时”功能组精确设置各个动画效果,并利用四种不同的动画类型,组合出意想不到的动画效果。

(4) 为动画添加音效,使演示文稿更有感染力。

(5) 为不同类型的 PPT 选择不同的放映方式。

拓展深化

5.2.2 动画设置与放映的拓展操作

通过本案例,学习了为幻灯片中的对象设置自定义动画效果和幻灯片设置切换效果的方法,从而使演示文稿更加生动,更好地表达想要展示的意图。下面对案例中没有运用到的基本操作进行介绍。

1. 为图表创建动画

图表与文字、图片等对象不同,一幅图表包括了标题、图例、系列等多个组成部件。PowerPoint 2016 可以同时显示该图表的各个部件,也可以使图表按系列(用图例项区分)、按类别(用横坐标轴上的点区分)或按系列(或类别)中的元素显示,如图 5-44 所示。

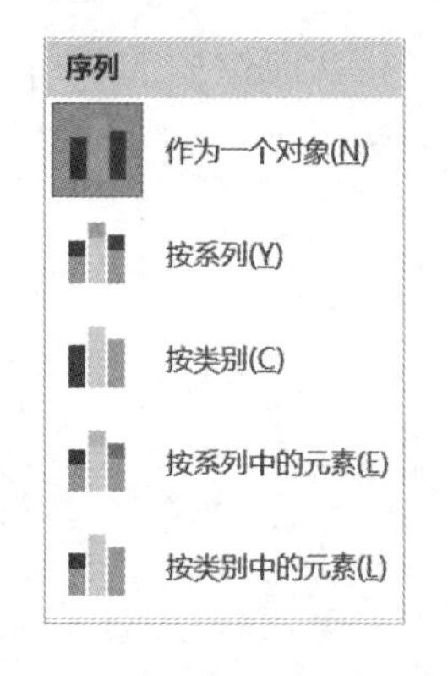

图 5-44　图表的动画效果

具体的设置方法如下：

(1) 选中图表，在“动画”选项卡下“动画”列表框中选择一种动画效果。

(2) 在“效果选项”下拉列表中，除对动画效果的修改外，有五个选项：

① 作为一个对象：整个图表作为一个对象显示。

② 按系列：在包含多系列的图表中，一种颜色对应一个系列，一个系列的一起显示。

③ 按类别：分类轴为横坐标轴，每一个类别的部件一起显示。

④ 按系列中的元素：“系列 1”中的每个点(自下而上或从左至右)，然后是“系列 2”中的每个点，以此类推。

⑤ 按类别中的元素：“类别 1”中的每个点(自下而上或从左至右)，然后是“类别 2”中的每个点，以此类推。

2. 使用讲义母版

“讲义母版”控制着讲义的布局。单击“视图”选项卡下“母版视图”功能组中的“讲义母版”命令，可以查看“讲义母版”。与“幻灯片母版”不同，每个演示文稿只能有一个“讲义母版”。

(1) 设置讲义的方向：方向指的是页面上显示材料的方向，“横向”和“纵向”的效果如图 5-45所示。

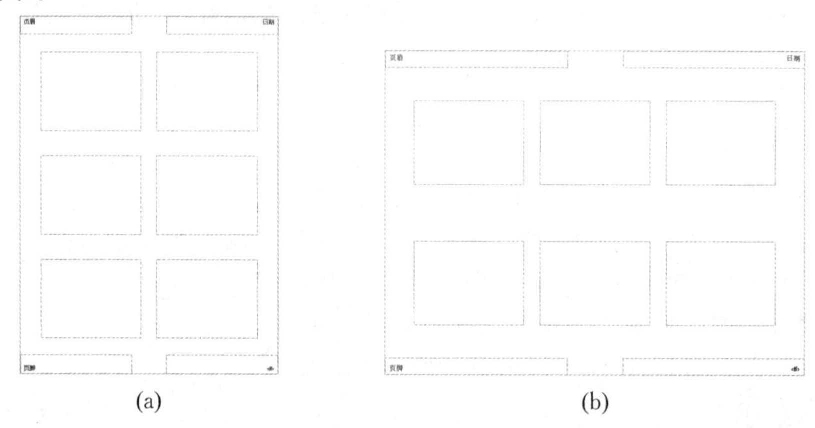

图 5-45　在“讲义母版”中设置讲义方向

(2) 设置每页幻灯片数量：设置讲义每一页上显示的幻灯片的数量，有每页 1 张、2 张、3 张、4 张、6 张、9 张和只显示幻灯片大纲七种设定。

(3) “页眉”“日期”“页脚”和“页码”四个复选框，可以设置在讲义上是否显示页眉、日期、页脚和页码。

3. 创建演讲者备注

演讲者备注与讲义类似，但它是用于演讲者自己的。演讲者备注只能使用一种打印输出格式，即“备注页”布局。它的上半部分包含该幻灯片，下半部分的空白区域可以用来添加备注。

(1) 输入演讲者备注：在“普通视图”的“备注”窗格中输入幻灯片备注，也可通过“视图”选项卡下“演示文稿视图”功能组中的“备注页”命令，在“备注页”视图下输入幻灯片备注，如图 5-46 所示。

图 5-46　“备注页”视图下输入幻灯片备注

(2) 更改备注页布局：通过“备注母版”命令，打开“备注母版”，对备注页布局进行编辑。“备注母版”的使用与“讲义母版”类似。

(3) 打印备注页：准备好备注页后，通过“文件”选项卡中的“打印”命令，打开“打印”界面。单击“设置”中的“整页幻灯片”，在弹出菜单中选择“备注页”命令，即可打印“备注页”，如图 5-47 所示。同时，在这个菜单中，还可以选择如何打印讲义。

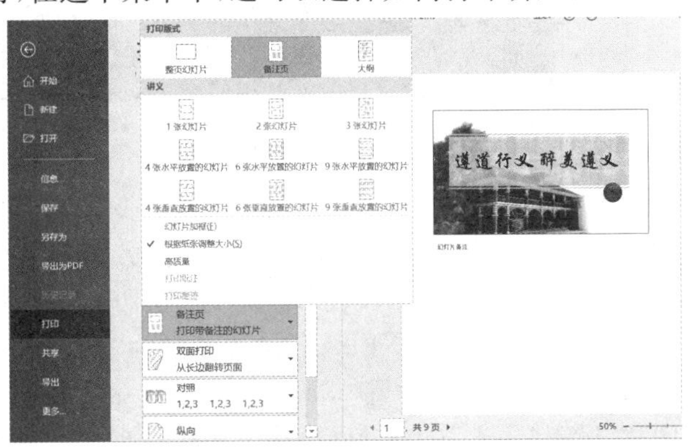

图 5-47　打印备注页和讲义

拓展案例

(1) 汽车产品展示，制作效果如图 5-48 所示。

汽车产品展示

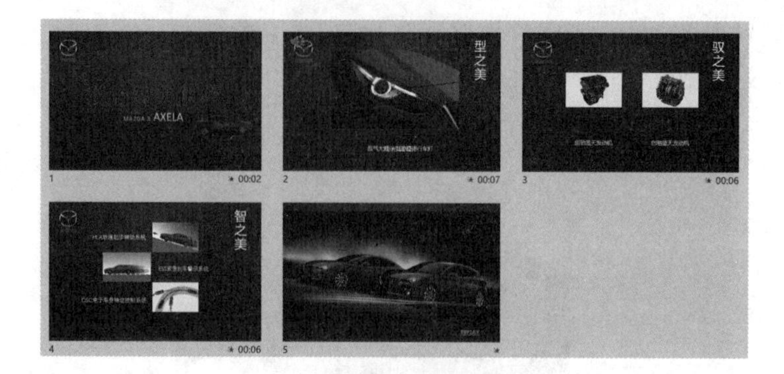

图 5－48　汽车产品展示 PPT 效果

分析：

① 设置幻灯片外观：打开“产品展示素材. pptx”，在“设计”选项卡下“主题”列表框中选择“网状”Office 主题。

② 通过母版设置统一的产品 Logo：选择“视图”选项卡下“母版视图”功能组中的“幻灯片母版”命令，进入“母版视图”，选择“主母版”，即“幻灯片母版”，插入图片“Logo. png”，调整图片大小，放在幻灯片左上角，如图 5－49 所示。单击“幻灯片母版”选项卡下“关闭母版视图”命令，退出“母版视图”，返回幻灯片“普通视图”，可以看到每一张幻灯片上都添加了 Logo 图片。

图 5－49　设置统一产品 Logo

③ 为幻灯片对象设置动画效果：

在幻灯片 1 中，选中标题文字“我的智美伙伴”，设置动画为“进入”类型中的“切入”效果，“效果选项”为“自底部”，在“计时”功能组中设置“开始”为“与上一动画同时”，“持续时间”为“01. 00”；选中副标题文字“MAZDA 3　AXELA”，设置动画为“切入”进入动画效果，“效果选项”为“自顶部”，在“计时”功能组中设置“开始”为“与上一动画同时”，“持续时间”为“01. 00”；选中“汽车”图片，设置“飞入”进入动画效果，“效果选项”为“自左侧”，“开始”为“上一动画之后”，“持续时间”为“00. 75”；再次选中副标题文字“MAZDA 3　AXELA”，使用“添加动画”命令，为副标题文字增加一个“波浪形”强调动画效果，“开始”为“与上一动画同时”，“持续时间”为“00. 50”，“延迟”为“00. 05”。

在幻灯片 2 中，选中文字“型之美”，设置“浮入”进入动画效果，“效果选项”为“下浮”，“开始”为“与上一动画同时”，“持续时间”为“01. 00”；选中图片上方的红色线条，设置“擦除”进入动画效果，“效果选项”为“自左侧”，“开始”为“上一动画之后”，“持续时间”为“00.50”；依次设置其他三条红线；选中图片，设置“淡化”进入动画效果，“开始”为“上一动画之后”，“持续时间”为“02.50”；选中文字“魂动流线设计”，设置“切入”进入动画效果，“效果选项”为“自底部”，“开始”为“与上一动画同时”，“持续时间”为“01.00”，“延迟”为“01.50”；插入图片“02.jpg”，设置“淡化”进入动画效果，“开始”为“上一动画之后”，“持续时间”为“02.50”；再选中文字“魂动流线设计”，添加“消失”退出动画效果，“开始”为“与上一动画同时”，“延迟”为“01.50”；选中文字“氙气大灯＋LED 日间行车灯”，设置“切入”进入动画效果，“效果选项”为“自底部”，“开始”为“与上一动画同时”，“持续时间”为“01.00”，“延迟”为“01.50”。

④ 为幻灯片设置切换效果：

选中幻灯片 1，选择“切换”选项卡下“计时”功能组，在“换片方式”中设置“自动换片时间”为 3 秒。

选中幻灯片 2，选择“切换”选项卡下“切换到此幻灯片”功能组，在切换效果列表框中选择“推入”，设置“效果选项”为“自左侧”，“自动换片时间”为 6 秒。

按照以上设置，设置幻灯片 3 和 4 的切换效果，“换片方式”均设为“自动换片”；幻灯片 5 设置“涡流”切换效果，“换片方式”为“单击鼠标时”。

⑤ 设置背景音乐：选中幻灯片 2，插入“背景音效. wav”音频文件，选中“喇叭”图标，设置“在后台播放”。

⑥ 创建交互效果(超链接)：在幻灯片 5 中输入文字“REPLAY”，为其设置超链接，超链接到幻灯片 1。

⑦ 演示文稿另存为“产品展示. pptx”。

(2) 旅行相册，制作效果如图 5－50 所示。

旅行相册

图 5－50　旅行相册 PPT 效果

分析：

旅行相册是用来记录旅行中美好时刻的，在背景、动画和音乐的选择上，以明亮动感为主；在内容上，避免文字堆积，注重文字的排版效果。

① 收集整理相片，写出文案大纲：按旅行的时间顺序，从“旅行启程”“到达酒店”“行程第一天”“行程第二天”……来安排内容。

② 新建空白演示文稿，使用“母版”制作背景，然后添加新的幻灯片，在各张幻灯片上输

入之前拟定的大纲“标题”文字，如“旅行启程”等。因为相册是以图像展示为主，所以幻灯片版式选择“空白”。

③ 制作幻灯片 1。插入图片“0.jpg”“桃心.png”和“纸飞机.png”。用“直线”工具绘制两条虚线，插入三个竖排文本框，分别输入文字“我的”“旅行”“相册”。

文本框“我的”“旅行”“相册”都设置为“压缩”进入动画效果，“开始”为“与上一动画同时”，“持续时间”为“01.00”；“我的”延迟 0.25 秒，“旅行”延迟 0.75 秒，“相册”延迟 1.25 秒。

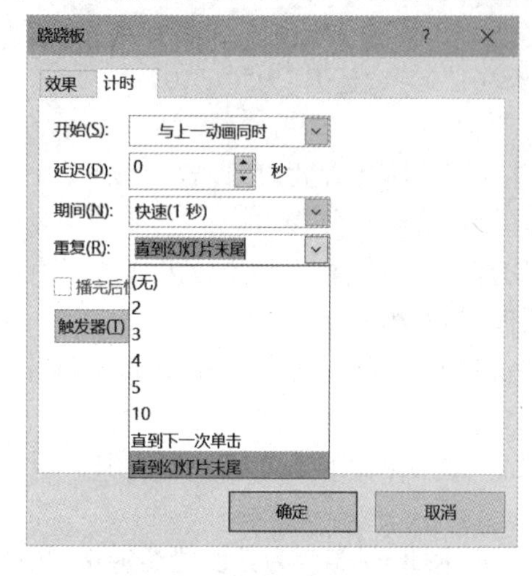

图 5-51 设置动画的重复

“桃心”要设置两个同时的动画，一为“基本缩放”进入动画效果，“开始”为“上一动画之后”，“持续时间”为“00.50”；二为“跷跷板”强调动画效果，“开始”为“与上一动画同时”，“持续时间”为“01.00”。设置“跷跷板”重复为“直到幻灯片末尾”，如图 5-51 所示。

第一条“虚线”设置为“擦除”进入动画效果，“效果选项”为“自顶部”，“开始”为“与上一动画同时”，“持续时间”为“02.00”，“延迟”为“00.50”；“纸飞机”设置为“淡化”进入动画效果，“开始”为“与上一动画同时”，“持续时间”为“00.05”，“延迟”为“02.00”。

第二条“虚线”设置为“擦除”进入动画效果，“效果选项”为“自左侧”，“开始”为“上一动画之后”，“持续时间”为“02.00”；“纸飞机”设置为“直线”动作路径动画效果，“效果选项”为“右”，“开始”为“与上一动画同时”，“持续时间”为“02.00”。

④ 设置幻灯片 1 的切换效果为“碎片”，“换片方式”为“设置自动换片时间”。

注意：如果这张幻灯片内所有自定义动画时间为 7 s，那么换片时间设置低于 7 s 就不起作用；如果设置大于 7 s，如 9 s，那么会在自定义动画 7 s 播完后停 2 s，再切换到下一张。

⑤ 在幻灯片 1 中插入“背景乐.mp3”音频文件，选中“喇叭”图标，设置为“在后台播放”。

⑥ 其他幻灯片动画的设置方法与第一张幻灯片动画设置类似。大家充分发挥想象，利用自定义动画的延迟、组合，设计出不同的效果。同时注意幻灯片切换的使用，丰富动画效果。

⑦ 整体播放，调整动画及播放效果。

5.3 综合案例

案例引入

将图片、声音、视频以及动画等多媒体信息有机地组合在一起，构建出丰富多彩的演示文稿，然后通过投影仪等设备向受众演示出来，表达自己的观点。现使用 PowerPoint 2016 制作课件，如图 5-52 所示，为学生提供生动、形象、智能的学习世界。

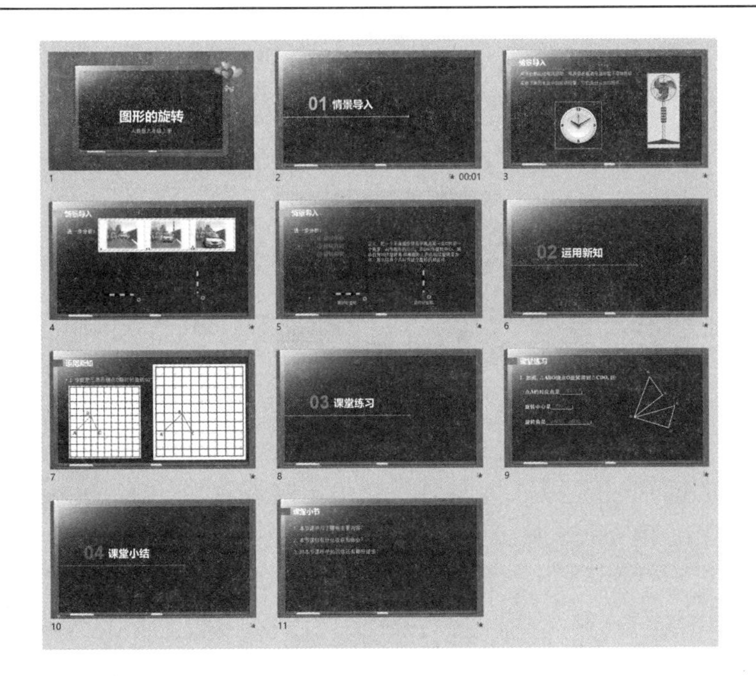

课件样例

图 5－52　课件样例

案例分析

要完成以上课件的制作，需完成以下六项任务：

(1) 根据教学内容进行设计，并在 Word 中写出课件内容提纲。

(2) 收集课件相关的图片、声音、视频等素材。

(3) 导入基本文字内容，用母版制作模板，绘制背景，统一格式。

(4) 插入各种对象，完善内容，美化幻灯片。

(5) 根据讲课的需要合理设计动画，设计切换效果。

(6) 播放，调整，保存。

案例实践

步骤 1：在 Word 中先写出提纲，即设置相应的教学情境，保存为“提纲. docx”。在大纲视图中，将标题设置为“1 级”大纲标题，文字内容设置为“2 级”大纲标题，如图 5－53 所示。

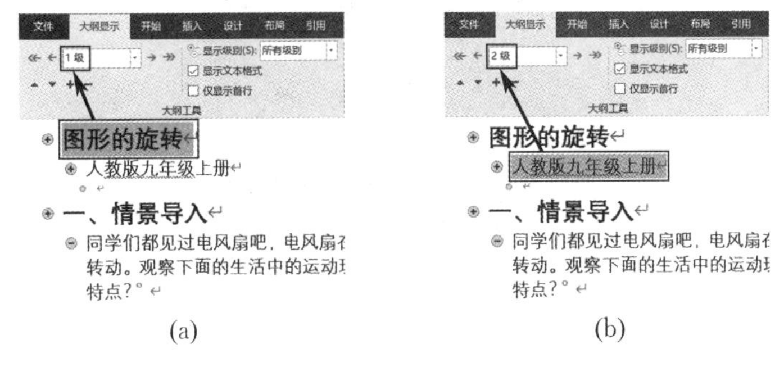

(a)　　　(b)

图 5－53　设不同大纲等级

步骤 2：收集课件需要的相关图片、视频、声音等素材。

利用搜索引擎，找到生活中旋转运动的 GIF 动图，如旋转的钟表指针、电风扇、旋转的车轮和齿轮等以及其他的背景图片等素材，如图 5-54 所示。

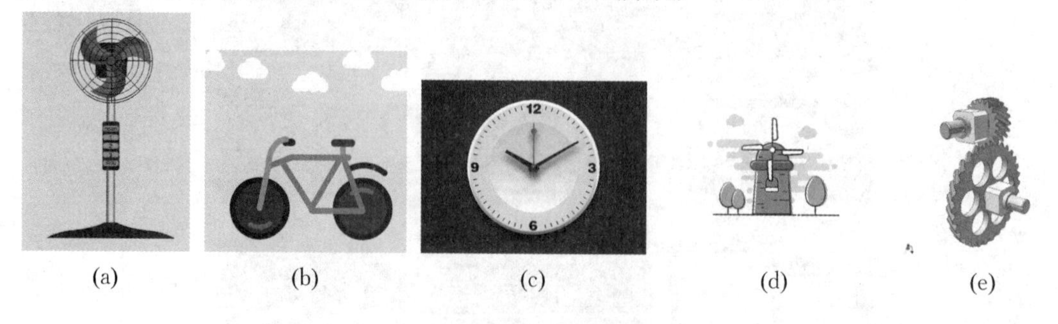

(a) (b) (c) (d) (e)

图 5-54 收集的素材文件

步骤 3：启动 PowerPoint 2016，在“打开”窗口中，选择打开“提纲. docx”文档，就会自动将 Word 转成 PPT，如图 5-55 所示。

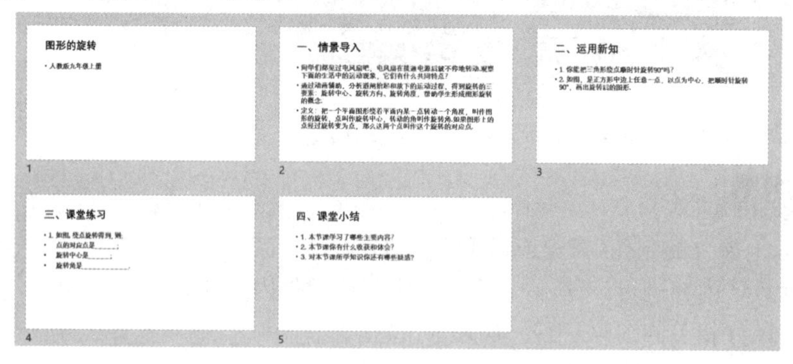

图 5-55 在 PowerPoint 中直接打开 Word

步骤 4：用“母版”制作背景，统一格式。

打开“幻灯片母版”，在“主母版”和“标题与内容”版式中分别添加图片背景，如图 5-56 所示。统一设置“母版标题样式”“母版文字样式”的字体、字号、字色等。

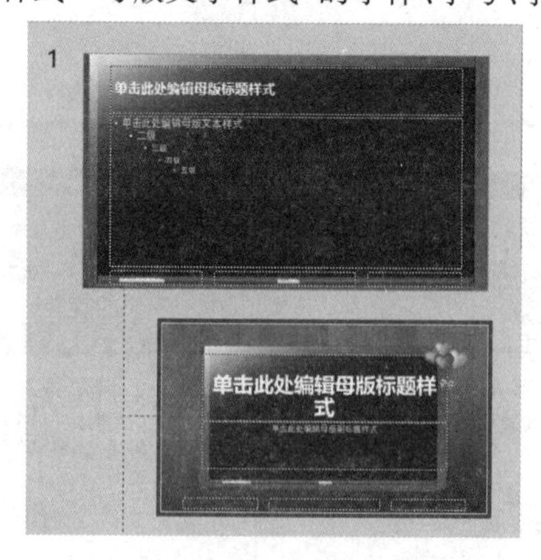

图 5-56 在母版中设置背景及格式

步骤 5：将幻灯片 1 的版式修改为“标题幻灯片”，检查其他幻灯片的版式。在幻灯片 2

后新增两张幻灯片，将文字移动到新增的幻灯片3和4中。接下来为每张幻灯片添加其他要展示的对象，丰富演示文稿的内容。

步骤6：为使学生直观地理解图形旋转的概念，制作“道闸”旋转的动画。

PowerPoint 2016中“陀螺旋”强调动画效果只能让对象以中心点旋转，要让“道闸”以端点旋转，必须用一个直径为对象长度两倍的圆与对象组合，如图5-57所示，并将圆的颜色设置为无色。

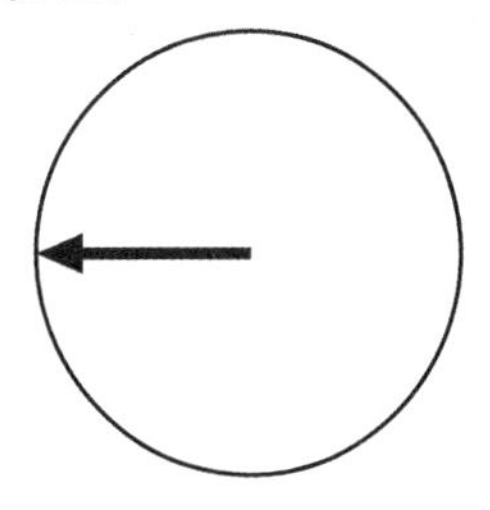

图5-57　圆与对象组合

这样组合后的对象，以圆心做“陀螺旋”转动，而看到的对象以端点转动。设置“道闸”为“陀螺旋”，在“效果选项”中设置旋转角度与旋转方向。

其他幻灯片根据需要对讲课过程中逐渐出现的文字做“进入”动画效果的设置。

步骤7：完成各页动画设置后，可以增加过渡页，使听众更清楚讲解的进程，过渡页如图5-58所示。

图5-58　过渡页效果

步骤8：播放演示文稿，并做整体调整。

使用“文件”选项卡中的“导出”命令，单击“将演示文稿打包成CD”选项，把课件打包输出，如图5-59所示。这样可以将课件中用到的图片、视频等文件打包到一起，使之可以在任何一台计算机上播放。

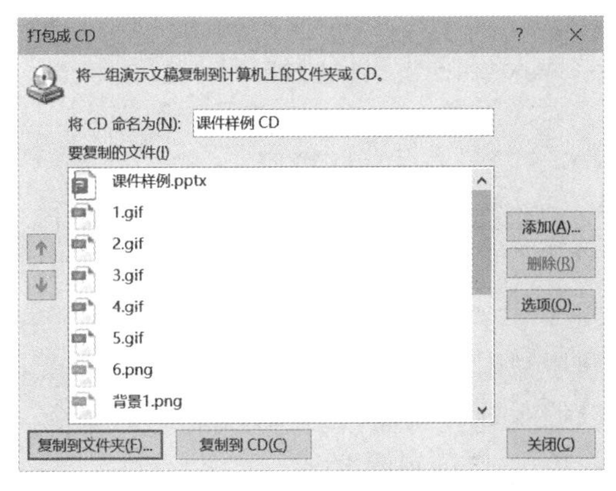

图5-59　将课件样例打包成CD

本章小结

小节名称	知识重点	案例内容
5.1 编辑与设计幻灯片	演示文稿的创建;幻灯片主题;幻灯片版式;占位符;幻灯片母版;对象的插入与编辑;超链接;演示文稿的保存	演示文稿样例,新产品推广策划,学校简介
5.2 动画设置与放映	幻灯片切换;自定义动画的设置;背景音效的控制;演示文稿的放映;演示文稿的打印	动画样例,汽车产品展示,旅行相册
5.3 综合案例	素材收集;幻灯片编辑与设计;动画设置;放映幻灯片	课件样例

测一测

一、选择题

1. PowerPoint 2016 中主要的编辑视图是(　　)。

A. 幻灯片浏览视图　B. 普通视图　C. 阅读视图　D. 备注页视图

2. 将演示文稿保存为自动放映格式,应选择保存类型是(　　)。

A. POTX　B. PPSX　C. PPTX　D. XLSX

3. PowerPoint 2016 中新建文件的默认名称是(　　)。

A. Doc1　B. Sheet1　C. 演示文稿 1　D. Book1

4. 若要在幻灯片浏览视图中选择多个不连续的幻灯片,应先按住(　　)键。

A. “Alt”　B. “Ctrl”　C. “F4”　D. “Shift+F5”

5. 在 PowerPoint 2016 中,“插入”选项卡可以创建(　　)。

A. 新文件,打开文件　B. 表,形状与图表

C. 文本左对齐　D. 动画

6. 要进行幻灯片大小设置、主题选择,可以在(　　)选项卡中操作。

A. “开始”　B. “插入”　C. “视图”　D. “设计”

7. 进入幻灯片母版的方法是(　　)。

A. 选择“开始”选项卡下“母版视图”功能组中的“幻灯片母版”命令

B. 选择“设计”选项卡下“母版视图”功能组中的“幻灯片母版”命令

C. 按住“Shift”键的同时,再单击“普通视图”命令

D. 以上说法都不对

8. 下列有关幻灯片背景设置的说法中,正确的是(　　)。

A. 不可以为幻灯片设置不同的颜色、图案或者纹理的背景
B. 不可以使用图片作为幻灯片背景
C. 不可以为单张幻灯片进行背景设置
D. 可以同时对当前演示文稿中的所有幻灯片设置背景
9. 若要把幻灯片的主题设置为“平面”，应进行的一组操作是(　　)。
A. “幻灯片放映”选项卡→“自定义动画”→“平面”
B. “动画”选项卡→“幻灯片设计”→“平面”
C. “设计”选项卡→“主题”→“平面”
D. “插入”选项卡→“图片”→“平面”
10. 如果要从第二张幻灯片跳转到第八张幻灯片，应使用“插入”选项卡中的(　　)。
A. 链接或动作　　B. 预设动画　　C. 幻灯片切换　　D. 自定义动画
11. 若使幻灯片播放时，从“时钟”效果变换到下一张幻灯片，需要设置(　　)。
A. 自定义动画　　B. 幻灯片切换　　C. 放映方式　　D. 自定义放映
12. 播放已制作好的幻灯片的方式有好几种，采用选项卡操作的步骤是(　　)。
A. 选择“切换”选项卡中的“从头开始”命令
B. 选择“动画”选项卡中的“从头开始”命令
C. 选择“幻灯片放映”选项卡中的“从头开始”命令
D. 选择“设计”选项卡中的“从当前幻灯片开始”命令
13. 播放演示文稿时，下列说法中正确的是(　　)。
A. 只能按顺序播放　　B. 只能按幻灯片编号的顺序播放
C. 可以按任意顺序播放　　D. 不能倒回去播放
14. 若打印幻灯片的第一、三、四、五、七张，则在“打印”界面的“幻灯片”文本框中输入(　　)。
A. 1—3—4—5—7　　B. 1,3,4,5,7　　C. 1—3,4,5—7　　D. 1—3,4—5,7
15. 要隐藏某张幻灯片，正确的操作是(　　)。
A. “设计”选项卡→“设置”功能组→“隐藏幻灯片”
B. 在普通视图下的幻灯片窗格中，右击幻灯片并选择“隐藏幻灯片”命令
C. 在幻灯片浏览视图下右击幻灯片并选择“隐藏幻灯片”命令
D. 以上说法都不正确

二、填空题

1. PowerPoint 2016 生成的演示文稿的默认扩展名为________。
2. 在幻灯片正在放映时，按“Esc”键，可________。
3. 在________方式下可以进行幻灯片的放映控制。
4. PowerPoint 2016 的快速访问工具栏默认情况下有________、________、________、________四个按钮。
5. 设置幻灯片对象动画，应在________选项卡中进行操作。
6. 显示标尺、网络线、参考线以及对幻灯片母版进行修改，应在________选项卡中进行操作。
7. 对幻灯片进行页面大小设置时，应在________选项卡中进行操作。
8. 插入表格、图片、艺术字、视频、音频等对象，应在________选项卡中进行操作。

三、操作题

制作一个以自己的家乡为主题的动画 PPT 作品。制作要求如下：

(1) 收集相关资料，并制作文案；

(2) 所制作的演示文稿内容要突出主题“我爱我的家乡”；

(3) 每张幻灯片布局合理、美观，整体外观统一，配色合理；

(4) 整个演示文稿至少包括八张以上幻灯片，内容丰富，主题突出；

(5) 动画设计合理，流畅，美观；

(6) 要求有背景音乐，且音乐的选择要与主题相符；

(7) 将完成的作品输出为视频格式。

答案

第6章　因特网基础与简单应用

学习目标

因特网(Internet)又叫作国际互联网,它是由那些使用公用语言互相通信的计算机连接而成的全球网络。Internet 上有丰富的信息资源,我们可以通过畅游 Internet,有效地实现数据传输和资源共享。

通过本章的学习,应掌握以下内容:

* 了解计算机网络的基本概念以及因特网的基础知识(TCP/IP 协议、C/S 体系结构、IP 地址和因特网接入方式)。

* 熟练掌握因特网应用(浏览器 IE 的使用:信息的搜索、浏览与保存,FTP 下载,电子邮件的收发等)。

* 了解电子商务的概念;理解网上购物的流程与方法。

* 了解电子政务的概念以及电子政务在我国的发展现状与未来发展趋势。

6.1　计算机网络基础理论

案例引入

我们知道,对于个人用户上网来说,只要把自己的计算机、网线、“猫”连接配置好,到 Internet服务提供商((Internet service provider,ISP),如电信、移动、联通等)申请自己的账号和密码,就可以在 Internet 世界里遨游了。然而,对于整个企业、学校来说就不是那么简单了,那应该怎样来实现多种设备的连接呢? 这和个人计算机连接网络有什么区别呢? 简单局域网连接如图 6-1 所示。

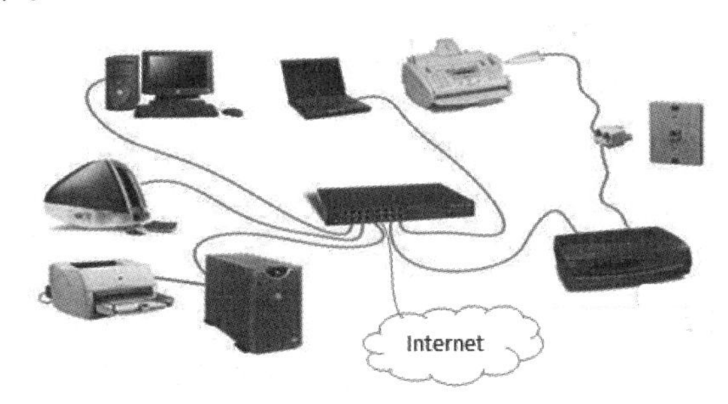

图 6-1　简单局域网连接

案例分析

在有了计算机(台式机、笔记本)、打印机等设备的前提下,要实现局域网接入 Internet,我们需要具备以下知识:

(1) 了解网络类型、拓扑结构;

(2) 了解传输介质、联网设备等;

(3) 掌握具体连接方法。

知识讲解

6.1.1 计算机网络的概念

在利用各种设备连接网络之前,初学者有必要了解一些关于计算机网络的基本知识。

1. 计算机网络

计算机网络是指以能够相互共享资源的方式互连起来的自治计算机系统的集合,即分布在不同地理位置上的具有独立功能的多个计算机系统,通过通信设备和通信线路互相连接起来,实现数据传输和资源共享的系统。

计算机网络的要点:计算机网络提供资源共享的功能;组成计算机网络的计算机设备是分布在不同地理位置的多台独立的"自治计算机"。

2. 数据通信

1) 信道

信道是信息传输的媒介或渠道,作用是把携带有信息的信号从它的输入端传递到输出端。信道可分为有线信道和无线信道两类。

常见的有线信道包括双绞铜线、同轴电缆、光纤等;无线信道有地波、短波、超短波、人造卫星中继等。

2) 信号

信号分为数字信号和模拟信号,如表 6-1 所示。

表 6-1　信号的分类

名称	功能	图形
数字信号	是一种离散的脉冲序列,计算机产生的电信号用两种不同的电平(0 和 1)表示	
模拟信号	是一种连续变化的信号,如电话线上传输的按照声音强弱幅度连续变化所产生的电信号表示	

3. 调制与解调

普通电话线适用于传递模拟信号,但计算机产生的是离散脉冲表示的数字信号,要利用电话交换网实现计算机的数字脉冲信号的传输,就需要进行数字信号与模拟信号之间的相互转换。平时家里使用连接入网的"猫"(modem 的谐音),就是一种通过调制将数字信号转换为模拟信号,而在接收端通过解调再将模拟信号转换为数字信号的装置。目前主流网络均为光纤,不再依赖模拟信号,而是直接采用了数字信号,对光纤承载的光信号进行调制解调的装置,我们称之为"光猫",其学名为"光调制解调器"。调制与解调的功能如表 6-2 所示。

表 6-2　调制与解调

名称	功能
调制	将发送端数字脉冲信号转换成模拟信号(简称 D/A)
解调	将接收端模拟信号还原成数字脉冲信号(简称 A/D)

4. 带宽与传输速率

带宽与传输速率如表 6-3 所示。

表 6-3　带宽与传输速率

名称	说明	计量单位
带宽	在模拟信道中,以带宽表示信道传输信息能力。带宽是以传输信号的最高频率和最低频率之差表示的	Hz,kHz,MHz,GHz 等
传输速率	在数字信道中,用数据传输速率表示信道的传输的能力,即每秒传输的二进制位数	bps,kbps,Mbps,Gbps,Tbps 等

5. 误码率

误码率指二进制比特在数据传输系统中被传错的概率,是通信系统的可靠性指标。在计算机网络系统中,一般要求误码率低于 10^{-6}(百万分之一)。

6.1.2 计算机网络的类型与结构

1. 计算机网络的形成

计算机网络的发展阶段如表 6-4 所示,

表 6-4　计算机网络的发展阶段

时间	特点
第一阶段(二十世纪五六十年代)	面向终端的具有通信功能的单机系统
第二阶段(二十世纪六十年代)	从 ARPANET 与分组交换技术开始
第三阶段(二十世纪七十年代末)	广域网、局域网与公用分组交换网发展
第四阶段(二十世纪八十年代末)	Internet、信息高速公路、无线网络与网络安全的迅速发展,信息时代全面到来

2. 计算机网络的分类

计算机网络的分类标准有很多,普遍采用的分类方法是根据网络覆盖的地理范围和规模分类,如表 6-5 所示。

表 6-5　计算机网络的分类

网络名	功能
局域网(LAN)	最大传输距离≤10 千米;传输速率高,通常为 1～20 Mbps,高速局域网可达 100 Mbps;具有低误码率、成本低、组网容易等优点
广域网(WAN)	传输的距离从几十千米到几千、几万千米;传输速率低,一般在 64 kbps～45 Mbps
城域网(MAN)	是介于广域网与局域网之间的高速网,传输距离从 10 千米到几十千米,传输速率一般在 50 Mbps 左右

3. 网络拓扑结构

网络拓扑结构是将构成网络的结点和连接结点的线路抽象成点和线，用几何关系表示网络结构的一种形式，如表 6-6 所示。

表 6-6　网络拓扑结构

结构名称	说明	优缺点	图形
星型拓扑	每个结点与中心结点连接，中心结点控制全网的通信	结构简单、易于实现和管理；一旦中心结点有故障，就会造成全网瘫痪，可靠性较差	
环型拓扑	各个结点通过中继器连接到一个闭合的环路上，数据沿一个方向传递	结构简单、成本低；环中任意一个结点的故障都可能造成网络瘫痪	
总线拓扑	各个结点由一根总线相连，数据在总线上由一结点传向另一结点	结点加入和退出网络很方便，可靠性高、结构简单、成本低	
树型拓扑	结点按层次进行连接，信息交换主要在上、下结点之间进行	星型拓扑的一种扩展，主要适用于汇集信息的应用要求	
网状拓扑	结点的连接是任意的，是没有规律的	系统可靠性高，但结构复杂，必须采用路由协议、流量控制等方法；被广域网采用	

6.1.3 计算机网络系统

计算机网络系统由网络硬件和网络软件两部分组成。

1. 网络硬件

常见网络硬件设备如表 6-7 所示。

表 6-7　常见网络硬件设备

设备名称	说明
传输介质	局域网中常用同轴电缆、双绞铜线、光纤。随着无线网的深入研究和广泛应用，无线技术也越来越多地用来进行局域网的组建
网络适配器(网卡)	是构成网络必需的基本设备，将计算机与通信电缆连接起来。每台连接到局域网的计算机都需要安装一块网卡
交换机	是交换式局域网的核心设备，支持端口连接的结点之间的多个并发连接，改善局域网的性能和服务质量
无线 AP	也称无线访问点或无线桥接器，被当作传统的有线局域网络与无线局域网络之间的桥梁
路由器	是实现局域网与广域网互联的主要设备。具有检测数据的目的地址、对路径进行动态分配、动态平衡通信负载等功能

2. 网络软件

网络软件都是高度结构化的。为降低网络设计的复杂性，网络都划分层次，每一层都在其下层的基础上，每一层都向上一层提供特定的服务，通过网络软件（协议）实现。TCP/IP 协议是当前最流行的商业化协议，共四层。TCP/IP 参考模型如表 6－8 所示。

表 6－8　TCP/IP 参考模型

TCP/IP 参考模型	说明
应用层	负责处理特定的应用程序数据，为应用软件提供网络接口，包括超文本传输协议（hyper text transfer protocol，HTTP）、远程登录协议（Telnet）、文件传输协议（file transfer protocol，FTP）等
传输层	为两台主机间的进程提供端到端的通信。主要协议有传输控制协议（transmission control protocol，TCP）和用户数据报协议（user datagram protocol，UDP）
网络互联层	确定数据报从源端到目的端的选择路由。网络互联层定义了分组格式和协议，即 IP 协议
主机至网络层	规定了数据从一个设备的网络层传输到另一个设备的网络层的方法

6.1.4 局域网

1. 无线局域网络

无线局域网络（wireless local area networks，WLAN）是相当便利的数据传输系统。它利用射频（radio frequency，RF）技术，使用电磁波，取代旧式的双绞铜线所构成的局域网络，在空中进行通信连接。

WLAN 的特点

2. 接入 Internet

局域网接入 Internet 的方式有多种，对于大、中型局域网来说，通常使用交换机、路由器或 DDN 专线连接 Internet；对于小型局域网、家庭用户来说，通常使用 ADSL 宽带、ISDN 或拨号连接 Internet。

（1）数字数据网（digital data network，DDN），即平时所说的专线上网方式，是一种利用光纤、数字微波或卫星等数字传输通道和数字交叉复用设备组成的数字数据传输网。它可以为用户提供各种速率的高质量数字专用电路和其他新业务，以满足用户多媒体通信和组建中高速计算机通信网的需要。

（2）非对称数字用户环路（asymmetric digital subscriber line，ADSL）。下行速率高，一般在 1.5～8 Mbps；上行速率低，一般在 16～640 kbps。它采用频分复用技术把普通的电话线分成电话、上行和下行三个相对独立的信道，从而避免相互之间的干扰。即使边打电话边上网，也不会发生上网速率和通话质量下降的情况。

（3）综合业务数字网（integrated services digital network，ISDN），俗称"一线通"。它是以综合数字电话网（integrated digital network，IDN）为基础发展而成的，能提供端到端的数字连接。它是一个全数字的网络，即不论原始信号是文字、数据、声音还是图像，只要可以转换成数字信号，就都能在ISDN 网络中进行传输。

（4）无线通信技术（wireless-fidelity，Wi-Fi），是一种允许电子设备连接到一个 WLAN 的技术，通常使用 2.4 G UHF 或 5 G SHF ISM 射频频段。连接到 WLAN 通常是有密码保护的，但也可以是开放的，这样就允许任何在 WLAN 范围内的设备都可以连接上。

Wi-Fi 具有较高的传输速度、较大的覆盖范围等优点，在 WLAN 的发展中发挥了重要的作用。

案例总结

(1) 选择网络类型、拓扑结构：选择局域网的连接方式；采用星型拓扑结构。

(2) 传输介质、网卡、路由器：每个联网设备须具备正常工作的网络适配器(网卡)；选择双绞铜线作为传输介质；选择路由器作为局域网接入 Internet 的联网设备。

(3) 具体连接方式：局域网接入 Internet 的方式有多种，对于大、中型局域网来说，通常使用交换机、路由器或 DDN 专线连接 Internet；对于小型局域网、家庭用户来说，通常使用 ADSL 宽带、ISDN 或拨号连接 Internet。

拓展深化

6.1.5 网络安全与新技术

1. 网络信息安全

网络安全是指网络系统的硬件、软件及其系统中的数据受到保护，不受偶然的或者恶意的原因而遭到破坏、更改、泄露，系统连续可靠正常地运行，网络服务不中断。

网络安全，从本质上来讲，就是网络上的信息安全；从广义来说，凡是涉及网络上信息的保密性、完整性、可用性、真实性和可控性的相关技术和理论都是网络安全的研究领域。

网络安全的具体含义会随着"角度"的变化而变化。

例如，从用户(个人、企业等)角度说，他们希望涉及个人隐私或商业利益的信息在网络上传输时受到机密性、完整性和真实性的保护，避免他人或对手利用窃听、冒充、篡改、抵赖等手段侵犯用户的利益和隐私；从网络运行和管理者角度说，他们希望对本地网络信息的访问、读写等操作受到保护和控制，避免出现"陷门"、病毒、非法存取、拒绝服务和网络资源非法占用和非法控制等威胁，制止和防御网络黑客的攻击；从安全保密部门角度说，他们希望对非法的、有害的或涉及国家机密的信息进行过滤和防堵，避免机要信息泄露，避免对社会产生危害，对国家造成巨大损失；从社会教育和意识形态角度说，网络上不健康的内容会对社会的稳定和人类的发展造成阻碍，必须对其进行控制。

网络安全的特征及措施

2. 网络新技术与新知识

云计算的特点

1) 云计算

云计算是基于互联网的相关服务的增加、使用和交付模式，通常涉及通过互联网来提供动态易扩展且经常是虚拟化的资源。

2) 物联网

物联网的关键技术

物联网是新一代信息技术的重要组成部分，也是"信息化"时代的重要发展阶段。利用局部网络或互联网等通信技术把传感器、控制器、机器、人员和物等通过新的方式联系在一起，形成人与物、物与物互联，实现信息化、远程管理控制和智能化的网络。物联网是互联网的延伸，它包括互联网及互联网上所有的资源，兼容互联网所有的应用，但物联网中所有的元素(设备、资源及通信等)都是个性化和私有化的。

3）大数据

大数据的特征

大数据是指无法在可承受的时间范围内用常规软件工具进行捕捉、管理和处理的数据集合，是需要新处理模式才能具有更强的决策力、洞察力和流程优化能力，以此来适应海量、高增长率和多样化的信息资产。

4）“互联网＋”

“互联网＋”的特征

“互联网＋”是两化融合的升级版，将互联网作为当前信息化发展的核心特征提取出来，并与工业、商业、金融业等服务业的全面融合。这其中关键就是创新，只有创新才能让这个“＋”真正有价值、有意义。

通俗来说，“互联网＋”就是“互联网＋各个传统行业”，但这并不是简单的两者相加，而是利用信息通信技术以及互联网平台，让互联网与传统行业进行深度融合，创造新的发展生态。

6.2　浏览器的使用

案例引入

在接入 Internet 后，我们可以利用搜索引擎查找相关资料与信息，或进行资源共享。现以搜索“红色遵义”的相关资料并妥善保存资料为例进行讲解。

案例分析

要完成以上网络任务，我们需要完成以下任务：

（1）选择合适的浏览器。

（2）选择合适的搜索引擎。

（3）输入恰当的关键字“红色遵义”。

（4）对搜索内容进行浏览与阅读。

（5）对搜索结果进行保存。

知识讲解

6.2.1 Internet 的基本知识

1. 什么是 Internet

Internet 是通过路由器将世界不同地区、规模大小不一、类型不同的网络互相联系起来的网络，是一个全球性的计算机互联网络。

2. TCP/IP 协议

TCP/IP 协议是基于 TCP 和 IP 这两个最初的协议之上的不同通信协议的大集合。TCP/IP 协议如表 6 - 9 所示。

表 6-9　TCP/IP 协议

名称	说明
TCP 协议	传输控制协议,位于传输层,主要作用是 TCP 协议向应用层提供连接服务,确保网上传送的数据报可完整地被接收。TCP 协议能实现错误重发,以确保发送端到接收端的可靠传输
IP 协议	因特网协议,位于网络层,主要作用是将不同类型的物理网络互联在一起

3. IP 地址

IP 地址是给 TCP/IP 协议中所使用的互联层地址标识。IP 地址有 IPv4 和 IPv6 两大类。

IPv4 地址用 32 位(4 字节)表示,分为四段,每一段用一个十进制数(0～255)表示,段和段之间用圆点"."隔开,如 202.112.128.50。

IPv4 地址一般格式:类别+网络标识+主机标识。

类别:用来区分 IP 地址的类别;

网络标识(Net id):表示入网主机所在网络的标识;

主机标识(Host id):表示入网主机在本网段中的标识。

IPv4 地址分成五种类型:A 类、B 类、C 类、D 类、E 类,如表 6-10 所示。

表 6-10　IPv4 地址类型

类别	首字节	网络号	主机号	每类地址范围
A 类	0	7 位	24 位	0.0.0.0～127.255.255.255
B 类	10	14 位	16 位	128.0.0.0～191.255.255.255
C 类	110	21 位	8 位	192.0.0.0～223.255.255.255
D 类	1110	多播地址		224.0.0.0～239.255.255.255
E 类	11110	目前尚未使用		240.0.0.0～247.255.255.255

IPv6 地址用 128 位(16 字节)表示,是 IPv4 地址长度的 4 倍。首选的 IPv6 地址表示为 X:X:X:X:X:X:X:X,其中每个 X 代表一个 4 位的十六进制数字。IPv6 地址范围从 0000:0000:0000:0000:0000:0000:0000:0000 至 ffff:ffff:ffff:ffff:ffff:ffff:ffff:ffff。

4. 域名

域名是用一组由字符组成的名字代替 IP 地址。

格式:主机名.….第二级域名.第一级域名。

例如,zync.edu.cn 是遵义师范学院网站主页的域名,其中 edu 表示教育机构,cn 表示中国。常用的一级域名如表 6-11 所示。

表 6-11　常用的一级域名

常用的一级域名(组织机构)		常用的一级域名(地理模式)	
域名代码	意义	域名代码	意义
COM	商业组织	CN	中国
EDU	教育机构	JP	日本
GOV	政府部门	KR	韩国

续表

常用的一级域名(组织机构)		常用的一级域名(地理模式)	
域名代码	意义	域名代码	意义
MIL	军事部门	CA	加拿大
NET	网络支持中心	RU	俄罗斯
ORG	非营利组织	SG	新加坡
ARPA	临时 ARPA(未用)	AU	澳大利亚
INT	国际组织	UK	英国

5. DNS 原理

域名系统(domain name system,DNS),是互联网的一项服务。它作为将域名和 IP 地址相互映射的一个分布式数据库,能够使人更方便地访问互联网。域名和 IP 地址都表示主机的地址,是一件事物的不同表示。用户可以使用主机的 IP 地址,也可以使用它的域名。

从域名到 IP 地址或者从 IP 地址到域名的转换由 DNS 完成。转换过程如下:

(1) 用户将域名和转换请求发送给 DNS;

(2) DNS 接受请求后,将域名转换为真实 IP 地址;

(3) DNS 将转换结果(真实 IP 地址)返回给用户。

6. 万维网

万维网(world wide web,WWW)也称为 Web 或 3W。WWW 是 Internet 的多媒体信息查询工具,是 Internet 上发展最快和使用最广的服务。它使用超文本和链接技术,使用户能简单地浏览或查阅各自所需的信息。

WWW 通过超文本和链接功能将文本、图像、声音和其他 Internet 上的资源紧密地结合起来,并显示在浏览器上。

超文本:不仅含有文本信息,还可包括图形、声音、图像和视频等多媒体信息。

超链接:网页中的指向其他网页的链接点(也可以指向本网页内的链接点),可以建立于文字或图形上。

超文本标记语言(hyper text markup language,HTML):是一种专门的编程语言,用于编制通过 WWW 显示的超文本文件的页面。

超文本传输协议(hyper text transfer protocal,HTTP):是互联网上应用最为广泛的一种网络协议,所有的 WWW 文件都必须遵守这个标准。

7. 统一资源定位系统

统一资源定位系统(uniform resource locator,URL),是 WWW 服务程序上用于指定信息位置的表示方法。每个 Web 页面,包括 Web 结点的网页,均具有唯一的存放地址。通俗地说,URL 可以用来指定某个信息所在的位置和使用方式,用来描述网页的地址和访问它的协议。

格式:**协议://IP 地址或域名/路径/文件名**

例如,http://www.so.com/。

注意:"协议"是指服务连接的协议名称,一般有 http,ftp,file 等。

8. 浏览器

浏览器是一种用来访问 WWW 服务的一种客户端程序，用来访问 Internet 上站点中的所有资源和数据，是 Internet 的多媒体信息查询工具。

常用浏览器：Internet Explorer(IE)浏览器、Chrome 浏览器和火狐(Firefox)浏览器等。

9. 文件传输协议

文件传输协议(file transfer protocol，FTP)，是 Internet 提供的基本服务。使用 FTP 协议可以在 Internet 上将文件从一台计算机传输到另一台计算机，不管这两台计算机位置相距多远，使用的是什么操作系统，也不管它们通过什么方式接入 Internet。

10. 关键字

简单地说，关键字就是用户在使用搜索引擎时输入的能够最大程度概括用户所要查找的信息内容的字或者词，是信息的概括化和集中化。

案例实践 6-1　下面来完成“红色遵义”的案例。

步骤 1：双击桌面上的图标，进入 IE 浏览器，并在地址栏中输入搜索引擎的地址“http://www.baidu.com/”，按“Enter”键后进入搜索网站，如图 6-2 所示。

操作过程

图 6-2　进入搜索网站

步骤 2：在“百度”搜索框中输入“红色遵义”关键字，并单击“百度一下”或按“Enter”键，进行搜索，如图 6-3 所示。

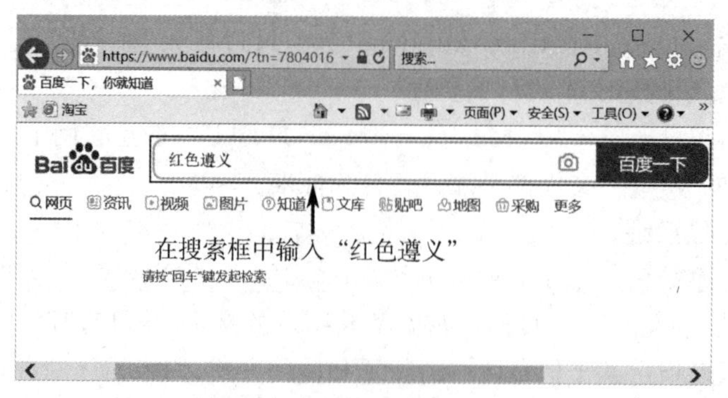

图 6-3　输入关键字

步骤 3：从搜索结果中选择合适的内容，如图 6-4 所示，单击超链接页面。

图 6-4　选择搜索内容

步骤 4：单击 IE 浏览器界面中的“工具”按钮，选择“文件”中的“另存为”命令，保存网页，如图 6-5 所示。

图 6-5　保存网页

步骤 5：在弹出的“保存”对话框中设置保存文件的三要素：保存位置、文件名称、保存类型。

案例总结

常用的搜索引擎：

http://www.baidu.com/百度搜索

http://www.so.com/360 搜索

http://www.sogou.com/搜狗搜索

拓展深化

6.2.2 电子商务

1. 电子商务的基本概念

电子商务通常是指在全球各地广泛的商业贸易活动中，在 Internet 开放的网络环境下，基于浏览器/服务器应用方式，买卖双方不谋面地进行各种商贸活动，实现消费者的网上购物、商户之间的网上交易和在线电子支付以及各种商务活动、交易活动、金融活动和相关的综合服务活动的一种新型的商业运营模式。

2. 电子商务的分类

按照交易对象，电子商务可以分为企业对企业的电子商务(business to business，B2B)；企业对消费者的电子商务(business to consumer，B2C)；企业对政府的电子商务(business to government，B2G)；消费者对政府的电子商务(consumer to government，C2G)；消费者对消费者的电子商务(consumer to consumer，C2C)；企业、消费者、代理商三者相互转化的电子商务(agent，business，consumer，ABC)；以消费者为中心的全新商业模式(customer to business-share，C2B2S)。

案例实践 6-2　IE 在电子商务中的应用。

操作过程

在 Internet 畅游的过程中，除搜索信息、下载资源外，我们还可以在 Internet 上进行网络购物。要实现网络购物，首先通过 IE 浏览器选择好购物平台，如淘宝网，再进行账号注册、商品浏览与选择、支付等，最终实现成功购买。在此，实现“遵义特产小吃”的网络购买。

步骤 1：进入 IE 浏览器，并在地址栏中输入购物网站的地址“http://www.taobao.com/”，如图 6-6 所示。

图 6-6　淘宝网首页

步骤 2：单击网页左上方“免费注册”超链接或右侧窗格中的“注册”按钮，进入注册界面，如图 6-7 所示。审慎阅读注册协议后，单击“同意协议”按钮。

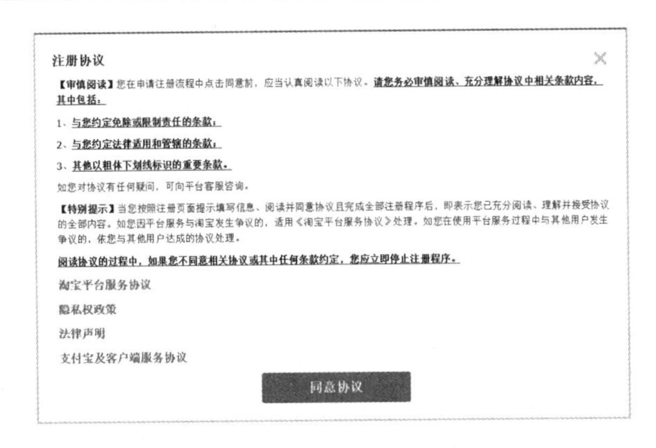

注册协议

【审慎阅读】您在申请注册流程中点击同意前，应当认真阅读以下协议。**请您务必审慎阅读、充分理解协议中相关条款内容，其中包括：**

1、**与您约定免除或限制责任的条款；**

2、**与您约定法律适用和管辖的条款；**

3、**其他以粗体下划线标识的重要条款。**

如您对协议有任何疑问，可向平台客服咨询。

【特别提示】当您按照注册页面提示填写信息、阅读并同意协议且完成全部注册程序后，即表示您已充分阅读、理解并接受协议的全部内容。如您因平台服务与淘宝发生争议的，适用《淘宝平台服务协议》处理。如您在使用平台服务过程中与其他用户发生争议的，依您与其他用户达成的协议处理。

阅读协议的过程中，如果您不同意相关协议或其中任何条款约定，您应立即停止注册程序。

淘宝平台服务协议

隐私权政策

法律声明

支付宝及客户端服务协议

同意协议

图 6－7　账户注册协议

步骤 3:在注册界面填入相关信息,完成注册,如图 6－8 所示。

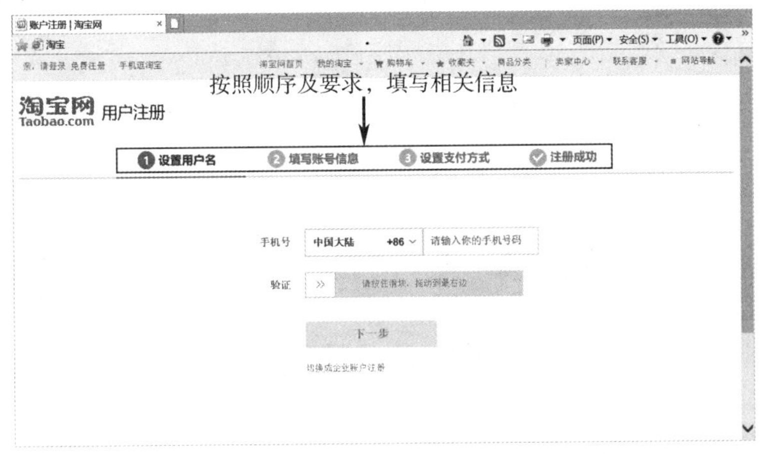

图 6－8　注册信息填写

步骤 4:完成注册后,单击“请登录”按钮,进入购物网站,可对基础信息和安全服务进行设置,如图 6－9 所示。

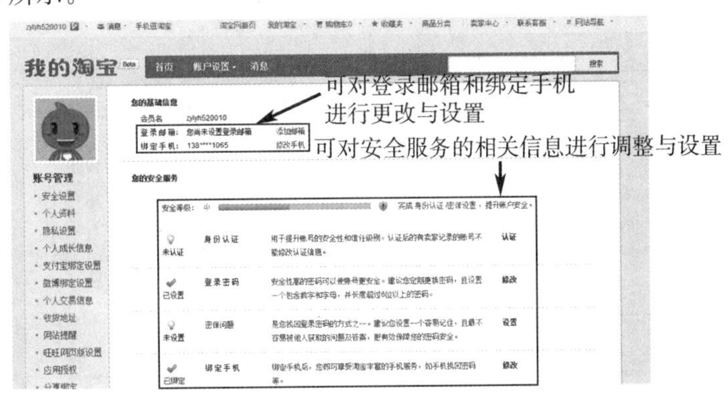

图 6－9　设置安全服务

步骤 5:单击页面上的“淘宝网首页”,返回淘宝网首页输入关键字“遵义特产小吃”,对需购买的商品进行搜索。

步骤 6:在搜索出来的页面中,浏览感兴趣的商品,如图 6-10(a)所示,并选择其中某一个或几个进行购买,如图 6-10(b)所示。

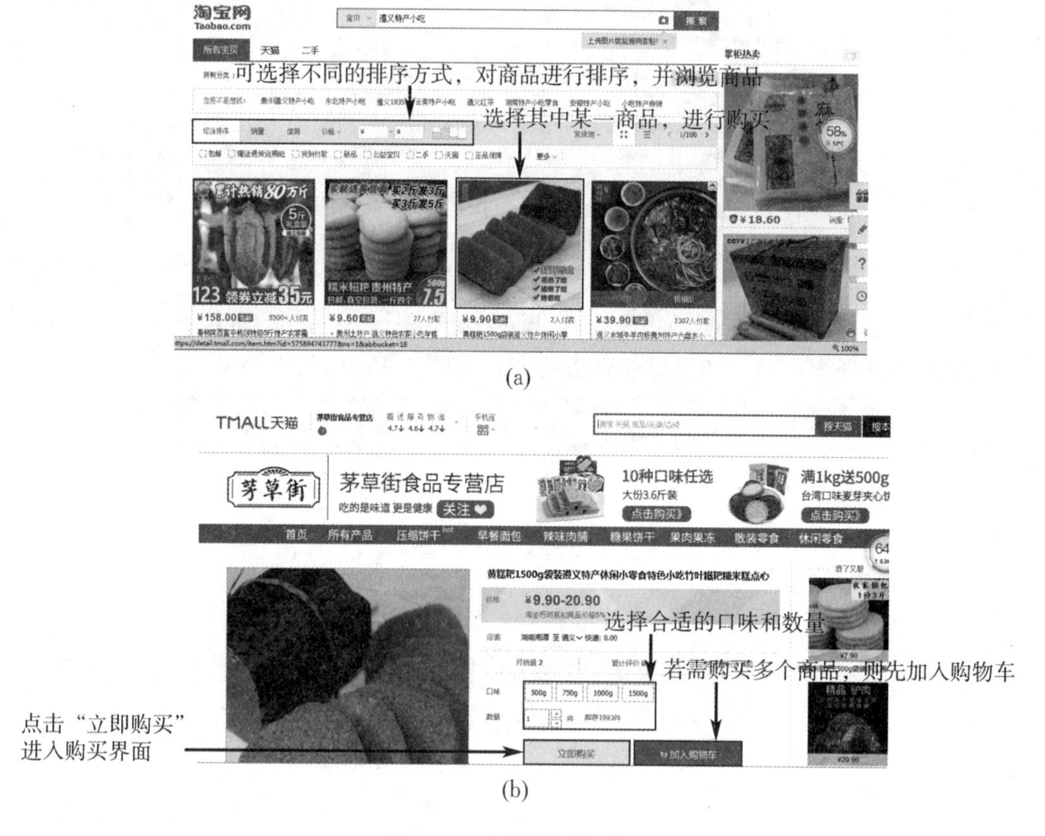

(a)

(b)

图 6-10　浏览并选择商品

步骤 7:进入购买界面,首次购买需填写地址信息,如图 6-11(a)所示;确认订单信息无误后,点击“提交订单”,如图 6-11(b)所示。

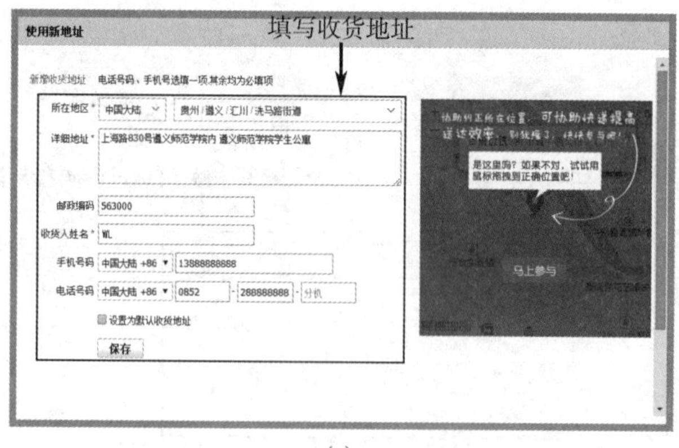

(a)

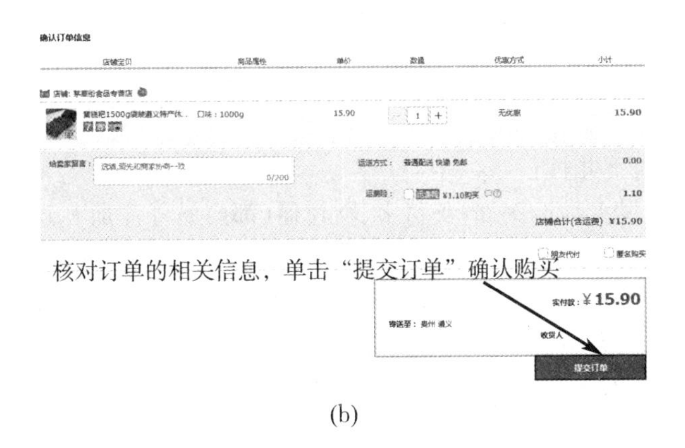

(b)

图6-11　填写地址并提交订单

步骤8：在支付界面，选择合适的支付方式，完成支付，如图6-12所示。

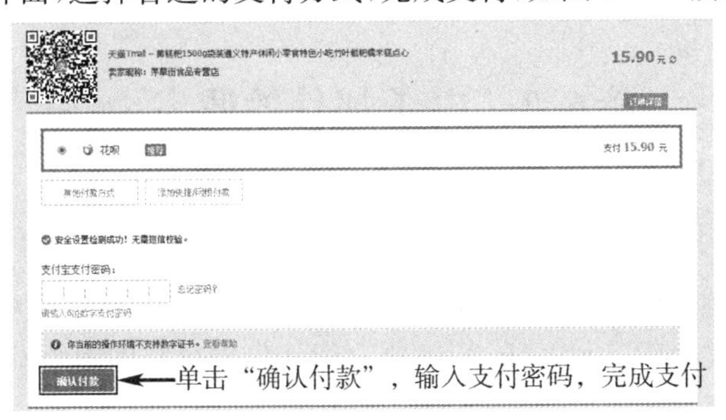

图6-12　选择支付方式

步骤9：在淘宝网首页，单击“我的淘宝”中的“已买到的宝贝”命令，即可查询订单状态，并可对订单进行相关处理，如图6-13所示。

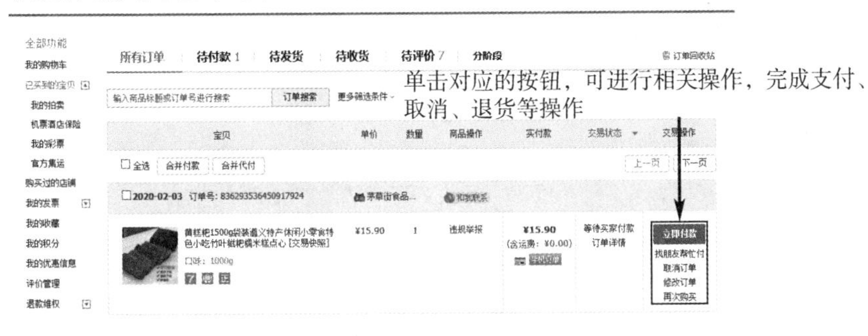

图6-13　查看订单状态

案例总结

(1) 在购物平台上完成购物的过程如下：

① 注册用户名：不论是什么购物网站，首先都要注册用户名，填写必需的联系资料。用户名可以使用字母或汉字注册，或者用邮箱地址注册，以便于记忆。

② 选购商品。

③ 选择付款方式。

④ 选择运送方式。一般提供的运送方式有普通包裹、快递和 EMS(邮政特快专递服务)等。

(2) 付款方式有以下几种:

① 使用第三方支付工具。例如,支付宝、财付通(都要另外注册),这是常用的付款方式。买方在付款时,资金首先转到第三方支付工具,等收到商品后,再进行付款确认,资金才转到卖方账户。若商品有质量或其他问题,或者卖方没有发货,则可以申请退款。

② 货到付款。收到商品后付款,不但有质量保证,而且方便了那些没有网上银行,而又不想注册第三方支付工具的用户。有不少网站都支持货到付款。是否支持货到付款,进入结算选择就可了解。

③ 网上银行转账付款。就是从网上银行把货款直接转到卖方账户,对于有信誉的网站可以使用这种方式。

6.3　电子邮件的收发

案例引入

在日常的工作与生活中,我们经常需要通过电子邮件来与亲戚、朋友、同事等进行各种信息沟通。本节中我们以使用 Outlook 2016 来介绍如何进行邮件的收发,有如图 6-14 所示的会议通知待发。

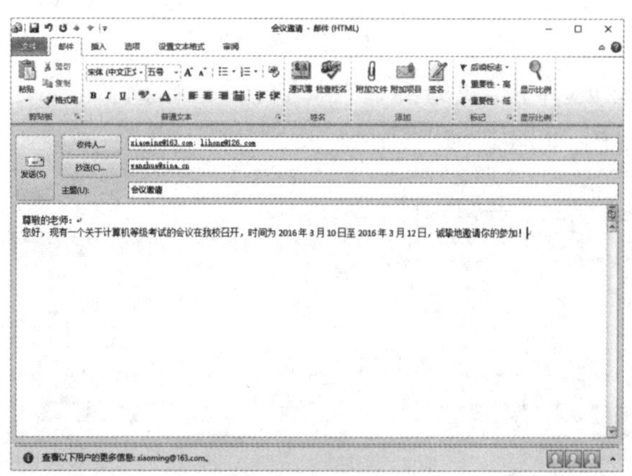

图 6-14　邮件任务

案例分析

要完成以上邮件的发送,我们需要完成以下任务:

(1) 网络邮箱的申请及应用;

(2) 学会 Outlook 2016 电子邮件账户的配置;

(3) 熟练掌握接收并阅读电子邮件的方法;

(4) 熟练掌握发送带有附件的电子邮件的方法。

知识讲解

6.3.1 电子邮件的基本知识

1. 电子邮件概述

电子邮件(e-mail)实际上就是利用计算机网络的通信功能交换电子媒体信件的通信方式。它不像电话那样要求通信双方同时在场,可以一信多发,也可以将文字、图像和声音等多媒体信息集成在一个邮件中传送。电子邮件是目前 Internet 上使用最多、最受欢迎的一种服务。

电子邮件与普通信件的作用类似,都是用于传递信息的信息载体。与普通信件相比,电子邮件具有以下优点:

(1) 使用更方便,收发电子邮件都是通过计算机完成的,并且接收和发送邮件无时间和地点限制。

(2) 速度更快捷,电子邮件的发送和接收只需几秒钟即可完成。

(3) 价钱更便宜,电子邮件比传统信件的收发成本低,距离越远越能体现这一优点。

(4) 投递更准确,电子邮件按照全球唯一的邮箱地址进行发送,保证准确无误。

(5) 内容更丰富,电子邮件不仅可以传送文本,还能传送声音、图片和视频等多种类型的文件。

与普通信件需要填写收信人地址一样,发送电子邮件也需要知道收件人的邮箱地址。

邮箱地址的格式:

user@mail. server. name

其中,user 是用户标识,mail. server. name 是邮箱域名,@(读音[æt])用于连接前、后两部分,如 lily_821221@sina. com。

电子邮件具有其特有的专有名词,如收件人、抄送、密送、主题、附件和正文等。其具体含义如下:

(1) 收件人:指邮件的接收者,即收件人的邮箱地址。

(2) 抄送:一封邮件同时发送到其他邮箱地址。在抄送方式下,各收件人都知道发件人除把该邮件发送给自己以外还发送给另外的哪些人(多个收件人用";"隔开)。

(3) 密送:指用户给收件人发出邮件的同时把该邮件秘密发送给另外的人。与抄送不同的是,收件人并不知道发件人把该邮件秘密发送给另外的哪些人。

(4) 主题:指邮件的主题,即这封邮件的名称。

(5) 附件:指随同邮件一起发送的附加文件,如文档、图片、声音和视频文件等。

(6) 正文:指邮件的主体部分,即邮件的详细内容。

2. 电子邮件传递的工作原理

电子邮件与普通邮件有类似的地方,发件人注明收件人的姓名与地址(邮箱地址),发送方服务器把邮件传到收件方服务器,收件方服务器再把邮件发到收件人的邮箱中。其传递的工作原理如图 6-15 所示。

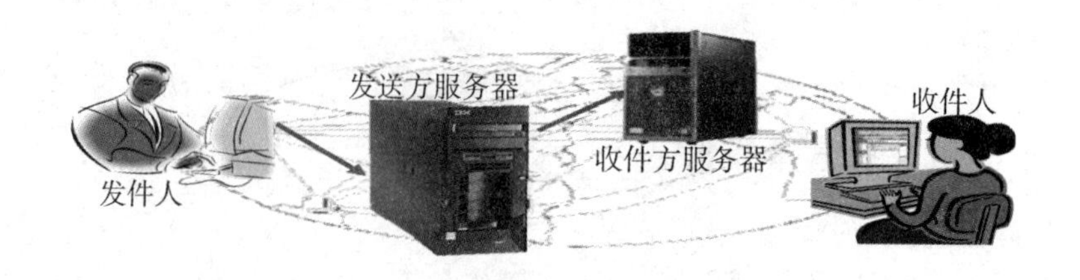

图 6-15 电子邮件传递的工作原理

(1) 电子邮件系统的工作模式是一种客户机/服务器的方式。客户机负责的是邮件的编写、阅读、管理等处理工作;服务器负责的是邮件的传送工作。

一个完整的电子邮件系统由用户代理(mail user agent,MUA)、邮件传输代理(mail transfer agent,MTA)和邮件投递代理(mail delivery agent,MDA)组成。

(2) 简单邮件传输协议(simple mail transfer protocol,SMTP)局限于传递简单的文本报文,不能传递语音、图像以及视频文件。

(3) 通用 Internet 邮件扩充协议(multipurpose Internet mail extensions,MIME)在其邮件的首部说明了数据类型(包括文本、声音、图像和视频),可以同时传送多种类型的数据。

(4) 邮局协议(post office protocol,POP)服务器是具有存储转发功能的中间服务器,因而 POP3(最新版 POP)是一个脱机协议。

(5) Internet 信息访问联机协议(Internet message access protocol,IMAP)相对于 POP3 的好处是:可以省去邮件占用硬盘空间,用户可以在任何地方的任何计算机上阅读和处理自己的邮件,还可以只读取邮件中的部分内容。然而,用户只有连接服务器时才可以阅读。

(6) Web 邮箱与邮件软件。邮箱用户使用 Web 浏览器打开邮箱登录页面,登录自己的邮箱,进行收发邮件。邮件软件是指用户使用邮件收发软件,设置好邮箱账户后进行收发邮件。

3. Outlook 2016 的概述

Outlook 2016 是微软办公软件套装的组件之一。Outlook 2016 的功能很多,可以用它来收发电子邮件、管理联系人信息、记日记、安排日程、分配任务等。Outlook 2016 可以帮助用户查找和组织信息,以便用户无缝使用 Office 2016 应用程序,有助于用户更有效地交流和共享信息。Outlook 2016 强大的收件箱规则使用户可以筛选和组织电子邮件。使用 Outlook 2016,用户可以集成和管理多个电子邮件账户中的电子邮件、个人日历和组日历、联系人以及任务。

案例实践 6-3 使用 Outlook 2016 发送如图 6-14 所示的邮件。

步骤 1:Web 邮箱的申请与使用。

提供免费邮箱服务的网站有网易邮箱、新浪邮箱和搜狗邮箱等。下面以 http://www.126.com/网易免费邮箱为例讲解。

操作过程

(1) 在 IE 浏览器的地址栏中输入"http://www.126.com/",进入"126"网站,单击"注册网易邮箱"进行注册,如图 6-16 所示。

图 6 - 16　注册网易邮箱

(2) 在注册界面中填写正确的内容进行注册:第一项用户名为 6～18 个字符,可使用字母、数字、下划线,需以字母开头;第二项密码为 6～16 个字符,区分大小写;第三项需要填写手机号,并发送短信或扫描二维码进行身份验证,如图 6 - 17 所示。

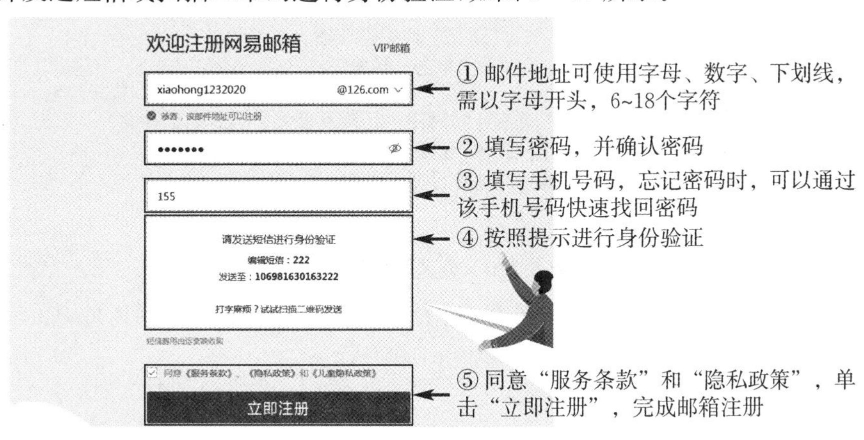

图 6 - 17　填写注册信息

(3) 当提示注册已成功后,登录邮箱,就可以收发邮件了,如图 6 - 18、图 6 - 19 和图 6 - 20 所示。

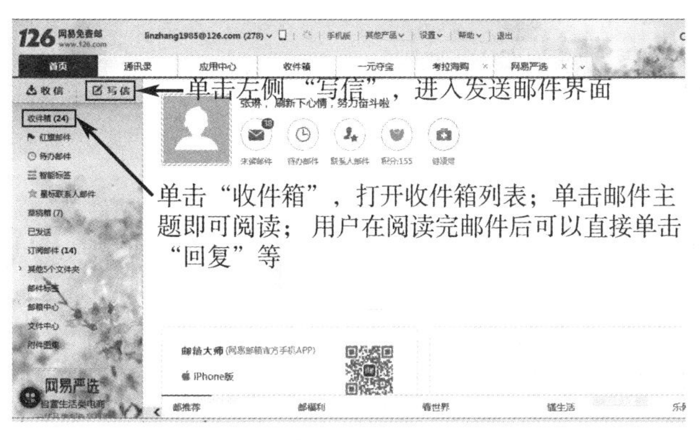

图 6 - 18　网易邮箱主界面

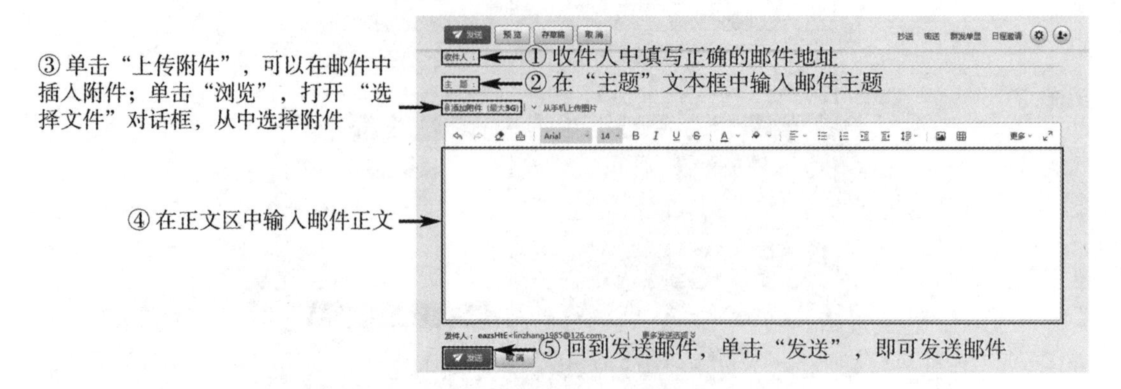

图 6-19　撰写并发送邮件信息

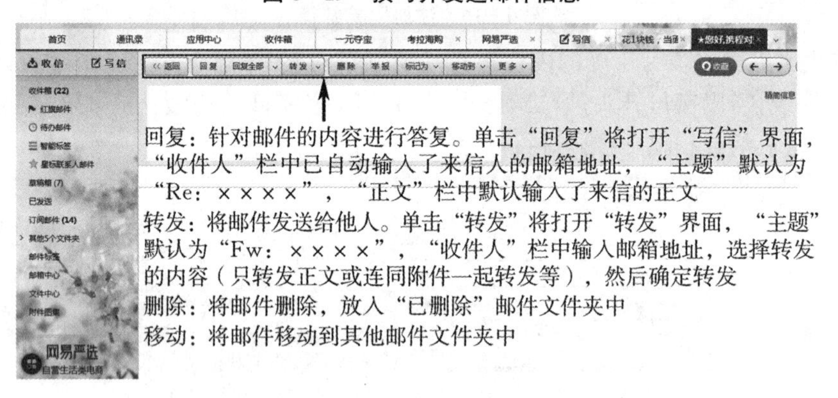

图 6-20　处理收到的邮件

（4）将网易邮箱与 Outlook 2016 连接，设置连接接收邮件的服务器地址，如图 6-21 和图 6-22 所示。

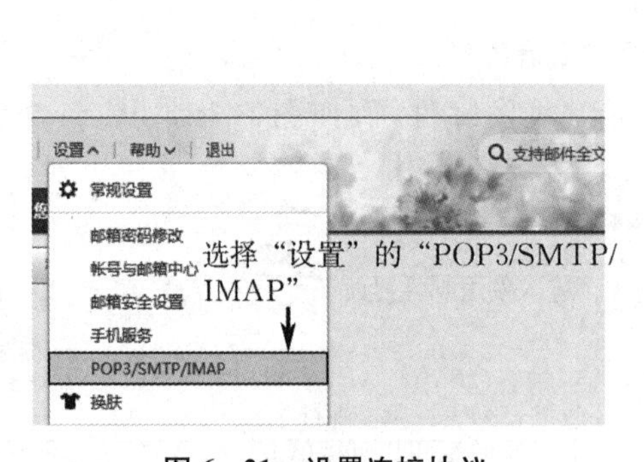

图 6-21　设置连接协议

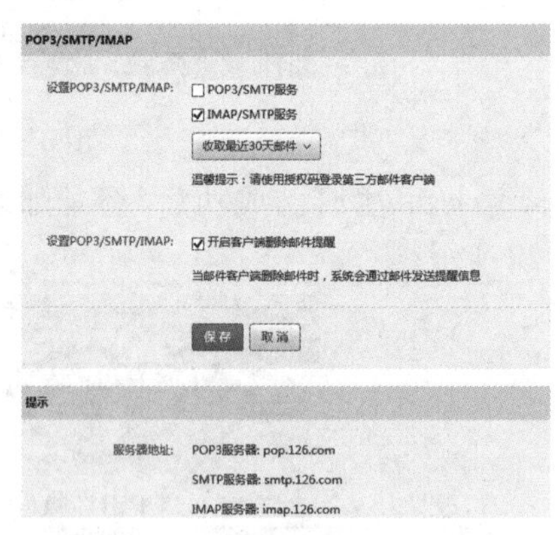

图 6-22　选择“IMAP/SMTP 服务”

步骤 2：邮件账户设置。

（1）单击“开始”菜单中的“Outlook 2016”启动 Outlook，如图 6-23 所示，第一次使用 Outlook 2016 时要进行账户设置。

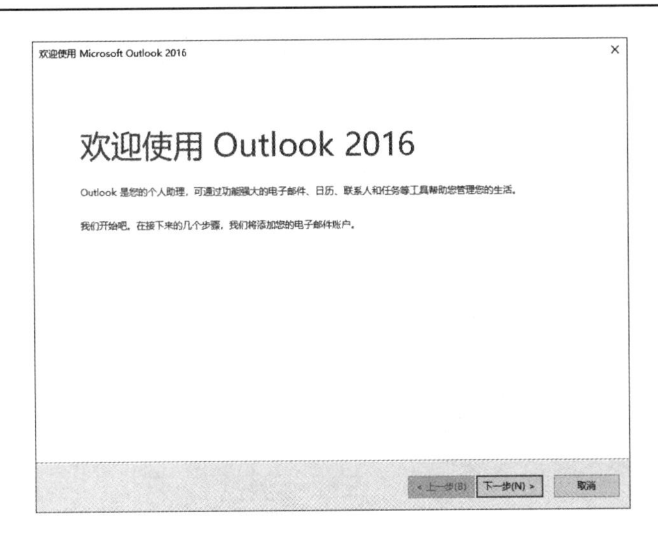

图 6－23　启动 Outlook 2016

(2) 单击“下一步”进入账户设置。在如图 6－24 所示的“添加电子邮件账户”对话框中选择“是”，单击“下一步”。

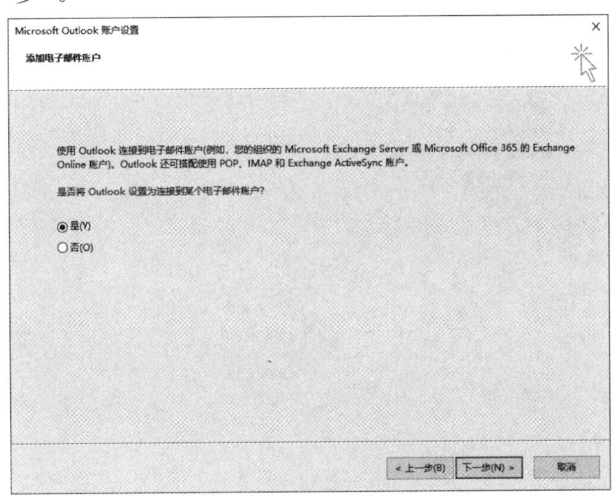

图 6－24　配置电子邮件账户

(3) 在如图 6－25 所示的“添加账户”对话框中，选择“电子邮件账户”选项，完成“您的姓名”“电子邮件地址”“密码”和“重复键入密码”等选项的输入。此时 Outlook 会自动选择相应的设置信息，如邮件发送和邮件接收服务器等。但有时候它找不到对应的服务器，那就需要手动配置了。选择“手动设置或其他服务器类型”选项，并单击“下一步”按钮。

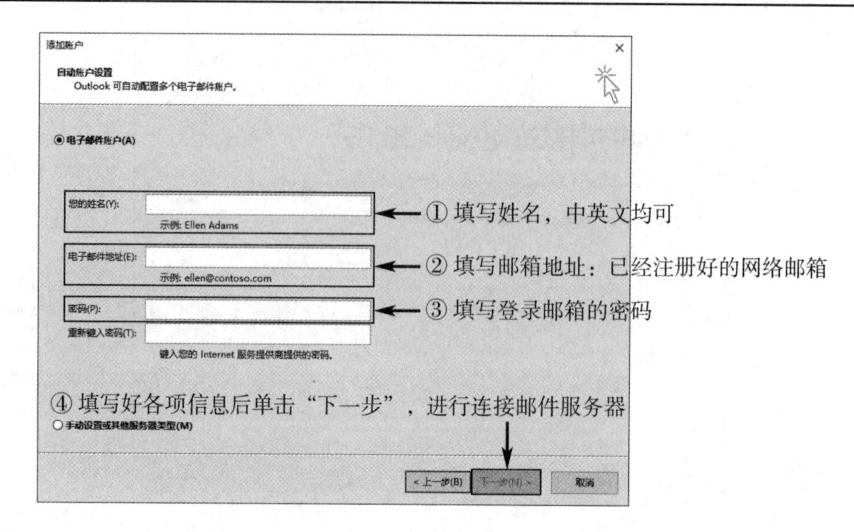

图 6-25　填写电子邮件账户信息

(4) 查看配置到邮件服务器的信息,进行配置服务器的设置,如图 6-26 所示。

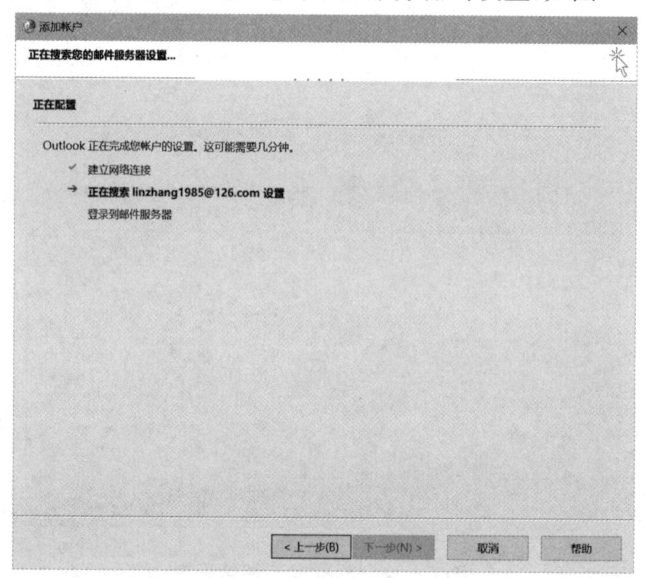

图 6-26　配置服务器的设置

(5) 设置页面中出现“IMAP 电子邮件账户已配置成功”,则可单击“完成”按钮,完成电子邮件账户设置,如图 6-27 所示。

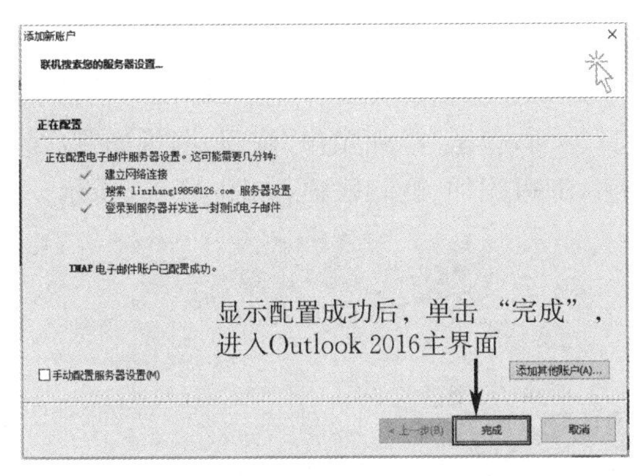

图 6－27　完成电子邮件账户设置

步骤 3:接收邮件。

(1) 在配置完成电子邮件账户后,就可以接收邮件了。在 Outlook 2016 主界面上单击“发送/接收所有文件夹”命令,接收别人发过来的邮件,如图 6－28 所示。

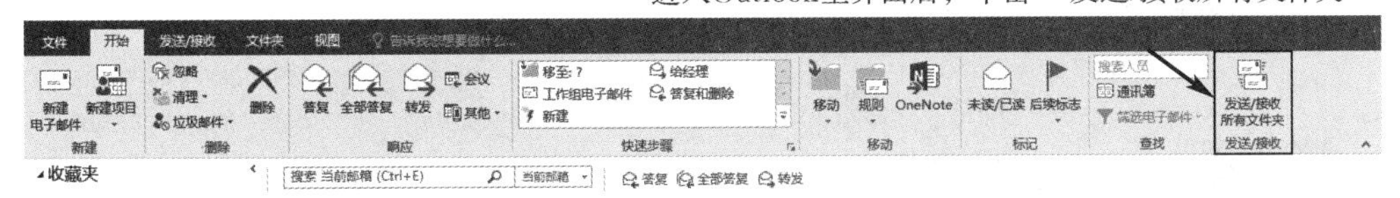

图 6－28　发送/接收电子邮件

(2) 阅读接收到的邮件,若此邮件中有附件,则单击附件位置,进行相应的下载与保存。

步骤 4:发送邮件。

(1) 在主界面功能区中单击“开始”选项卡下“新建”功能组中的“新建电子邮件”命令,进入发送电子邮件。

(2) 填写发送邮件的相关信息:“收件人”填写收件人的邮箱地址(如 mshen@sohu.com),若需发送多个邮箱,则用“;”隔开;“抄送”填写抄送人的邮箱地址,格式同收件人地址;“主题”填写此邮件的标题;“附加文件”加入需要传送的各种文件;“正文”输入邮件的正文信息,如图 6－29 所示。

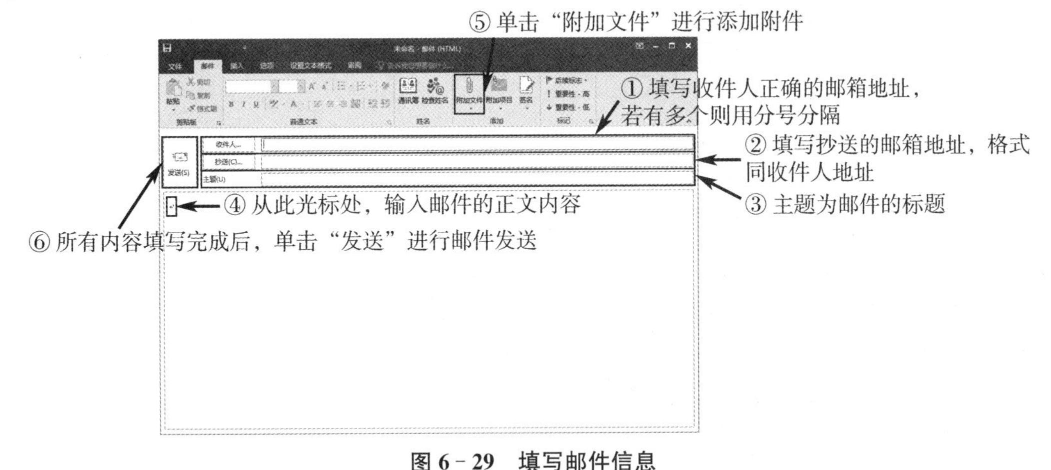

图 6－29　填写邮件信息

步骤5：账户信息设置。

在Outlook 2016中可以实现自动收取多个Web邮箱的功能。使用“文件”选项卡中的“信息”命令，在“账户信息”界面，单击“添加账户”按钮，即可如首次设置账户一样添加一个新账户；单击“账户设置”按钮，即可添加、删除账户，如图6-30所示。

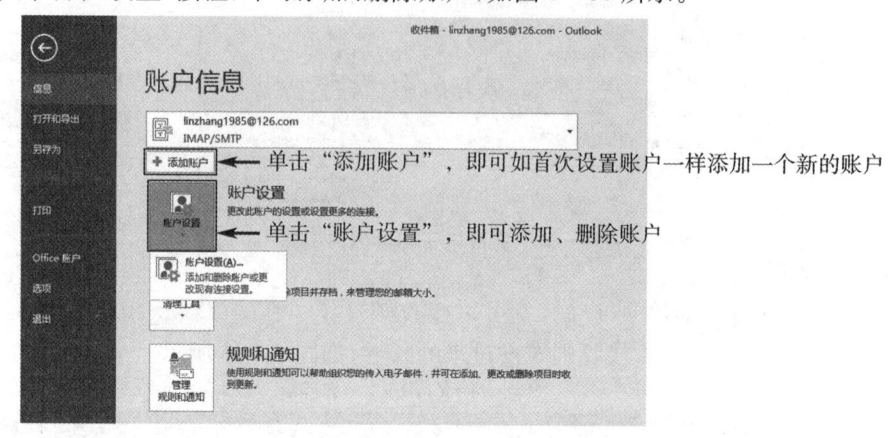

图6-30　设置账户信息

案例总结

Outlook 2016的使用：

(1) 撰写与发送邮件：启动“Outlook 2016”，单击“新建电子邮件”按钮，在出现的窗口中填写收件人、抄送、主题，在正文区域输入邮件内容，单击“发送”按钮即可。

(2) 在电子邮件中插入附件：当撰写完电子邮件后，可插入若干文件作为附件。单击“附加文件”按钮，在弹出的对话框中选定要插入文件的目录及名称，然后单击“插入”按钮。

(3) 密件抄送：如果发件人不希望多个收件人看到这封邮件都发给了谁，就可以采用密件抄送的方式。打开撰写新邮件的窗口，输入接收人地址和抄送地址后，单击“抄送”按钮，在对话框的“密件抄送”右边的文本框中输入被密件抄送人的地址，单击“确认”按钮，完成新邮件的其他部分，单击“发送”按钮。

(4) 接收和阅读邮件：单击Outlook 2016窗口左侧的Outlook栏中的“收件箱”按钮或者单击“发送/接收所有文件夹”按钮，双击邮件的列表框中的一个邮件，则可从邮件浏览区详细阅读或对该邮件做各种操作。

(5) 阅读和保存附件：如果邮件含有附件，那么在邮件图标的右侧会列出附件的名称，双击该文件名，打开文件，可查看附件内容；要保存附件到另外的文件夹中，可右击附件文件名，选择“另存为”命令，在“保存附件”对话框中指定保存路径。

(6) 回信与转发：看完信后可单击“答复”或“全部答复”图标进行回信操作，编写回信内容后(回信内容可与原信内容交叉)单击“发送”按钮；直接在邮件阅读窗口中单击“转发”图标，填入收件人地址，多个地址间用逗号或分号隔开，必要时加入附件。

(7) 设置账户信息：单击“文件”中的“信息”按钮，在“账户设置”中可完成Web电子邮箱账户的添加与删除。

拓展深化

6.3.2 电子政务

1. 电子政务基本概念

电子政务系统是基于互联网技术的面向政府机关内部、其他政府机构、企业以及社会公众的信息服务和信息处理系统。

2. 电子政务优点

(1) 电子政务可以优化政府工作流程，使政府机构设置更为精简合理，从而解决职能交叉、审批过多等问题。

(2) 电子政务可以使政府运作公开透明。这可以在很大程度上遏制暗箱操作、人治大于法治等现象。增加了公众参政议政的机会，对政府的监督也更有效。

(3) 电子政务可使政府信息资源利用更充分、更合理。电子政务使得政府各类信息资源数据库互联共享成为可能，也使得这些资源得到统筹管理和综合利用，从而避免资源闲置、浪费和重复建设。通过电子政务共享的信息资源更易存储、检索和传播，共享的范围和数量也更大，可以更有效地支持政府的决策。

(4) 电子政务可以有效地提升政府监管能力。电子政务通过网络能够实现快速和大规模的远程数据采集和分析，从而可以实现跨地域信息的集中管理和及时响应，大大增强监管者的核对、监管能力。

(5) 电子政务将使政府服务功能增强。电子政务将推动传统的政府由管理型向服务型转变，政府职能由管理控制转向宏观指导。

(6) 电子政务将使政府办事效率更高，管理成本更低。网上办公提高了办事效率，节约了办公费用。政府通过网络可以直接与公众沟通，及时收集公众的意见，提高了政府的反馈速度，降低了政府的管理成本。

3. 电子政务的未来发展趋势

(1) 政府工作的透明度大大提高。

(2) 地方政府的职能进一步加强。

(3) 服务职能将成为政府的核心职能。

(4) 政府人员大幅度精简。

(5) 公民政治参与将有突破性的进展，民主政治程度进一步提高。

(6) 政府与公民的交流方式变得更为直接。

案例实践 6-4　电子邮件作为最典型的增值业务，是电子政务中重要的一部分。例如，使用电子政务中的“市长信箱”发送邮件进行咨询，如图 6-31 所示。“市长信箱”作为政府听民声、察民情、解民忧、集民智的重要窗口，几乎每个城市的政府网站上都开通了“市长信箱”功能。现以遵义市的“市长信箱”为例进行讲解。

操作过程

图 6-31　电子政务中电子邮件的使用

步骤 1:进入 IE 浏览器,并在地址栏中输入“遵义市人民政府”的网址 http://www.zunyi.gov.cn/进入网站首页,如图 6-32 所示。进入“互动交流”频道后选择“市长信箱”栏目,如图 6-33 所示。

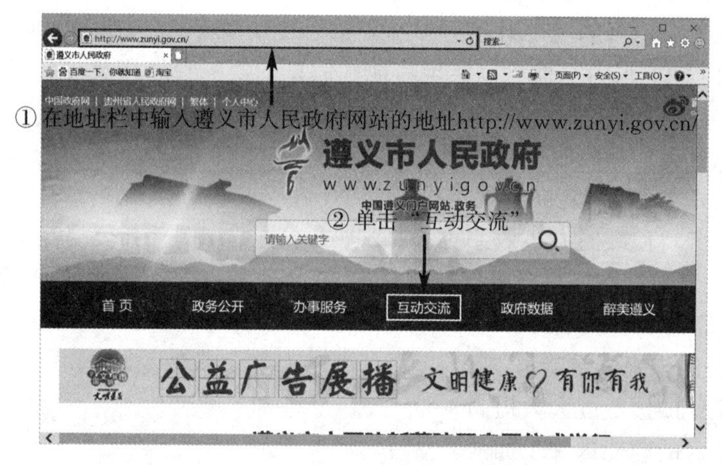

图 6-32　进入“遵义市人民政府”首页

图 6-33　进入“市长信箱”

步骤 2:在使用“市长信箱”前,请先阅读“写信须知”,如图 6－34 所示。严格按照“写信须知”中的要求进行操作。

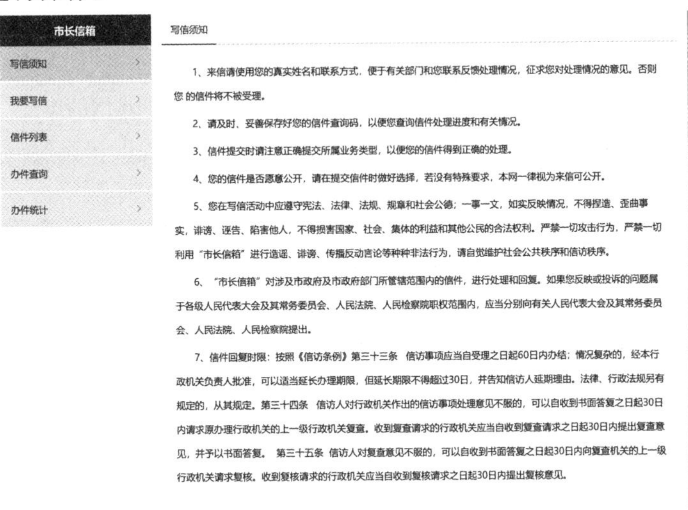

市长信箱
写信须知
我要写信
信件列表
办件查询
办件统计

写信须知

1、来信请使用您的真实姓名和联系方式,便于有关部门和您联系反馈处理情况,征求您对处理情况的意见。否则您的信件将不被受理。

2、请及时、妥善保存好您的信件查询码,以便您查询信件处理进度和有关情况。

3、信件提交时请注意正确提交所属业务类型,以便您的信件得到正确的处理。

4、您的信件是否愿意公开,请在提交信件时做好选择,若没有特殊要求,本网一律视为来信可公开。

5、您在写信活动中应遵守宪法、法律、法规、规章和社会公德;一事一文,如实反映情况,不得捏造、歪曲事实,诽谤、诬告、陷害他人,不得损害国家、社会、集体的利益和其他公民的合法权利。严禁一切攻击行为,严禁一切利用“市长信箱”进行造谣、诽谤、传播反动言论等种种非法行为,请自觉维护社会公共秩序和信访秩序。

6、“市长信箱”对涉及市政府及市政府部门所管辖范围内的信件,进行处理和回复。如果您反映或投诉的问题属于各级人民代表大会及其常务委员会、人民法院、人民检察院职权范围内,应当分别向有关人民代表大会及其常务委员会、人民法院、人民检察院提出。

7、信件回复时限:按照《信访条例》第三十三条 信访事项应当自受理之日起60日内办结;情况复杂的,经本行政机关负责人批准,可以适当延长办理期限,但延长期限不得超过30日,并告知信访人延期理由。法律、行政法规另有规定的,从其规定。第三十四条 信访人对行政机关作出的信访事项处理意见不服的,可以自收到书面答复之日起30日内请求原办理行政机关的上一级行政机关复查。收到复查请求的行政机关应当自收到复查请求之日起30日内提出复查意见,并予以书面答复。 第三十五条 信访人对复查意见不服的,可以自收到书面答复之日起30日内向复查机关的上一级行政机关请求复核。收到复核请求的行政机关应当自收到复核请求之日起30日内提出复核意见。

图 6－34　写信须知

步骤 3:单击“市长信箱”的“信件列表”,可以看到所有发送成功的邮件信息,并可以阅读这些邮件信息,如图 6－35 所示。

图 6－35　阅读信箱列表

步骤 4:单击“我要写信”,依照相关法律、法规,真实填写必填的相关信息,如图 6－36 所示。

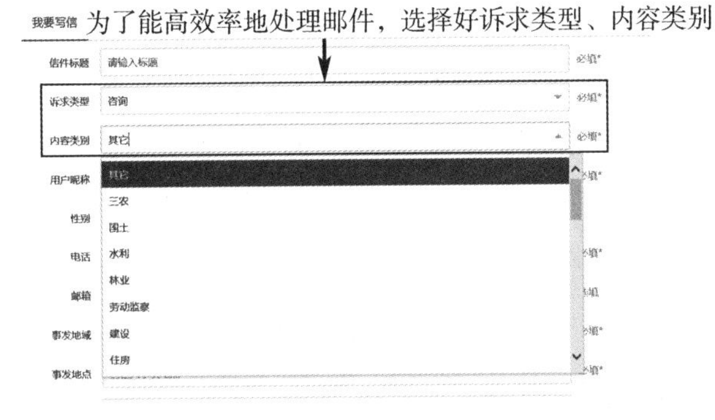

图 6－36　填写信息

本章小结

小节名称	知识重点	案例内容
6.1 计算机网络基础理论	计算机网络相关概念	局域网的连接
6.2 浏览器的使用	常用的搜索引擎;利用 IE 保存网页	利用 IE 搜索信息,购物网站的使用
6.3 电子邮件的收发	电子邮件概述;接收邮件;发送邮件	Outlook 2016 邮件任务,“市长信箱”的使用

测一测

一、选择题

1. 计算机网络的目标是(　　)。

A. 数据处理　B. 资源共享　C. 资源共享和信息传输　D. 信息传输

2. 计算机网络按地理范围可分为(　　)。

A. 广域网、城域网和局域网　B. 广域网、因特网和局域网

C. 因特网、城域网和局域网　D. 因特网、广域网和对等网

3. 在一个计算机机房内要实现所有的计算机联网,一般应选择(　　)。

A. GAN　B. MAN　C. LAN　D. WAN

4. 在计算机网络中,通常把提供并管理共享资源的计算机称为(　　)。

A. 服务器　B. 工作站　C. 网关　D. 网桥

5. Internet 属于(　　)。

A. WWW　B. LAN　C. MAN　D. WAN

6. 下列各项中,非法的 IP 地址是(　　)。

A. 147.45.6.2　B. 256.117.34.12

C. 226.174.8.12　D. 25.114.58.9

7. Internet 实现了分布在世界各地的各类网络的互联,其最基础和核心的协议是(　　)。

A. TCP/IP　B. FTP　C. HTML　D. HTTP

8. Internet 为网络上的每台主机都分配了唯一的地址,该地址由纯数字组成并用小数点隔开,它称为(　　)。

A. IP 地址　B. WWW 服务器地址

C. WWW 客户机地址　D. TCP 地址

9. Internet 上的服务都是基于某一种协议,Web 服务是基于(　　)。

A. SMTP 协议　B. SNMP 协议

C. HTTP 协议　D. TELNET 协议

10. 超文本的含义是(　　)。

A. 该文本中含有图像　　B. 该文本中有链接到其他文本的链接点

C. 该文本中含有声音　　D. 该文本含有二进制字符

11. 以下关于 Internet 的描述,不正确的是(　　)。

A. Internet 以 TCP/IP 协议为基础,以 Web 为核心应用的企业内部信息网络

B. Internet 用户不能够访问 Internet 上的资源

C. Internet 采用浏览器技术开发客户端软件

D. Internet 采用 B/S 模式

12. 下列说法错误的是(　　)。

A. 电子邮件是 Internet 提供的一项最基本的服务

B. 电子邮件具有快速、高效、方便、价廉等特点

C. 通过电子邮件,可向世界上任何一个角落的网上用户发送邮件

D. 可发送的多媒体只有文字和图像

13. "www. 163. com"是指(　　)。

A. 域名　　B. 程序语句

C. 电子邮件地址　　D. 超文本传输协议

14. 国内一家高校要建立 WWW 网站,其域名的后缀应该是(　　)。

A. COM　　B. EDU. CN　　C. COM. CN　　D. AC

二、填空题

1. 局域网的有线传输介质主要有________、________和________等;无线传输介质主要是________、________和________。

2. IP 地址主要分________和________两部分。

3. TCP/IP 是一个四层的体系结构,包括________、________、________和________。

4. 在 Internet 上浏览时,浏览器和 WWW 服务器之间传输网页使用的协议是________。

5. 有一个 URL 是 http://www. zznu. edu. cn/,表示这台服务器属于________机构,该服务器的顶级域名是________,表示________。

6. 接收到的电子邮件的主题字前带有"回形针"标记,表示该邮件带有________。

7. 常见的计算机局域网的拓扑结构有四种:________、________、________和________。

8. 电子邮件地址的格式是:〈用户标识〉________〈主机域名〉。

9. 有一种专门用来查找网址的网站,给用户带来很大方便,这种网站称作________。

10. Internet 中 URL 的含义是________。

三、操作题

1. 利用 IE 浏览器提供的搜索功能,选取搜索引擎"百度"(网址为 http://www. baidu. com/)查找"网络基础知识"的资料。将搜索到的第一个网页内容以文本文件的格式保存到 D 盘,命名为"学习 1. txt"。

2. 给同学李红发送一个邮件,并将 D 盘下的"学习 1. txt"作为附件一起发出,同时抄送给同学王阳。

具体内容如下:

【收件人】lihong123@bj163. com

【抄送】wangy@263. net. cn

【主题】学习资料

【邮件内容】发送计算机网络基础学习资料,请查收。

注意:“格式”菜单中“编码”命令中用“简体中文(GB 2312)”项。邮件发送格式为“多信息文本(HTML)”。

答案

图书在版编目(CIP)数据

计算机基础案例教程：Windows 10+Office 2016/石敏力主编. —北京：北京大学出版社，2021. 4
ISBN 978-7-301-32145-4

Ⅰ. ①计… Ⅱ. ①石… Ⅲ. ①Windows 操作系统—高等学校—教材 ②办公自动化—应用软件—高等学校—教材 Ⅳ. ①TP316. 7 ②TP317. 1

中国版本图书馆 CIP 数据核字(2021)第 069451 号

书　　名　计算机基础案例教程——Windows 10+Office 2016
　　　　　　JISUANJI JICHU ANLI JIAOCHENG——Windows 10+Office 2016
著作责任者　石敏力　主编
责 任 编 辑　王　华
标 准 书 号　ISBN 978-7-301-32145-4
出 版 发 行　北京大学出版社
地　　址　北京市海淀区成府路 205 号　100871
网　　址　http://www. pup. cn
电 子 信 箱　zpup@pup. cn
新 浪 微 博　@北京大学出版社
电　　话　邮购部 010-62752015　发行部 010-62750672　编辑部 010-62765014
印 刷 者　湖南省众鑫印务有限公司
经 销 者　新华书店
　　　　　　787 毫米×1092 毫米　16 开本　16 印张　400 千字
　　　　　　2021 年 4 月第 1 版　2022 年 11 月第 2 次印刷
定　　价　48. 00 元